轻量级Java Web 整合开发(第2版)

——Spring + Spring Boot + MyBatis

主　编　段鹏松　曹仰杰

副主编　张泽朋　杨　聪

张　博　王　超

清華大学出版社

北　京

内 容 简 介

在 Java Web 开发的历史中，经历了从重量级 EJB 组件到轻量级 Java Web 开发的转变。在轻量级 Java Web 开发中，又经历了从流行的 SSH(Struts+Spring+Hibernate)框架组合到更轻巧的 SSM(Spring+SpringMVC+MyBatis)框架组合的演化。近年来，随着 Spring Boot 框架的发布，基于 Spring+Spring Boot+MyBatis 的 Java Web 整合开发方式，凭借其更高的开发效率和更好的扩展性，受到开发者的一致推崇。

本书主要讲解了 Spring、Spring Boot 和 MyBatis 框架的基础知识，以及它们之间的整合流程。另外，还介绍了设计模式的相关知识，使读者不仅会使用框架，也能了解框架设计的思想和实现原理。全书共 8 章，可分为 3 部分：第 1 部分(第 1～2 章)，概述性介绍了 Java Web 开发的基础知识及一些常见的设计模式；第 2 部分(第 3～6 章)是本书的核心，详细介绍了 Spring、Spring Boot 和 MyBatis 三大框架的详细使用流程，并通过空气质量监测平台案例介绍了它们在实际应用中的整合过程及注意事项；第 3 部分(第 7～8 章)，主要介绍实际项目中所采用的工程化方法和经验，以及 Java Web 开发中一些常见问题的分析和解决方案，希望读者在开发中少走弯路，提高效率。

本书介绍的 Spring 框架的版本为 5.2.0.RELEASE，Spring Boot 框架的版本为 2.0.4.RELEASE，MyBatis 框架的版本为 3.5.1。因为不同版本相互整合时可能会存在一些兼容性问题，所以若以本书作为学习 Java EE 框架的教程，或是运行本教程附带源代码时，最好选择和本书一样的版本。

本书丰富的习题设置和工程化经验总结，不仅能满足高等院校计算机专业的授课要求，对实际进行 Java Web 开发的工程师也有较高参考价值。

图书在版编目(CIP)数据

轻量级 Java Web 整合开发：Spring+Spring Boot+MyBatis/段鹏松，曹仰杰 主编. —2 版. —北京：清华大学出版社，2020.7（2024.8 重印）
ISBN 978-7-302-55817-0

I. ①轻… II. ①段…②曹… III. ①JAVA 语言－程序设计 IV. ①TP312.8

中国版本图书馆 CIP 数据核字(2020)第 110902 号

责任编辑：王 定
封面设计：孔祥峰
版式设计：思创景点
责任校对：成凤进
责任印制：杨 艳

出版发行：清华大学出版社
网 址：https://www.tup.com.cn, https://www.wqxuetang.com
地 址：北京清华大学学研大厦 A 座 邮 编：100084
社 总 机：010-83470000 邮 购：010-62786544
投稿与读者服务：010-62776969，c-service@tup.tsinghua.edu.cn
质 量 反 馈：010-62772015，zhiliang@tup.tsinghua.edu.cn
印 装 者：涿州市般润文化传播有限公司
经 销：全国新华书店
开 本：185mm×260mm 印 张：18.25 字 数：455 千字
版 次：2015 年 9 月第 1 版 2020 年 8 月第 2 版 印 次：2024 年 8 月第 4 次印刷
定 价：79.80 元

产品编号：080995-02

前言
PREFACE

JSP(Java Server Pages)是目前动态网站开发技术中最典型的一种，它继承了 Java 语言的优点。由于 Java 语言的跨平台性以及 Web 应用的广泛发展，Java EE 平台已经成为各大行业应用的首选开发平台。Java EE 开发可分为两种模式：一种是以 Spring 为核心的轻量级 Java EE 企业开发；另一种是以 EJB3+JPA 为核心的经典 Java EE 开发。无论使用哪种平台进行开发，应用的性能及稳定性都有很好的保证，开发人群也较多。近年来，随着开源力量的崛起，使用轻量级 Java EE 开发的人数和市场占有率基本上已经超过了经典 Java EE 开发，有后来居上之势。

在轻量级 Java Web 开发中，随着需求变换及技术演进，主流整合方案经历了从流行的 SSH(Struts+Spring+Hibernate)框架组合到更轻巧的 SSM(Spring+SpringMVC+MyBatis)框架组合的转换。近年来，随着 Spring Boot 框架的发布，基于 Spring+Spring Boot+MyBatis 的整合开发方式凭借其更高开发效率和更好扩展性，受到开发者一致推崇。这种全新的整合开发模式在保留经典 Java EE 应用架构、高度可扩展性、高度可维护性的基础上，降低了 Java EE 应用的开发和部署成本，对于大部分的中小型企业应用是首选。

本书主要内容包括 Spring、Spring Boot 和 MyBatis 框架的基础知识，以及这三个框架之间整合流程和注意事项的介绍。另外，还介绍了设计模式的相关知识，使读者不仅会使用框架，也能了解框架设计的思想和实现原理。本书丰富的习题设置和问题总结，不仅能满足高等院校计算机专业的授课要求，对实际进行 Java Web 轻量级开发的工程师也有较高参考价值。

目前市面上讲述 Java Web 开发框架的书籍要么是大部头，动辄七八百页，对初学者造成极大的心理压力；要么是所讲框架内容陈旧，实践动手环节薄弱。作者在进行详细调研后，发现这些大部头书中，相当部分内容属于课外延伸内容，不能满足初学者要在短期内较熟练掌握框架基本用法的需求。另外，对于实际项目中框架整合时的经验和经常出现的一些问题，目前市面上的书籍也鲜有提及。本书结合实际项目开发的流程和经验，力求用最精炼的语言，在最短的时间内，使读者掌握最新轻量级 Java Web 开发框架的基本用法，并且对一些整合过程中的常见问题，逐一进行详细解答。本书具有以下特点。

(1) 以精炼的语言，讲述 Spring、Spring Boot 和 MyBatis 框架的基础知识。

(2) 内容涵盖完整实例介绍+经验总结+详细操作步骤。

(3) 所讲内容不仅是框架，也涉及 Java 领域常用的其他框架，如经典 Java EE 框架等。

(4) 通过设计模式的学习，使读者不仅掌握框架的使用流程，而且能掌握框架的基本原理。

(5) 丰富的工程化实践方式和经验总结，对开发者有较高参考价值。

(6) 对实际开发中常见问题的大量翔实解析，使开发者能少走弯路。

从 2010 年开始教授 SSH 框架课程至今，作者从对框架的肤浅认识，到对框架的熟练掌握，再到能掌握其基本原理，再到随着框架技术的发展“与时俱进”。一路过来，走了不少弯路，也趟过不少坑。但回头来看，所有的失败和坑都最终转换为自己能力的一部分，成为自己对框架更深刻理解的源泉。谨以此书，与热爱开发、热爱效率的小伙伴们共勉，希望能帮助大家在框架学习的道路上少走弯路。

本书共 8 章，可以分为 3 部分。

第 1 部分(第 1～2 章)是 Java EE 开发的基础知识。其中，第 1 章主要介绍 Java EE 开发的基础知识、经典 Java EE 开发和轻量级 Java EE 开发的概念，以及 Maven、Servlet、MySQL 等常用开发工具或技术等；第 2 章主要介绍一些常见的设计模式。实际上，框架的实现就是一系列设计模式的应用(如 Spring 框架从整体来说实际是工厂模式的思想)，掌握了设计模式的原理，就能对框架的底层实现有更深刻的理解。

第 2 部分(第 3～6 章)是 Spring、Spring Boot 和 MyBatis 框架及整合流程介绍。该部分内容是本书的核心。第 3 章主要介绍 Spring 框架的概念、基本用法及高级应用；第 4 章主要介绍 Spring Boot 框架相关的概念、基本用法及高级应用，并介绍了自定义 Spring Boot 的流程；第 5 章主要介绍 MyBatis 框架的概念、基本用法及高级应用，并介绍了自定义 MyBatis 的流程；第 6 章通过一个空气质量监测平台的综合案例，介绍了框架整合使用的流程。学习完这 4 个章节的内容后，可以初步掌握 Spring 框架、Spring Boot 框架和 MyBatis 框架的的基本使用和整合流程。

第 3 部分(第 7～8 章)是工程化实践经验总结和问题解析。该部分是作者多年使用框架整合过程的经验总结，以及对一些典型整合中可能遇到问题的归纳总结。希望开发者在整合的过程中，提高效率，少走弯路。其中，第 7 章主要介绍工程化实践过程中的一些方法和经验，包括分布式开发、压力测试和自动部署等；第 8 章主要总结了一些 Java Web 开发中常见的问题，以及相应的解决方案。

学习框架，要先学会使用，在此基础之上再深入了解其原理，理解其思想。编程时使用框架和盖房子使用框架是一个道理。修一间小房子不需要框架，甚至可以边修边设计，但是要盖万丈高楼，则必须要使用框架。对于写程序也是一样的道理，小程序使用框架有点“杀鸡用牛刀”的感觉，也没有必要。当项目规模到一定程度后，为了程序的协同开发及后期的扩展和维护，则必须使用框架。或者可以这么说，使用框架就相当于站在了巨人的肩膀上，用得好，可以达到事半功倍的效果。

本书由段鹏松、曹仰杰主编。段鹏松负责制定编写大纲、规划各章节内容，并完成全书统稿工作。其中，段鹏松主编第 1、3、4 章，曹仰杰主编第 2 章，杨聪主编第 5 章，张泽朋主编第 6 章，并负责代码调试，王超主编第 7 章，张博主编第 8 章。此外，参与本书资料搜集和整理的还有李婧馨、周志一、王福超、李昊等人，在此，编者对他们表示衷心感谢。

由于时间仓促，加之编者水平有限，书中难免存在疏漏和不足之处，恳请读者批评、指正。

本书提供电子课件和实例源代码，读者可扫描下方二维码获取。

本书提供教案、教学大纲、电子课件、实例源代码和习题参考答案，读者可扫描下方二维码获取。

教案

教学大纲

电子课件

实例源代码

习题参考答案

编　者

CONTENTS

第1章

Java Web概述

作为Java领域最重要的开发场景，Java Web开发近年来发展迅猛，在传统Web和移动互联网等诸多领域均占据重要地位。Java Web开发分为轻量级和经典两种开发模式。随着人们对项目可移植性和部署成本的要求越来越高，轻量级Java Web开发已成为当前的主流方向。本章主要是对Java Web开发的相关知识和工具进行简要介绍，包括Java开发环境、Java Web开发类型、项目构建工具、Servlet和JSP知识、MySQL数据库、数据交换协议等。通过本章的学习，可以对Java Web开发的流程和相关工具有初步了解，并且具备搭建一个完整Java Web项目的能力。

本章学习目标

- ◎ 了解Java开发的相关环境
- ◎ 了解Java Web开发的不同类型
- ◎ 掌握项目构建工具Maven的使用流程
- ◎ 回顾Servlet和JSP的基础知识
- ◎ 了解MySQL数据库的使用流程
- ◎ 了解数据交换协议的作用

【内容结构】 ★为重点掌握

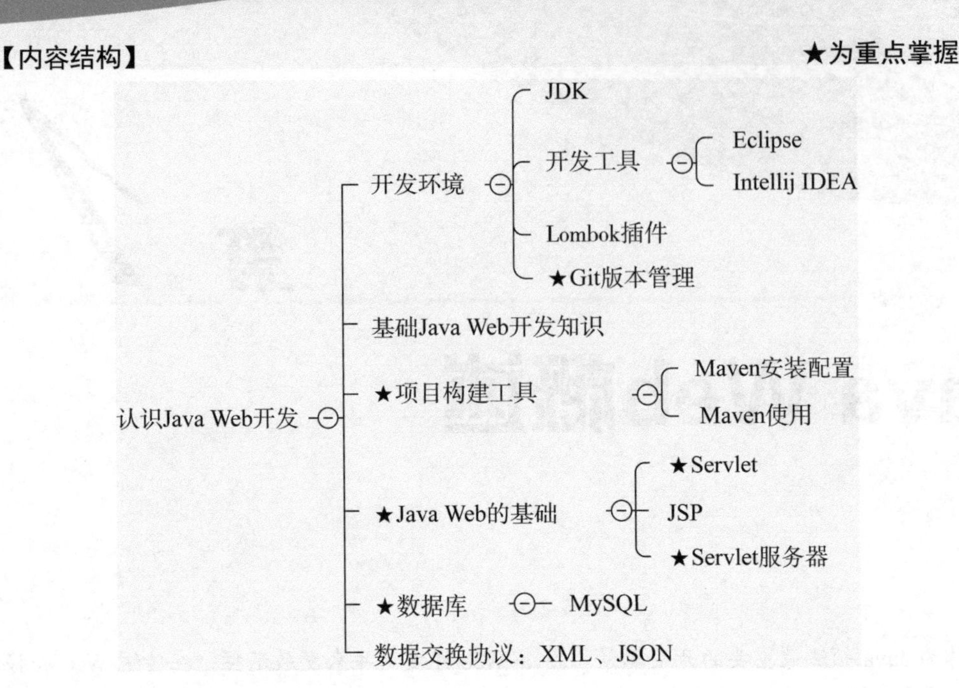

1.1 Java 语言概述

Java 语言是 Sun Microsystems 公司于 1995 年 5 月推出的一种完全面向对象的程序设计语言，由 James Gosling 和同事们共同研发。凭借强大的跨平台能力及完全面向对象的语法特性，同时也顺应了网络编程的发展趋势，Java 语言一经推出，就受到开发者的广泛好评及大量使用。即使到目前，Java 语言也是非常流行，在编程领域占有重要地位。根据 TIOBE 网站 2019 年 8 月份的统计，Java 语言的使用比例仍然保持在第 1 位，如图 1.1 所示。2009 年，Sun 公司被 Oracle 公司收购，自此 Java 语言的维护和扩展都是由 Oracle 公司负责的。

运行 Java 程序必须先安装 JDK。JDK 是整个 Java 的核心，包括了 Java 运行环境、Java 工具和 Java 基础类库。从 JDK5.0 开始，提供了泛型等非常实用的功能，其版本也在不断更新，运行效率得到了非常大的提升。截止到 2019 年 8 月，Oracle 公司发布的最新 JDK 版本为 JDK12.0。

Java 是一个纯粹面向对象的程序设计语言，它继承了 C++语言面向对象技术的核心内容，其语言的风格十分接近 C、C++语言。Java 舍弃了 C 语言中容易引起错误的指针(以引用取代)、运算符重载(operator overloading)、多重继承(以接口取代)等特性；增加了自动垃圾回收功能，用于回收不再被引用对象所占据的内存空间，使得程序员不用再为内存管理而担忧。在 JDK 5.0 版本后，Java 又引入了泛型编程(generic programming)、类型安全的枚举、不定长参数和自动装/拆箱等特色功能。

Aug 2019	Aug 2018	Change	Programming Language	Ratings	Change
1	1		Java	16.028%	-0.85%
2	2		C	15.154%	+0.19%
3	4	^	Python	10.020%	+3.03%
4	3	v	C++	6.057%	-1.41%
5	6	^	C#	3.842%	+0.30%
6	5	v	Visual Basic .NET	3.695%	-1.07%
7	8	^	JavaScript	2.258%	-0.15%
8	7	v	PHP	2.075%	-0.85%
9	14	^^	Objective-C	1.690%	+0.33%
10	9	v	SQL	1.625%	-0.69%
11	15	^^	Ruby	1.316%	+0.13%
12	13	^	MATLAB	1.274%	-0.09%
13	44	^^	Groovy	1.225%	+1.04%
14	12	v	Delphi/Object Pascal	1.194%	-0.18%
15	10	vv	Assembly language	1.114%	-0.30%

图 1.1　2019 年 8 月 TIOBE 网站关于主要编程语言的使用统计

不同于一般的编译执行计算机语言和解释执行计算机语言，Java 语言在运行时，首先将源代码编译成二进制字节码(bytecode)，然后依赖各种不同平台上的虚拟机来解释执行字节码，从而实现了“一次编译、到处执行”的跨平台特性。相比直接执行机器码，执行字节码文件需要消耗更多的时间，所以 Java 程序的运行效率相比 C++略有下降。

根据开发应用程序类型的不同，Java 编程可以分为如下三个开发体系。

- Java SE：Java Platform Standard Edition，主要开发桌面 Application 应用程序。
- Java EE：Java Platform,Enterprise Edition，主要开发企业级的 Web 应用程序。
- Java ME：Java Platform Micro Edition，主要开发嵌入式设备的应用程序。

Java 语言的跨平台功能使其得到了广泛应用，这一点是 C#语言所不及的。虽然 Java 的执行效率相比于其他语言有一定的下降，但是随着硬件性能的提升，这点效率损耗几乎可以忽略不计。

1.2 Java 环境介绍

和其他高级编程语言类似，用 Java 语言编写程序也需要一定的开发环境。根据待开发项目类型和复杂度的不同，可以使用命令行、集成开发环境(Integrated Development Environment，IDE)等不同类型的开发环境。若要运行 Java 程序，需要安装 Java 运行时环境(Java Runtime Environment，JRE)。一般来说，安装 Java 开发工具包(Java Development Kit，JDK)时，会安装相应版本的 JRE。

1.2.1 Java 运行环境

1. JDK 安装

JDK 是 Java 语言的软件开发工具包，是整个 Java 开发的核心，它包含 Java 的运行环境 JRE 和相关工具。JRE 是 JDK 的子集，不包含开发编译的指令，运行 Java 程序，首先需要使用 JRE 把 Java 源码编译为字节码文件。如果仅需要运行 Java 程序，可以只安装 JRE 模块即可；如果需要进行较完整的 Java 程序开发，则要安装完整的 JDK。

目前，JDK12 已经发布，不过 JDK8 依然是当前使用的主流版本。不同版本的 JDK，其安装过程大同小异，开发者可以到官网下载需要的 JDK 版本，网址如下：https://www.oracle.com/technetwork/java/javase/downloads/jdk12-downloads-5295953.html。针对目前主流的操作系统，JDK 均有相应的下载版本。因为本书使用的操作系统是 Windows 7，所以需要下载符合 Windows 版本的安装包，如图 1.2 所示。

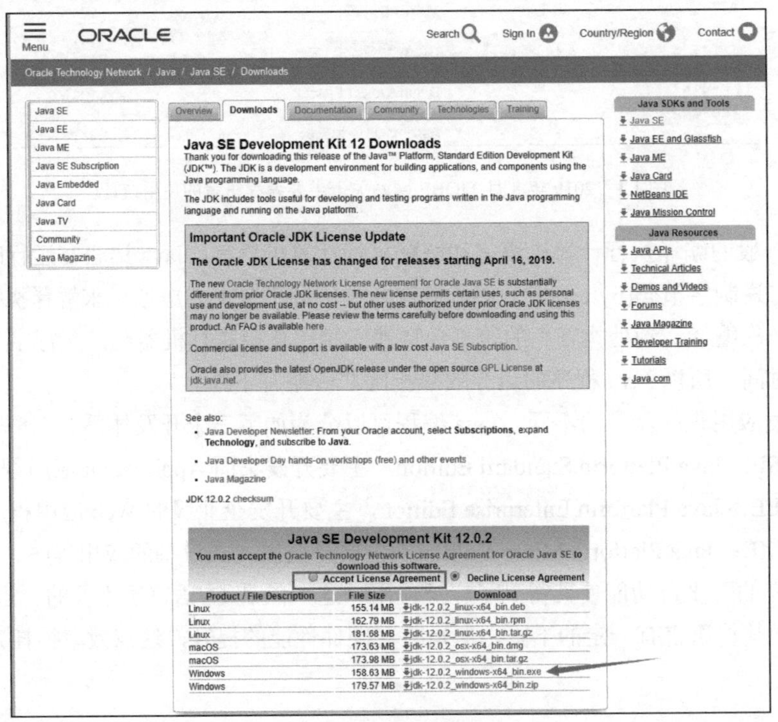

图 1.2　JDK 下载页面

下载前，需要先选择 Accept Licence Agreement，表示开发者如果要使用 JDK，就需要遵守这个证书协议。如果网络连接正常，勾选后单击所需版本即可下载，如图 1.3 所示。

Java SE Development Kit 12.0.2

You must accept the Oracle Technology Network License Agreement for Oracle Java SE to download this software.

Thank you for accepting the Oracle Technology Network License Agreement for Oracle Java SE; you may now download this software.

图 1.3　下载协议

下载完成之后，双击安装文件，即可开始安装，如图 1.4 所示。

单击图 1.4 中的“下一步”按钮，进入图 1.5 中的安装目录选择界面。

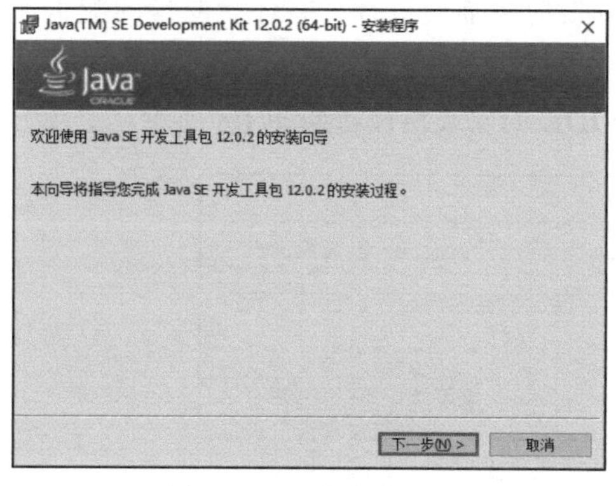

图 1.4　JDK 安装过程(1)

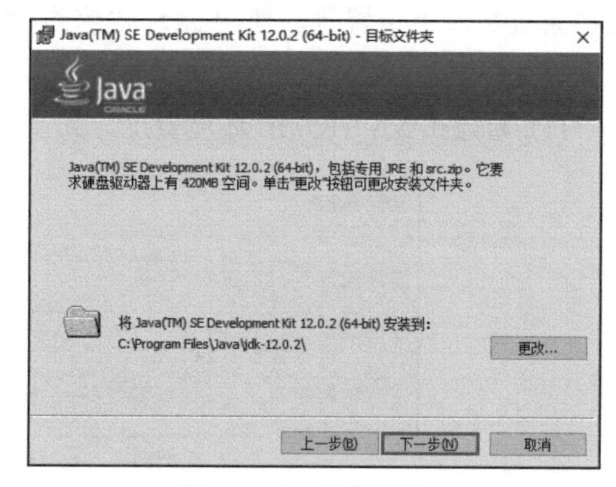

图 1.5　JDK 安装过程(2)

开发者可以根据需要，选择是否更改 JDK 的安装路径。选定安装路径后，单击“下一步”按钮，程序经过修改注册表、复制文件等操作后，即提示安装完成，如图 1.6 所示。

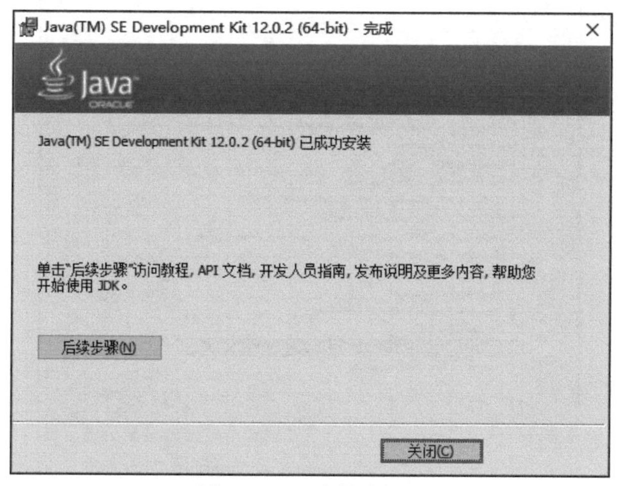

图 1.6　JDK 安装过程(3)

安装完成后，单击“关闭”按钮完成安装。此时，如果打开安装路径，就可以发现目录下已经有许多文件，如图 1.7 所示。

Windows (C:) › Program Files › Java › jdk-12.0.2

名称	修改日期	类型	大小
bin	2019/7/23 19:12	文件夹	
conf	2019/7/23 19:12	文件夹	
include	2019/7/23 19:12	文件夹	
jmods	2019/7/23 19:12	文件夹	
legal	2019/7/23 19:12	文件夹	
lib	2019/7/23 19:12	文件夹	
COPYRIGHT	2019/7/16 1:13	文件	4 KB
release	2019/7/23 19:12	文件	2 KB

图 1.7　JDK 安装目录下文件列表

2. 环境变量配置

环境变量一般是指在操作系统中用来指定系统运行环境的一些参数，比如临时文件夹位置和系统文件夹位置等。使用 Java 语言进行程序开发时，需要进行一些环境变量的配置，具体操作如下。

(1) 新建 JAVA_HOME 环境变量，其值设置为 JDK 的安装路径，如图 1.8 所示。

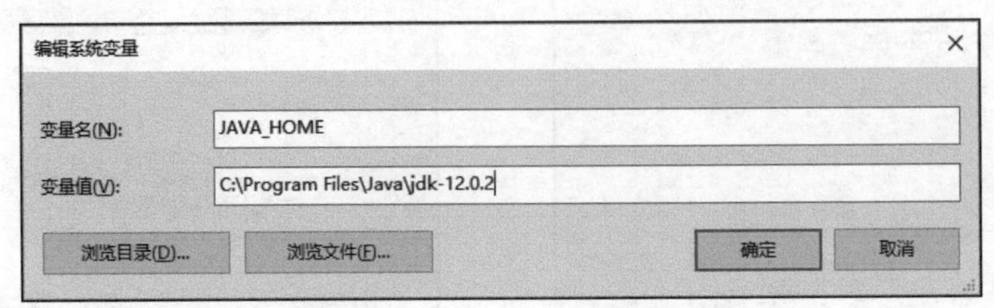

图 1.8　JAVA_HOME 环境变量设置

(2) 编辑 Path 环境变量，在现有内容基础上添加%JAVA_HOME%\bin;%JAVA_HOME%\jre\bin，如图 1.9 所示。

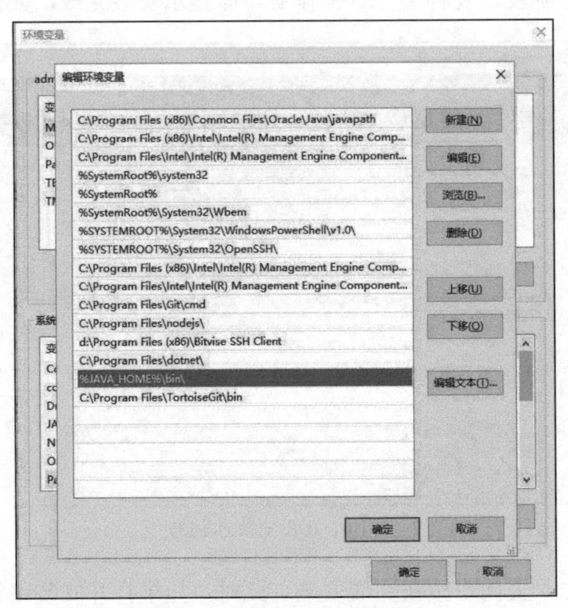

图 1.9　编辑 Path 环境变量

如果是在 Windows 7 以下版本操作系统上进行操作，那么是以分号隔开在尾部追加的形式配置，如图 1.10 所示。

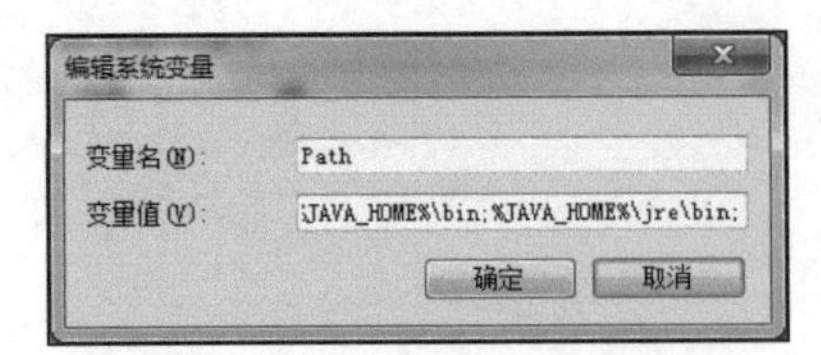

图 1.10　编辑 path 环境变量

(3) 配置 Classpath(可选)。新建 Classpath 环境变量，其值设置为:

```
;%JAVA_HOME%\lib\dt.jar;%JAVA_HOME%\lib\tools.jar
```

说明

在以前的 JDK 版本中，还需要配置 Classpath。这一配置本意是将 lib 包下的 db.jar 和 tools.jar 加入到类加载路径中。在目前 JDK 的主流版本中，jvm 会自动找到这些自带的包，所以现在已经不需要配置 Classpath，只有当用户改变了这两个包的默认路径时才需要配置，不过一般不建议开发者修改这些文件的默认路径。

至此，Java 开发基本的环境变量配置完毕，可以通过在 cmd 中使用 javac 或 java 命令来测试环境变量是否配置生效，也可以通过 java -version 命令查看当前 JDK 的版本，图 1.11 所示是配置成功后测试界面。

```
C:\Windows\system32\cmd.exe
C:\Users\admin>java
用法: java [-options] class [args...]
           (执行类)
   或  java [-options] -jar jarfile [args...]
           (执行 jar 文件)
其中选项包括:
    -d32          使用 32 位数据模型 (如果可用)
    -d64          使用 64 位数据模型 (如果可用)
    -server       选择 "server" VM
                  默认 VM 是 server.

    -cp <目录和 zip/jar 文件的类搜索路径>
    -classpath <目录和 zip/jar 文件的类搜索路径>
                  用 ; 分隔的目录, JAR 档案
                  和 ZIP 档案列表, 用于搜索类文件。
    -D<名称>=<值>
                  设置系统属性
    -verbose:[class|gc|jni]
                  启用详细输出
    -version      输出产品版本并退出
    -version:<值>
                  警告: 此功能已过时, 将在
                  未来发行版中删除。
                  需要指定的版本才能运行
    -showversion  输出产品版本并继续
    -jre-restrict-search | -no-jre-restrict-search
                  警告: 此功能已过时, 将在
                  未来发行版中删除。
                  在版本搜索中包括/排除用户专用 JRE
    -? -help      输出此帮助消息
    -X            输出非标准选项的帮助
    -ea[:<packagename>...|:<classname>]
    -enableassertions[:<packagename>...|:<classname>]
                  按指定的粒度启用断言
    -da[:<packagename>...|:<classname>]
    -disableassertions[:<packagename>...|:<classname>]
```

图 1.11　测试环境变量配置结果

如果之前已经安装过 JDK8，就会发现即使环境变量配置后，用命令查看依然是之前的版本，如图 1.12 所示。

```
C:\Windows\system32\cmd.exe

C:\Users\admin>java -version
java version "1.8.0_191"
Java(TM) SE Runtime Environment (build 1.8.0_191-b12)
Java HotSpot(TM) 64-Bit Server VM (build 25.191-b12, mixed mode)

C:\Users\admin>
```

图 1.12　查看安装的 Java 版本(1)

这是因为在安装 JDK8 时，会在 C:\ProgramData\Oracle\Java 目录中生成一些配置文件，并同时将此目录写到环境变量中的 Path 中。

解决办法如下：

(1) 删除 C:\Windows\System32 目录下 java.exe、javaw.exe、javaws.exe 三个文件。

(2) 删除环境变量 Path 中 C:\ProgramData\Oracle\Java\javapath 的配置。

这时再次尝试，版本就正常了，如图 1.13 所示。

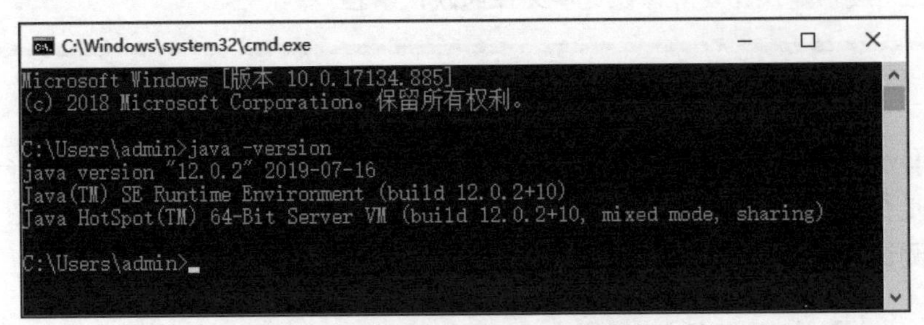

图 1.13　查看安装的 Java 版本(2)

说明

如果使用 IDE 开发，上述环境变量均不用配置，只需使用 IDE 内置的 JDK 或在 IDE 内引入用户安装的 JDK 即可。如果在 IDE 外部启动 Web 服务器(如 Tomcat、Weblogic 等)，则必须配置 JAVA_HOME 环境变量，否则 Web 服务器可能无法启动。

另外，如果之前安装过低版本的 JDK，在安装结束后安装程序会自动将 java.exe、javaw.exe、javaws.exe 三个可执行文件复制到 C:\Windows\System32 目录，这个目录在 Windows 环境变量中的优先级高于 JAVA_HOME 设置的环境变量优先级，因此直接更改 JAVA_HOME 会无效。

1.2.2　集成开发环境

集成开发环境可以集编译、运行、调试等诸多操作于一体，极大提高程序的开发效率。对于 Java 编程来说，常用的集成开发环境有 Eclipse、IntelliJ IDEA、NetBeans 等。

1. Eclipse

Eclipse 是一个开放源代码的集成开发环境，由 Java 语言开发。它不仅可以开发 Java 程序，同时可以通过插件的形式对其他语言的开发提供支持，如 C、C++、PHP 等。Eclipse 平台及其插件基于 Eclipse 公共许可证(Eclipse public License，EPL)而发布。相对于 IntelliJ IDEA，Eclipse 最大优势是开源免费，对开发者和企业非常友好。

开发者可以到 Eclipse 的官网下载最新版的 Eclipse，下载地址为：https://www.eclipse.org/downloads/packages/。

从图 1.14 可以看出，官网提供了很多版本的 Eclipse，开发者可以选择 Eclipse IDE for

Enterprise Java Developers 或Eclipse IDE for Java Developers版本进行下载。从网页中的介绍可以看出，前者比后者多了 JPA、JSF 等库或插件，此处选择其中一个下载安装即可。安装完成后，鼠标单击桌面生成的快捷方式，即可开始使用 Eclipse 软件。首次使用 Eclipse 时，会依次出现“选择项目目录”“欢迎页”等界面，依次如图 1.15 和图 1.16 所示。

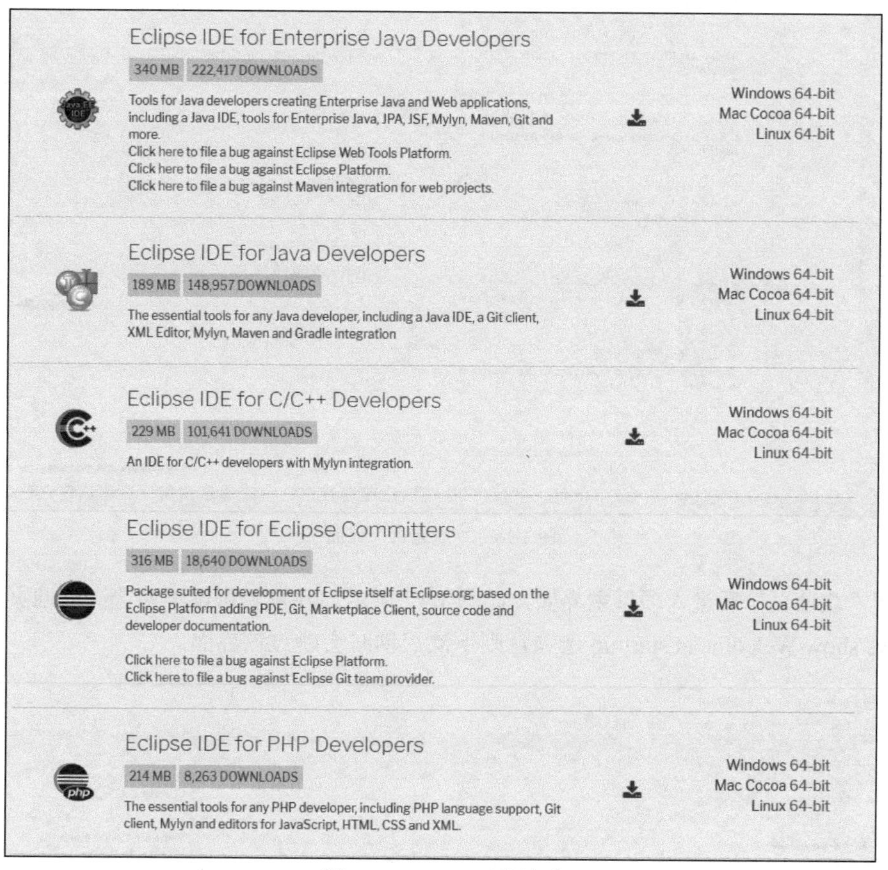

图 1.14　Eclipse 下载界面

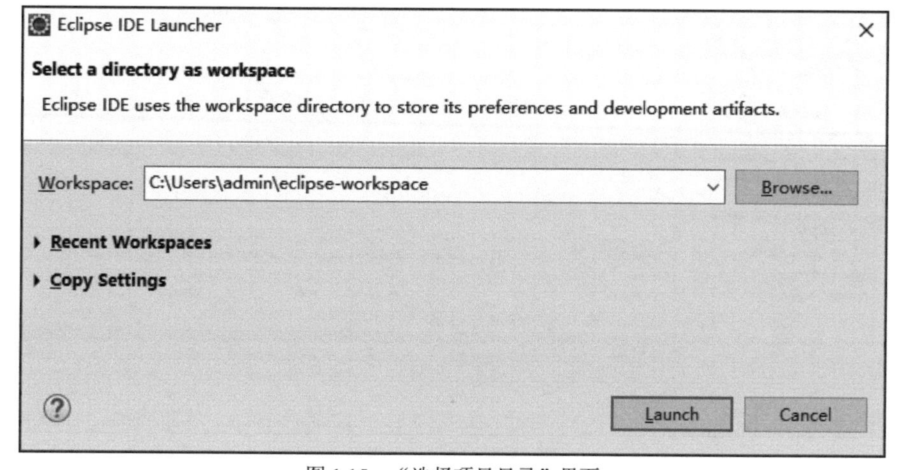

图 1.15　“选择项目目录”界面

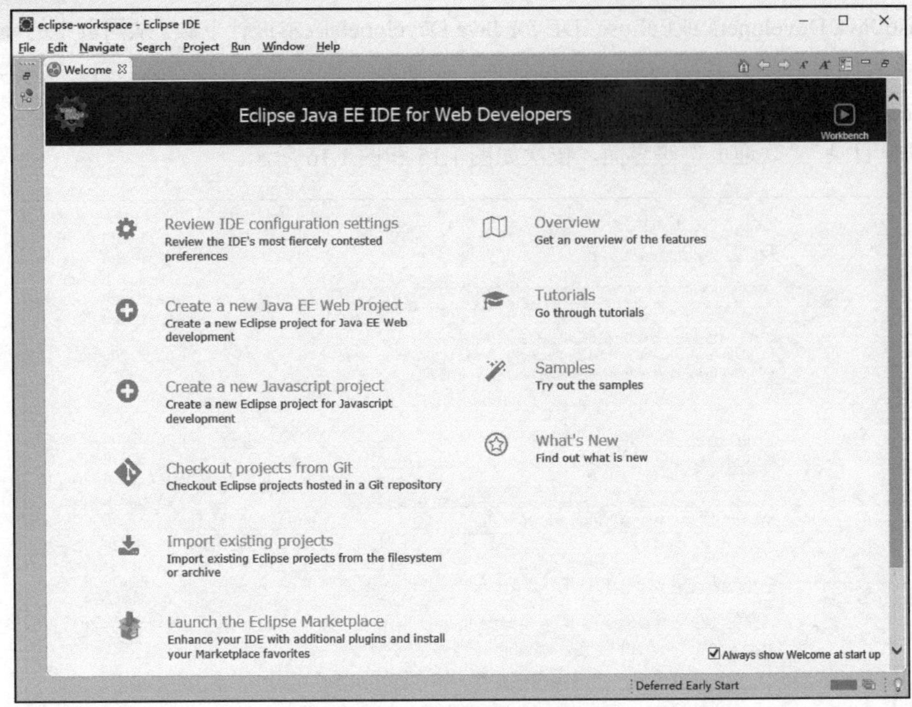

图 1.16 “欢迎页”界面

关闭“欢迎页”后进入项目主界面，如图 1.17 所示。开发者可以不勾选“欢迎页”界面中的 Always show Welcome at start up 选项，则下次启动时会跳过该界面。

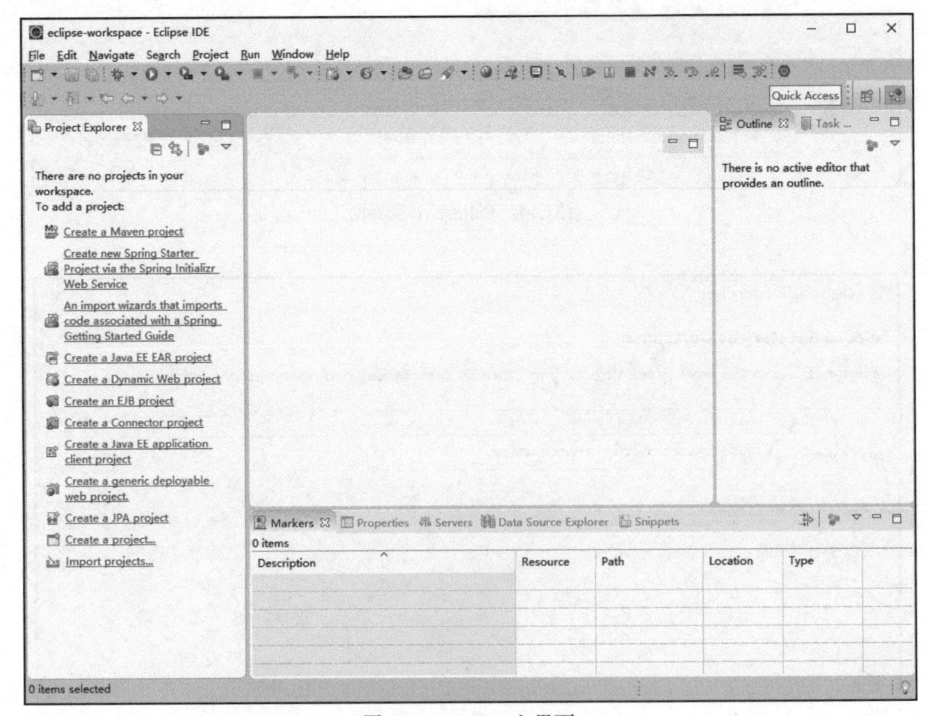

图 1.17 Eclipse 主界面

2. IntelliJ IDEA

IntelliJ IDEA 简称 IDEA，是 Java 编程语言开发的集成环境。IDEA 在业界被公认为最好的 Java 开发工具之一，尤其在智能代码助手、代码自动提示、重构、J2EE 支持、各类版本工具(Git、svn 等)、JUnit、CVS 整合、代码分析、创新的 GUI 设计等方面的功能可以说是超常的。IDEA 是 JetBrains 公司的产品，这家公司的总部位于捷克共和国的首都布拉格，其中的开发人员以严谨著称的东欧程序员为主。它的旗舰版本还支持 HTML、CSS、PHP、MySQL、Python 等，免费版只支持 Python 等少数语言。

IDEA 的宗旨为 Develop with pleasure，其最突出的功能是调试(debug)，可以高效地对 Java 代码、JavaScript、JQuery、Ajax 等程序进行调试。首先查看 Map 类型的对象，如果实现类采用的是哈希映射，则会自动过滤空的 Entry 实例等。其次，可以动态获取一个表达式的值，比如得到了一个类的实例，但是并不知晓它的 API，可以通过 Code Completion 点出它所支持的方法。最后，在多线程调试的情况下，Log on console 的功能可以帮开发者检查多线程执行的情况。

IntelliJ IDEA 分为 Ultimate Edition 旗舰版和 Community Edition 社区版本，旗舰版可以免费试用 30 天，社区版本免费使用，但是功能上对比旗舰版有所缩减。目前版本为 2019.2.3，于 2019 年 9 月发布，可以在官网下载 IDEA 的最新版本，网址如下：https://www.jetbrains.com/idea/download/#section=windows。IDEA 的使用界面如图 1.18 所示。

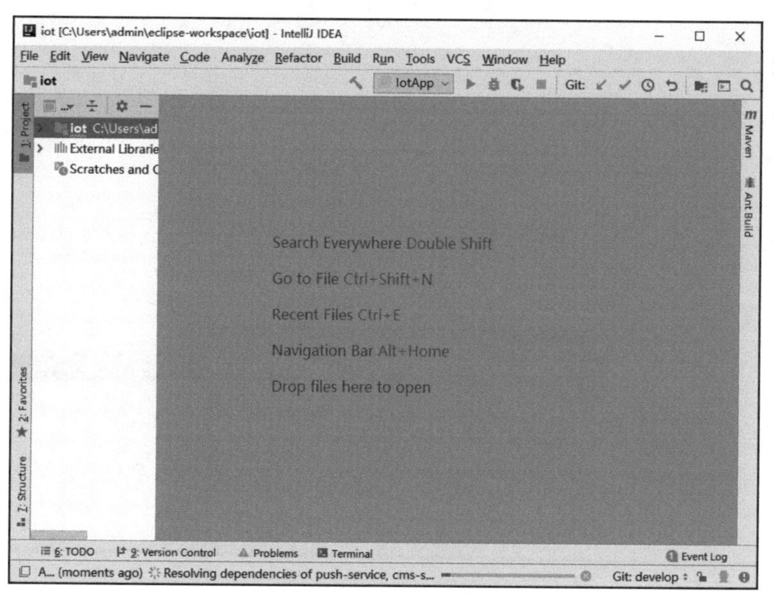

图 1.18　IDEA 使用界面

1.2.3　Lombok 插件

1. 概述

Lombok 是一个 Java 库，可通过注解来帮助开发人员提高开发效率，尤其是对于简单的 Java 对象(POJO)，可以不用再重复书写 getter、setter、日志变量声明和 equals 方法等。Lombok 支持多种使用方式，可以集成到 Eclipse、IDEA 等集成开发环境中。

2. 在 Eclipse 安装 Lombok 插件

此处将介绍 Lombok 插件在 Eclipse 中的安装使用。

首先，到 Lombok 官网(https://projectlombok.org/download)下载 Lombok 插件，如图 1.19 所示。

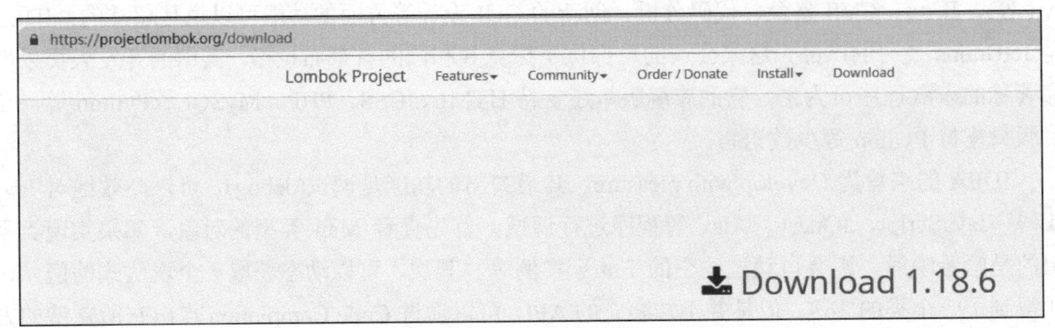

图 1.19　Lombok 插件下载界面(1)

Lombok的版本一直在更新，读者在使用时可到官网下载当前的最新版本，其配置流程都相同。单击 Download 下载 lombok.jar 文件。下载完成后，可以在官网中选择 install 下拉列表，并从其中选择 Eclipse，如图 1.20 所示。查看 Eclipse 平台下的安装插件的详细流程，如图 1.21 所示。

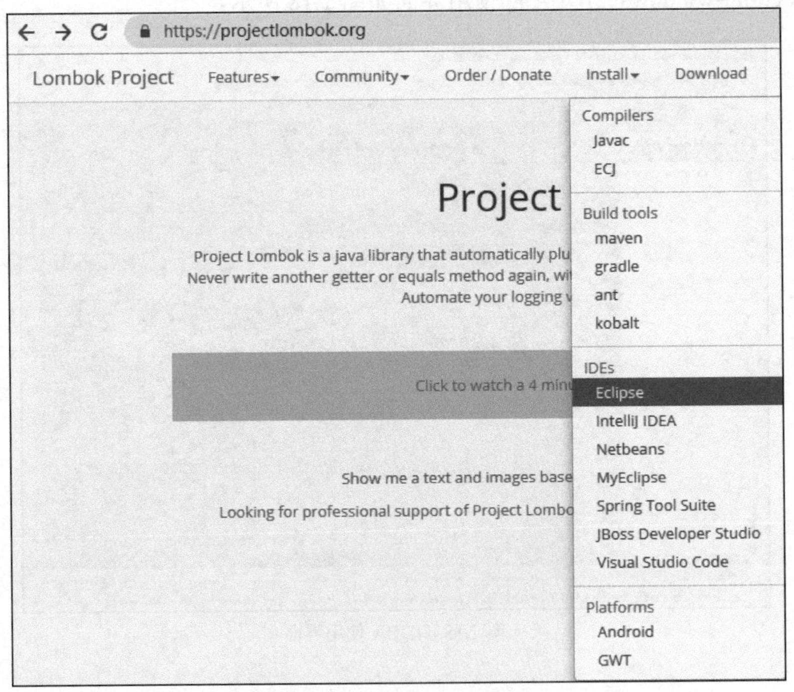

图 1.20　Lombok 插件下载界面(2)

因为前面选择的是解压版的 Eclipse，不能根据安装路径去寻找到 Eclipse，所以会弹出图 1.22 所示提示，单击“确定”即可。注意，使用前请先关闭 Eclipse。

根据提示，单击 Specify location 按钮找到 eclipse.exe 所在的位置，选中 eclipse.exe 后单击 select 按钮，如图 1.23 所示。

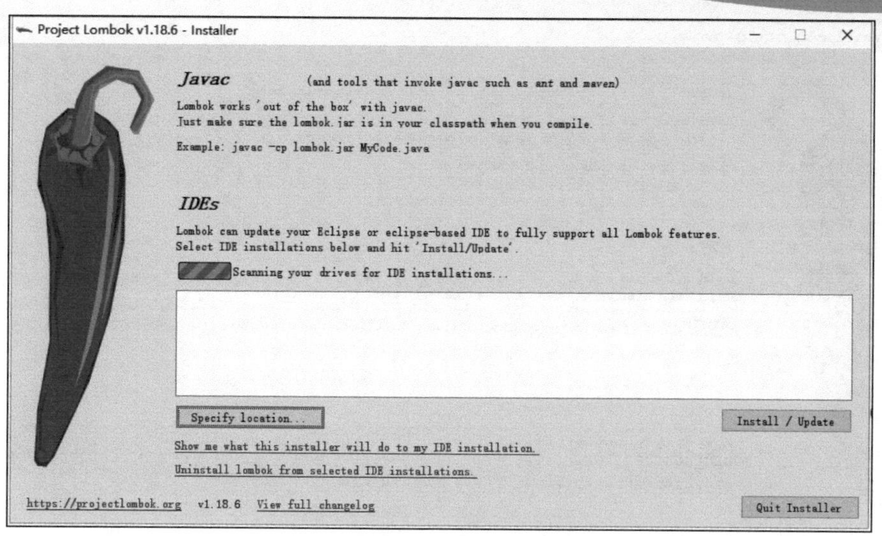

图 1.21　Lombok 插件安装界面(3)

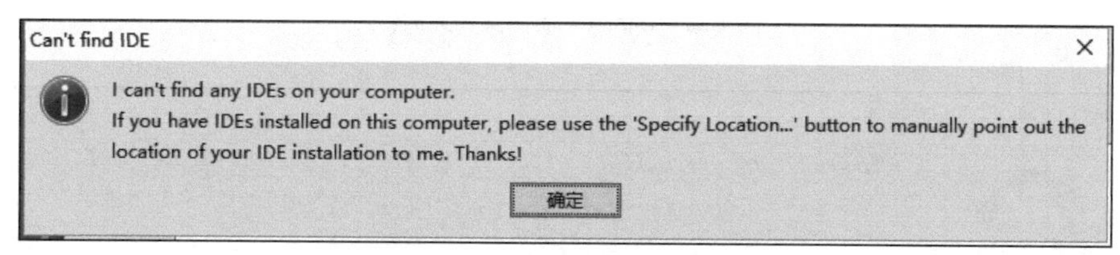

图 1.22　Lombok 插件安装界面(4)

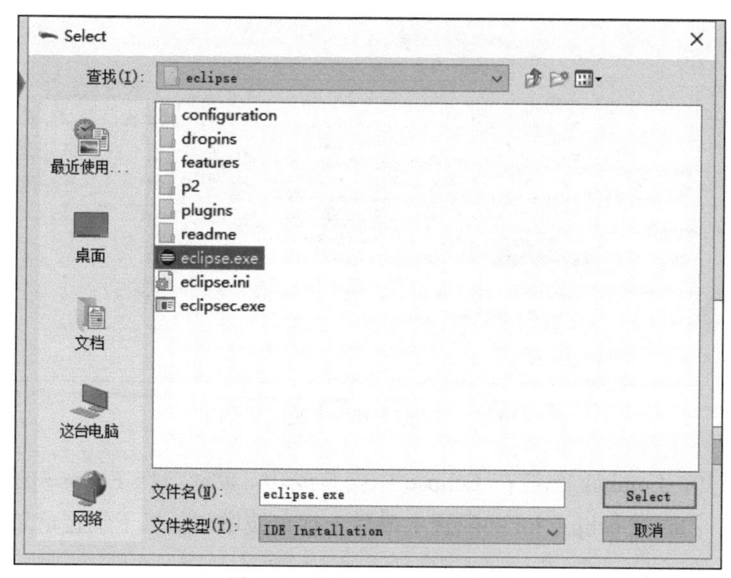

图 1.23　选择 Eclipse 应用程序

然后单击 Install/Update 按钮进行安装，如图 1.24 所示。接着会自动完成后续安装过程，如图 1.25 所示。

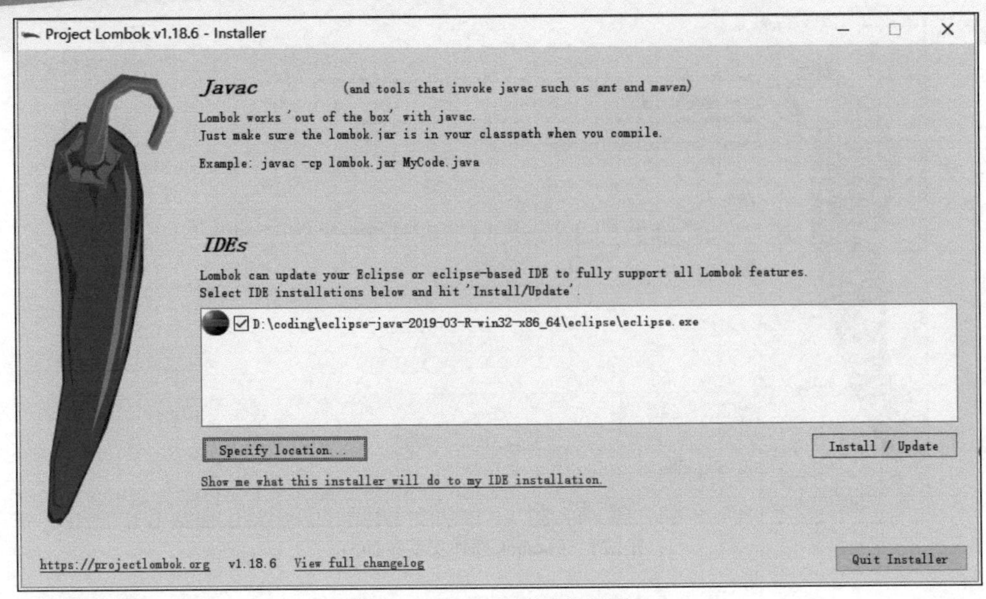

图 1.24　Lombok 插件安装界面(5)

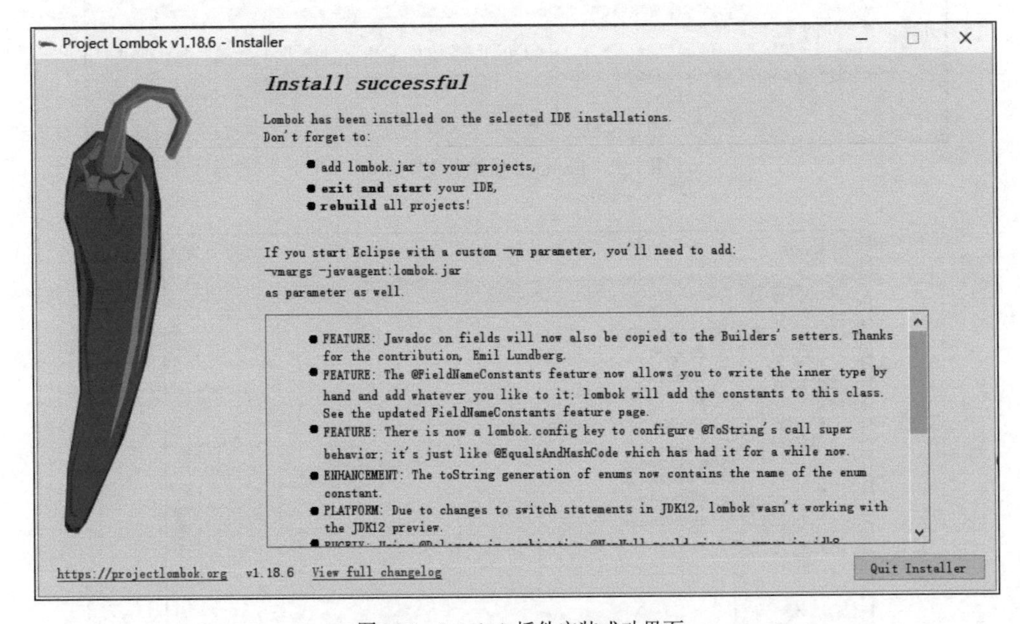

图 1.25　Lombok 插件安装成功界面

根据提示可知，Lombok 已经在 Eclipse 中安装成功。此时，在 Eclipse 的安装路径下可见 lombok.jar 文件，同时在 eclipse.ini 的配置中最后一行也被增加了以下配置信息：

```
-javaagent:D:\coding\eclipse\lombok.jar
```

其中，冒号后面的内容为当前 Eclipse 中 Lombok 的本地存放路径。本书中 Eclipse 的安装路径如图 1.26 所示。

存储 (D:) › coding › eclipse

名称	修改日期	类型	大小
configuration	2019/4/23 18:24	文件夹	
dropins	2018/12/14 7:39	文件夹	
features	2019/2/13 10:21	文件夹	
p2	2019/4/23 18:24	文件夹	
plugins	2019/2/13 10:21	文件夹	
readme	2019/1/5 9:06	文件夹	
.eclipseproduct	2018/9/6 14:02	ECLIPSEPRODUC...	1 KB
artifacts.xml	2019/2/13 10:21	XML 源文件	283 KB
eclipse.exe	2018/12/14 7:42	应用程序	415 KB
eclipse.ini	2019/2/13 10:21	配置设置	1 KB
eclipsec.exe	2018/12/14 7:42	应用程序	127 KB
lombok.jar	2019/1/4 18:53	Executable Jar File	1,660 KB

图 1.26　本书 Eclipse 安装路径

3. 在 IntelliJ IDEA 中安装 lombok 插件

对于 IDEA，其集成 Lombok 插件的流程相对简单，主要有以下几个步骤。

(1) 菜单中选择 File > Settings > Plugins 命令。

(2) 搜索 Lombok，如图 1.27 所示。

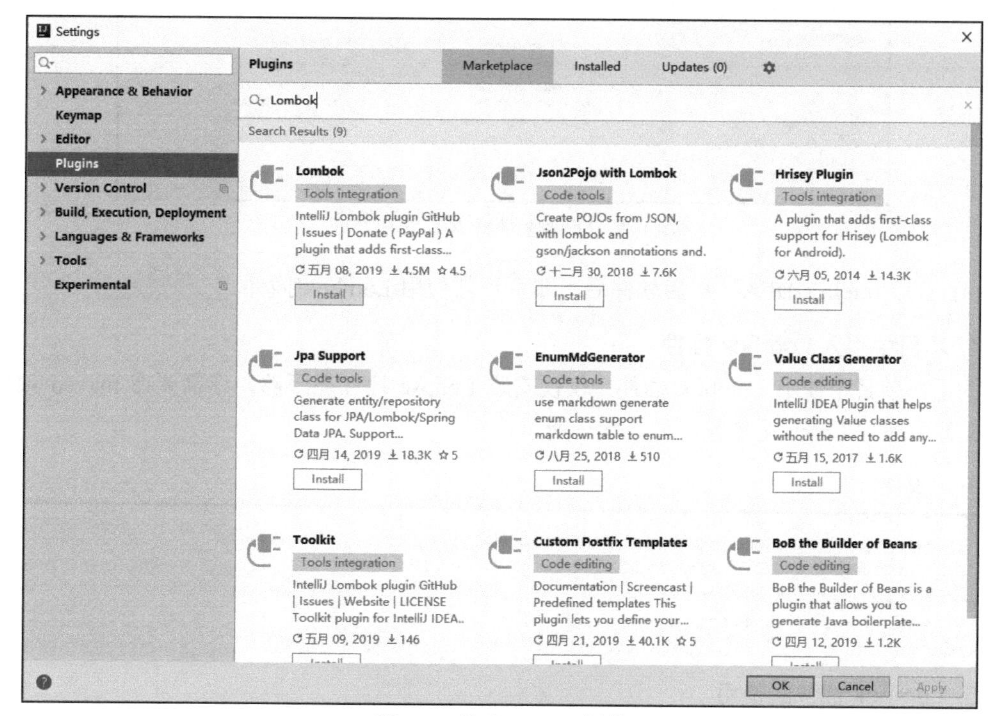

图 1.27　搜索 Lombok 插件

(3) 单击 Lombok 下面的 Install 按钮。弹出提示对话框，单击 Accept 按钮即可，如图 1.28 所示，然后开始插件安装。安装完成后会提示重启 IDE，如图 1.29 所示。

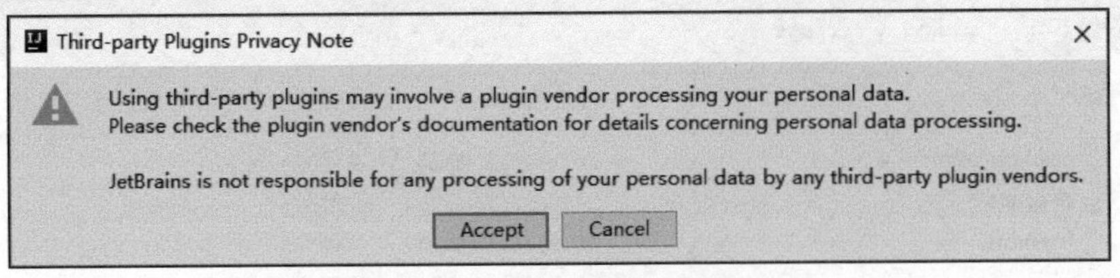

图 1.28　lombok 插件安装界面

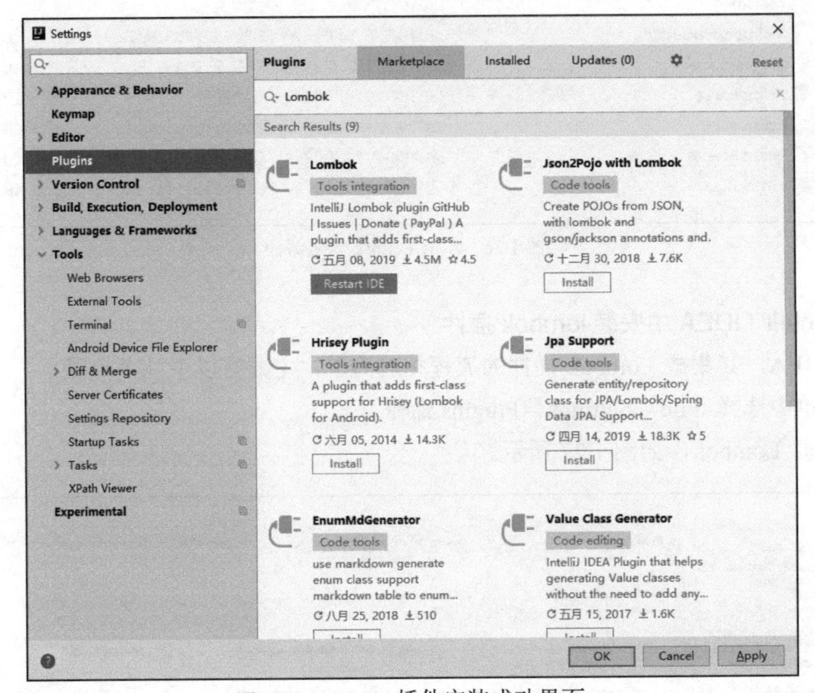

图 1.29　Lombok 插件安装成功界面

(4) 重启 IntelliJ IDEA。重启软件后，即可正常使用 Lombok 插件。

4. 项目中引入 Lombok 插件

为了在项目中使用 Lombok 插件，仅仅安装 Eclipse 插件还不够，还需要在 maven 项目的 pom 文件中增加 Lombok 依赖，如下代码所示：

```
<!-- 增强插件 -->
<dependency>
    <groupId>org.projectlombok</groupId>
    <artifactId>lombok</artifactId>
    <version>1.18.6</version>
    <scope>provided</scope>
</dependency>
```

5. Lombok 插件的使用

Lombok 使用过程中主要是靠注解起作用的，官网上的文档里面有所有的注解，这里对其中几个比较常用的注解进行介绍。

首先定义一个基础的 javabean，然后通过 Lombok 注解的使用，观察其为代码编写方式做了哪些简化和增强。

```
public class UserBean {
    private String name;
    private int age;
    public String getName() {
     return name;
    }
    public void setName(String name) {
     this.name = name;
    }
    public int getAge() {
        return age;
    }
    public void setAge(int age) {
        this.age = age;
    }
}
```

(1) @Getter / @Setter。功能：自动生成 Getter/Setter 方法。

Getter 注解本身修饰符如下：

```
@Target({ElementType.FIELD, ElementType.TYPE})
@Retention(RetentionPolicy.SOURCE)
```

表示 Getter 既可以用在类上，也可以用在方法上，对于上例中的 javabean 代码,可以使用 lombok 注解改善代码，代码实例如下：

```
@Getter
@Setter
public class ClassGetterSetter {
    private String name;
    private int age;
}
```

如图 1.30 所示，开发者虽然并没有手动编写 setter 和 getter 方法，但在 IDE 中可以看到对应的结构，并且可以直接调用。

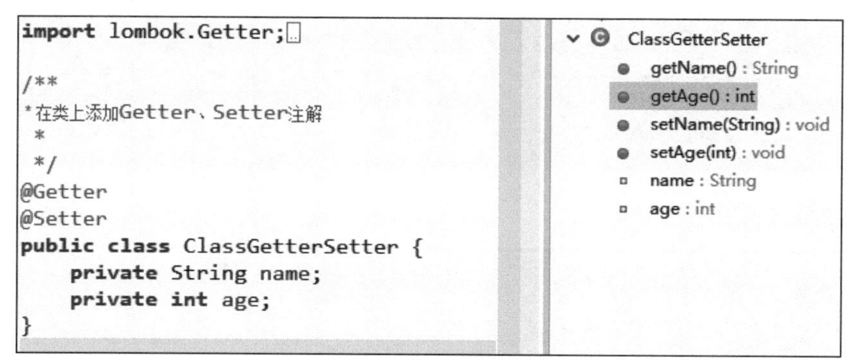

图 1.30　Lombok 插件使用示例

Getter、Setter 注解不仅可以用在类上，对所有属性增加 getter、setter 方法，也可以用在属性上对部分属性做特殊控制，如图 1.31 所示。

(2) @Data。功能：相当于同时为所有字段添加@Getter、@EqualsAndHashCode、@Setter 方法，为非 final 字段添加@Setter 和@RequiredArgsConstructor，如图 1.32 所示。

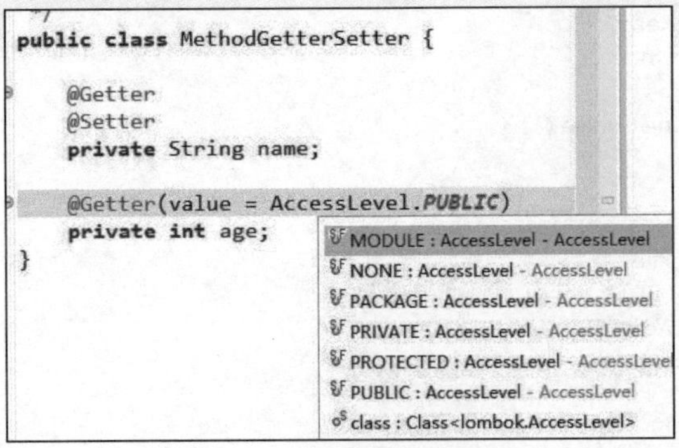

```
*/
public class MethodGetterSetter {

    @Getter
    @Setter
    private String name;

    @Getter(value = AccessLevel.PUBLIC)
    private int age;
}
```

```
MODULE : AccessLevel - AccessLevel
NONE : AccessLevel - AccessLevel
PACKAGE : AccessLevel - AccessLevel
PRIVATE : AccessLevel - AccessLevel
PROTECTED : AccessLevel - AccessLevel
PUBLIC : AccessLevel - AccessLevel
class : Class<lombok.AccessLevel>
```

图 1.31　Lombok 插件使用界面(1)

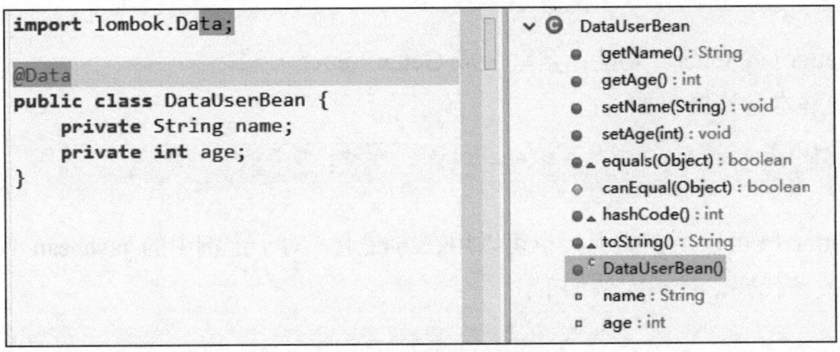

```
import lombok.Data;

@Data
public class DataUserBean {
    private String name;
    private int age;
}
```

```
DataUserBean
    getName() : String
    getAge() : int
    setName(String) : void
    setAge(int) : void
    equals(Object) : boolean
    canEqual(Object) : boolean
    hashCode() : int
    toString() : String
    DataUserBean()
    name : String
    age : int
```

图 1.32　Lombok 插件使用界面(2)

(3) @Accessors(chain = true)。功能：和@Setter 或@Data 结合使用，表示给 setter 的方法加上返回值对象，使 setter 方法可以链式调用，使用流程如下。

① 定义 bean 类：

```
@Accessors(chain = true)
@Data
public class MappedStatement {
    private String sourceId;
    private String namespace;
    private String sql;
    private String resultType;
}
```

② 使用链式调用：

```
MappedStatement mappedStatement = new MappedStatement();
// 链式调用
mappedStatement.setSourceId(sourceId)
    .setSql(sql)
    .setResultType(resultType)
    .setNamespace(namespace);
```

(4) @Builder。功能：在 bean 类上添加@Builder 注解，实现原理为在 bean 里面创建一个静态 builder 方法和一个静态内部 Builder 类，通过调用静态 builder 方法来创建 Builder 类，然后通过 Builder 类中的 build 方法直接创建一个 Bean。测试方法如下：

```
@Builder
public class BuilderDemo {
    @Getter
    private String name;
    @Getter
    private int age;
    public static void main(String[] args) {
        BuilderDemo b = BuilderDemo.builder().name("段鹏松").age(18).build();
        System.out.println("姓名：" + b.getName());
        System.out.println("年龄：" + b.getAge());
    }
}
```

运行结果如图 1.33 所示。

```
<terminated> BuilderDemo
姓名：段鹏松
年龄：18
```

图 1.33　Lombok 插件测试结果(1)

(5) @NonNull。功能：自动为被注解属性加上非空校验，并将当前成员变量加入自动生成的构造函数的参数中，避免空指针。如果使用 lombok，则代码形式如下：

```
@Data
public class NonNullExample {
    @NonNull
    private String name;
    private int age;

    public static void main(String[] args) {
        NonNullExample n = new NonNullExample(null);
    }
}
```

运行结果如图 1.34 所示。

```
Exception in thread "main" java.lang.NullPointerException:
name is marked @NonNull but is null
        at lombok.demo.NonNullExample.<init>
(NonNullExample.java:6)
        at lombok.demo.NonNullExample.main
(NonNullExample.java:13)
```

图 1.34　Lombok 插件测试结果(2)

相当于在代码 setName 中做了非空判断校验：

```
public void setName(String name) {
    if (name == null) {
        throw new NullPointerException("name is marked @NonNull but is null");
    }
    this.name = name;
}
```

(6) @Slf4j。功能：相当于创建成员变量 log，相当于在类中定义了：

```
private final Logger logger = LoggerFactory.getLogger(LoggerTest.class);
```

因此在函数中可以直接使用对象实例 log：

```
@Slf4j
public class Slf4jTest {
    public void test() {
        log.debug("这里输出调试信息");
    }
}
```

这里需要注意的是，如果要使用日志框架，还需要在依赖中引入相应库。

```
<dependency>
    <groupId>org.slf4j</groupId>
    <artifactId>slf4j-api</artifactId>
    <version>1.7.25</version>
</dependency>
<!-- https://mvnrepository.com/artifact/ch.qos.logback/logback-classic -->
<dependency>
    <groupId>ch.qos.logback</groupId>
    <artifactId>logback-classic</artifactId>
    <version>1.2.3</version>
</dependency>
```

(7) @Log。功能：使用的是 java.util.logging.Logger，可直接使用变量 log，使用方式与上一节中的@Slf4j 一样。

(8) @Cleanup。功能：资源管理，安全地调用 close()方法，在退出当前作用域之前自动清除给定资源。

比如要将一个文件的内容写入另一个文件，需要打开一个输出流和一个输入流，并且手动调用关闭。

```
class NoCleanupDemo {
    public static void main(String[] args)
            throws IOException {
        InputStream in =
                new FileInputStream("d://a.txt");
        try {
            OutputStream out =
                    new FileOutputStream("d://a.txt");
            try {
                byte[] b = new byte[10000];
                while (true) {
                    int r = in.read(b);
                    if (r == -1)
                        break;
                    out.write(b, 0, r);
                }
            } finally {
                if (out != null) {
                    out.close();
                }
            }
        } finally {
            if (in != null) {
                in.close();
            }
        }
    }
}
```

而如果使用 lombok，在流对象声明时加上@Cleanup 注解，则不用显式的调用 close 方法，代码形式如下：

```
public class CleanupDemo {
    public static void main(String[] args) throws IOException {
        @Cleanup
        InputStream in = new FileInputStream("d://a.txt");
        @Cleanup
        OutputStream out = new FileOutputStream("d://b.txt");
        byte[] b = new byte[1000];
        while (true) {
            int r = in.read(b);
            if (r == -1)
                break;
            out.write(b, 0, r);
        }
    }
}
```

(9) 构造函数注解如下。

- @NoArgsConstructor：自动生成无参数构造函数。
- @AllArgsConstructor：自动生成全参数构造函数。

```
public class ConstructorTest {
    @NoArgsConstructor
    public class NoArgs {
        private String name;
        private String age;
    }
    @AllArgsConstructor
    public class AllArgs {
        private String name;
        private int age;
    }
}
```

上述代码构造的程序结构如图 1.35 所示。

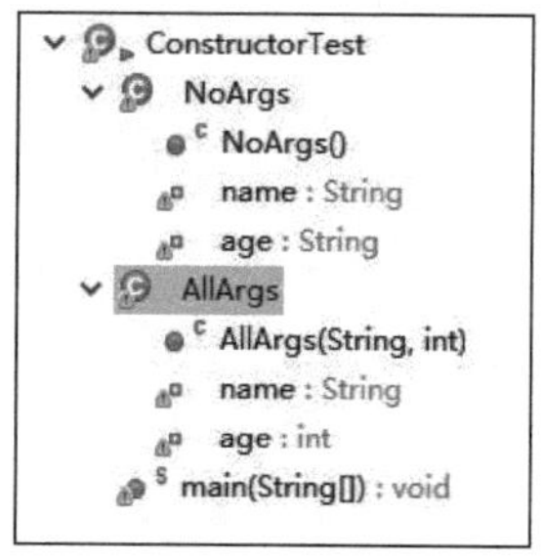

图 1.35 程序结构图

使用方法如下：

```
public static void main(String[] args) {
    ConstructorTest c = new ConstructorTest();
    // 调用无参构造
    NoArgs noArgs = c.new NoArgs();
    AllArgs allArgs = c.new AllArgs("段鹏松", 20);
}
```

1.2.4 Git

1. 概述

Git 是一个分布式的版本控制软件，由 Linux 操作系统的创始者林纳斯·托瓦兹(Linus Torvalds)于 2005 年所开发。从一开始，Git 即制定了如下的设计理念：

- 速度更快。
- 发布更简单。
- 支持并行开发。
- 完全分布式。
- 支持超大规模项目。

由于 Git 本身设计理念的简洁使用，从 2005 年诞生以来使用者也是越来越多，逐渐取代 svn 等版本管理软件成为主流版本管理软件。目前，因为 Git 的出现和普及使用，已形成世界上最大的开源版本管理社区 github(又称最大的程序员交友社区)，国内也有对应的 gitee。

2. 安装流程

Git 的安装较为简单。首先，访问 Git 官方网站：https://git-scm.com/，如图 1.36 所示。

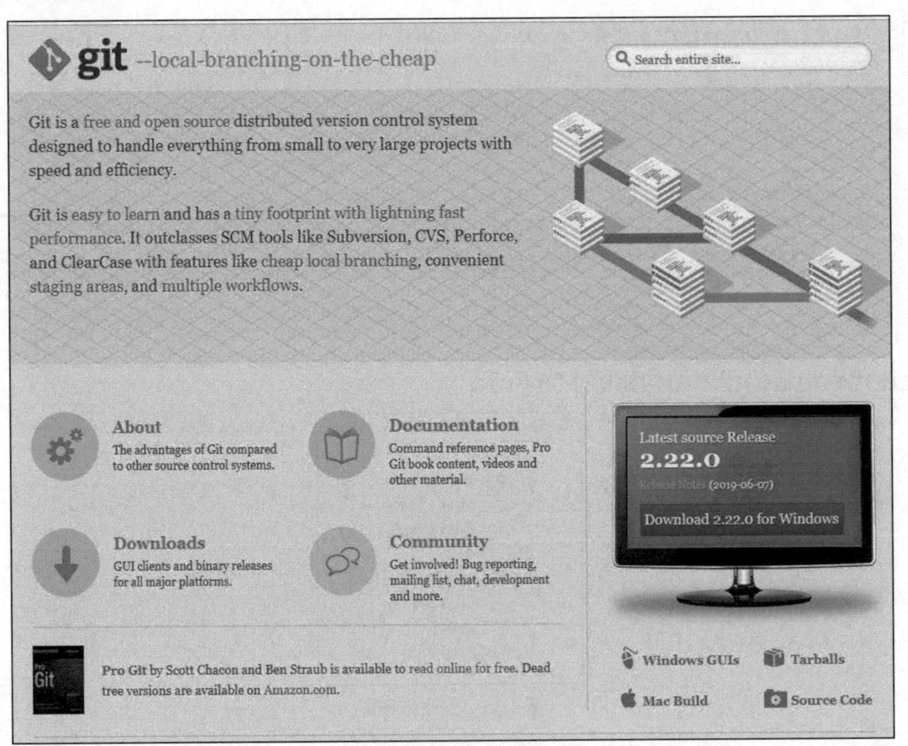

图 1.36　Git 官方网站

Git 针对主流操作系统有相应版本支持，单击 Download 2.22.0 for Windows 下载。如果开发者使用的不是 64 位 Windows 操作系统，可以到下载页面根据自己平台版本进行选择，网址为 https://git-scm.com/download/win，如图 1.37 所示。

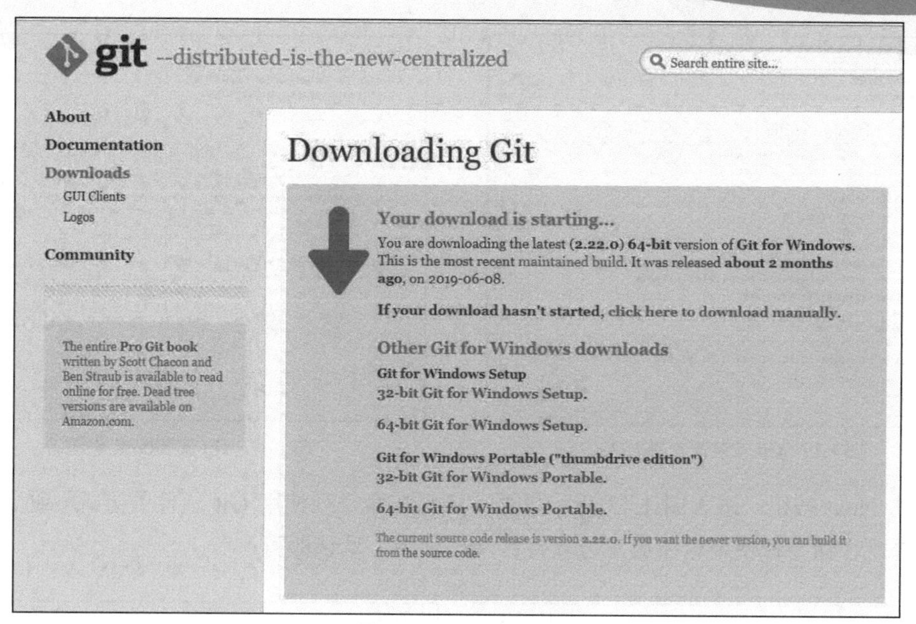

图 1.37　Git 下载界面

下载完成后，单击相应文件，开始安装，如图 1.38 所示。

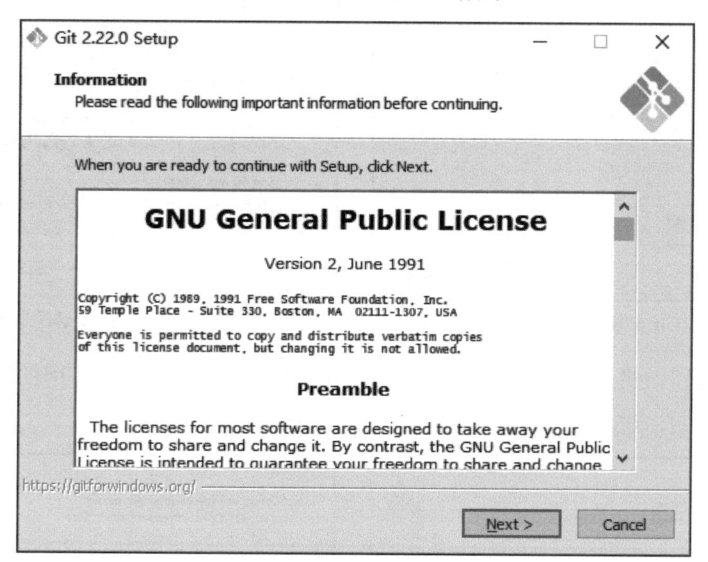

图 1.38　Git 安装界面

单击 Next 按钮进入组件选择模块。这一步可以根据需要进行勾选，一般情况下按照默认的即可，如图 1.39 所示。

单击 Next 按钮，选择 Git 的默认编辑器。因为笔者平时使用 Visual Studio Code 编辑文本较多，所以这里推荐了 Visual Studio Code 编辑器，如图 1.40 所示。

用户可以选择自己所需要的编辑器进行更换，列表中的编辑器如图 1.41 所示。

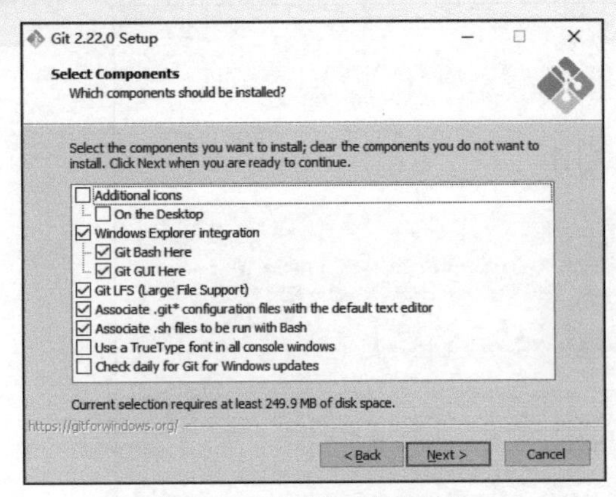

图 1.39　Git 安装配置界面(1)

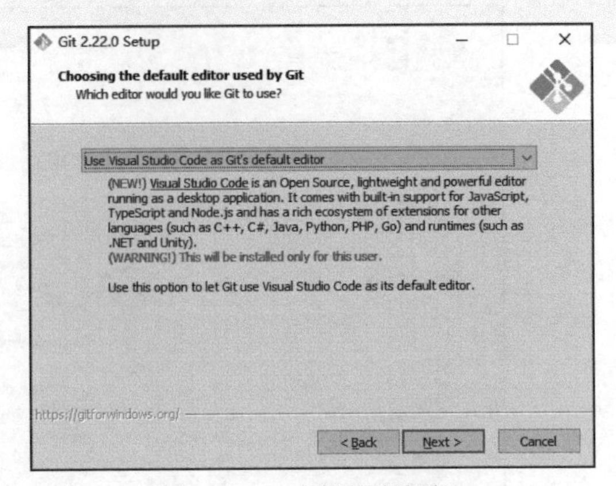

图 1.40　Git 安装配置界面(2)

单击 Next 按钮，进入图 1.42 所示界面，选择在命令行使用 Git 软件的方式。通常来说，可以选择既在命令行使用也在第三方软件终端中使用，默认即可。

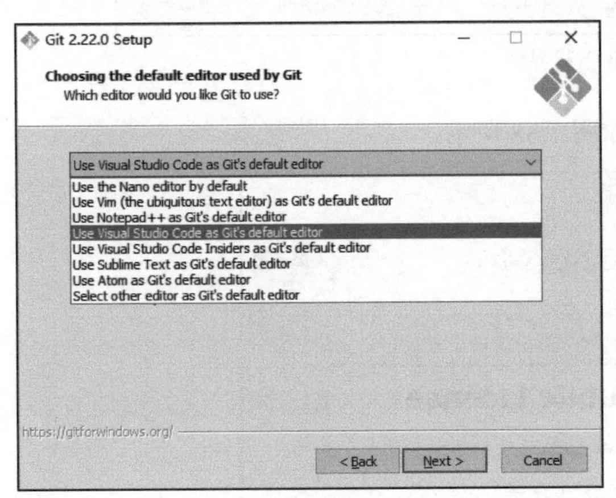

图 1.41　Git 安装配置界面(3)

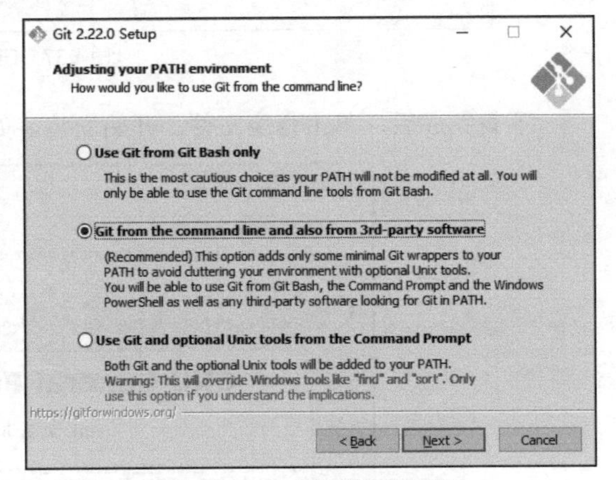

图 1.42　Git 安装配置界面(4)

单击 Next 按钮，进入图 1.43 所示界面，选择 HTTPS 协议连接所使用的库，默认即可。

单击 Next 按钮，进入图 1.44 所示界面，选择界面风格。

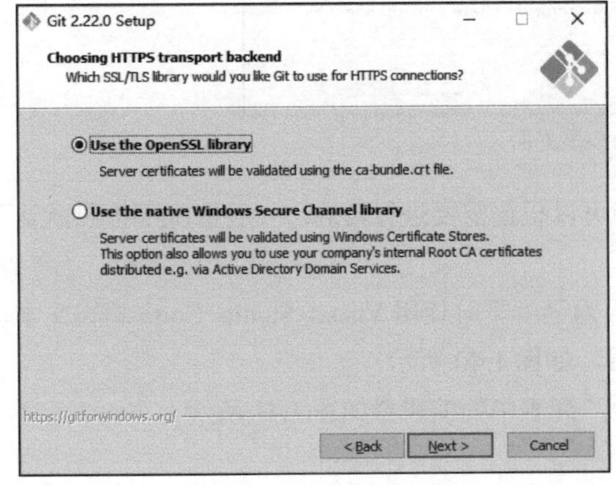

图 1.43　Git 安装配置界面(5)

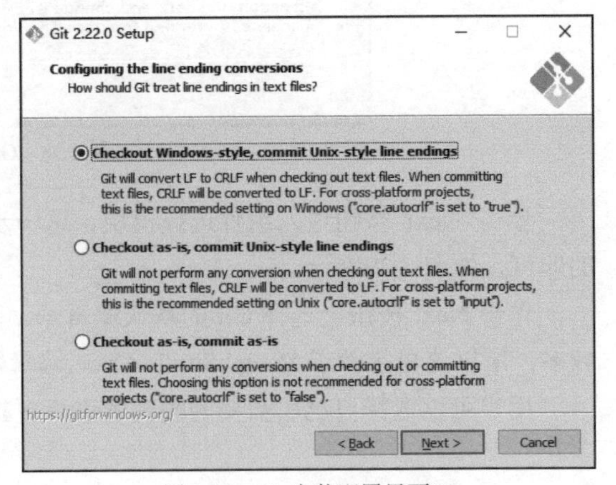

图 1.44　Git 安装配置界面(6)

单击 Next 按钮，进入图 1.45 所示界面，选择终端模拟器。

单击 Next 按钮，进入图 1.46 所示界面，进行一些额外属性的配置。

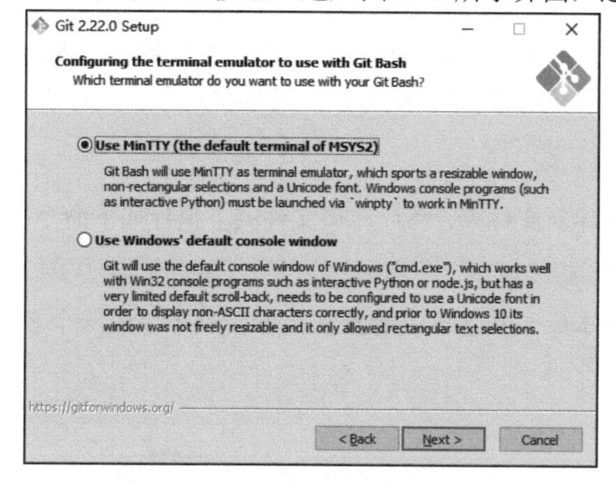

图 1.45　Git 安装配置界面(7)

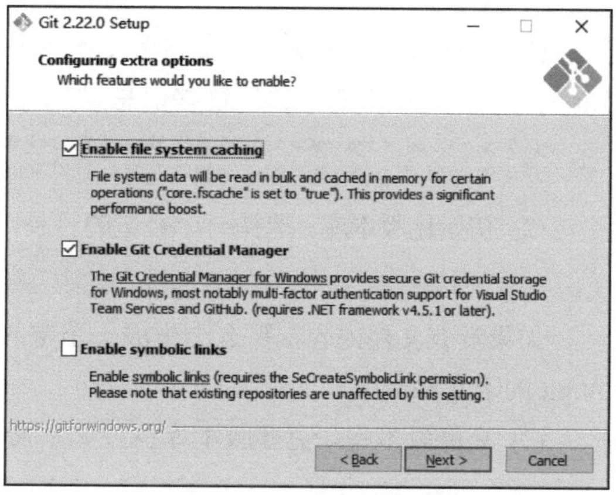

图 1.46　Git 安装配置界面(8)

单击 Next 按钮，进入高级参数设置选项，如图 1.47 所示。对于初学者来说，在对 Git 不是特别熟悉的情况下，可以暂时不勾选。

至此，所有配置项选择完毕。单击 Install 按钮开始安装，过程如图 1.48 所示。

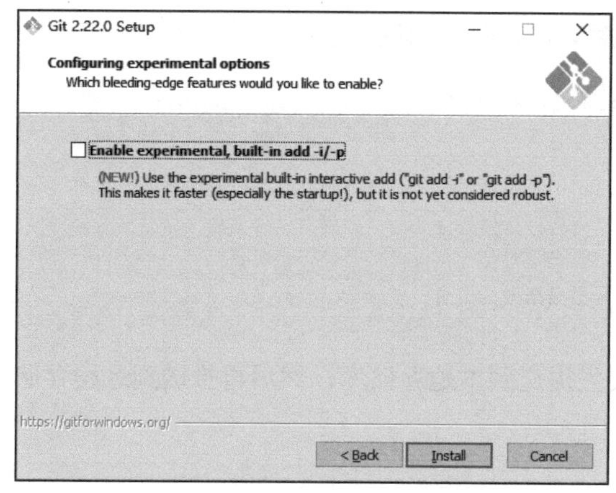

图 1.47　Git 安装配置界面(9)

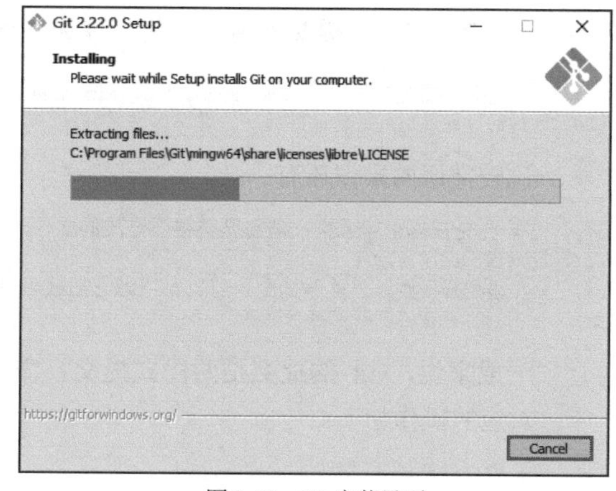

图 1.48　Git 安装界面

Git 的安装包不大，一般在短时间内即可以完成。如图 1.49 所示，单击 Finish 按钮，即可完成安装。

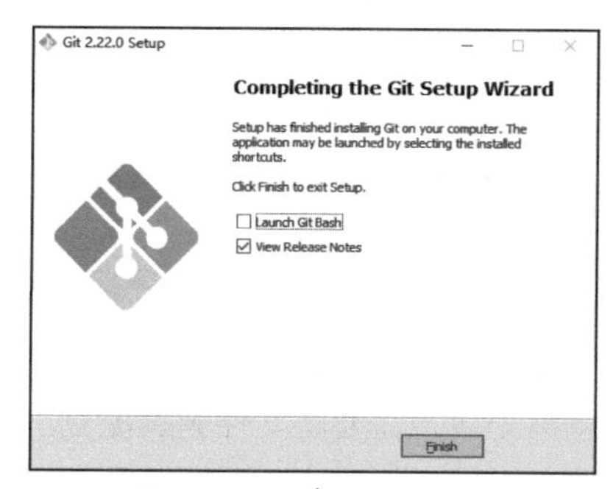

图 1.49　Git 安装成功界面

至此，Git 软件的安装过程全部完成。

3. 基本使用

(1) 配置用户名和邮箱。安装完 Git 客户端后，需要先配置用户名与邮件地址信息，因为 Git 的每一次提交都需要验证这些信息。如果初期没有配置，在后期操作的过程中也会提示录入。

```
git config --global user.name "username"
$ git config --global user.email “emailAddress”
```

(2) 初始化版本库。选择一个合适的目录，创建新文件夹，然后在该文件夹下执行如下命令：

```
git init
```

如果没有文件内容，那么会生成一个空的版本库，并且可以看到在执行目录下生成一个名为.git 的子文件夹。

(3) 克隆版本库。克隆版本库执行如下命令：

```
git clone 版本库地址
```

克隆版本库时，可以指定如下参数：

--depth 1 指定克隆版本库时，只克隆最近一次的提交，以减少下载的文件数量及大小。

(4) 拉取远程主机的更新。拉取远程主机的更新命令如下：

```
git pull
```

(5) 提交更改。提交前需要先将文件加入到暂存区，代码示例如下：

```
# 先把需要提交的文件添加 到索引库，add 后面跟要提交的文件，比如:
git add readme.md
```

比较常用的操作还有：

```
 # 无论在哪个目录执行都会提交相应修改的文件
.git add all
# 通配符规则，只能够提交当前目录或者它后代目录下相应修改的文件
.git add .
```

一般来说，Git 的提交是两段式提交，需要先提交到本地存储库，然后再推送到远程存储库，对应的操作如下：

```
# 提交时通过-m 指定本次提交注释
git commit -m "提交说明"
# 提交完后 push 到远程仓库
git push
```

(6) .gitignore 配置文件：指定无须提交的文件或目录。在项目开发的过程中，对于日志文件、临时文件、生成文件、开发工具环境配置等形式的文件或目录无须提交到 git 版本库中，对于这些文件就需要配置相应的规则来忽略这些文件的提交。

在 git 中通过名为.gitignore 的文件对忽略规则进行配置。以内容实例进行说明：

```
target/ 表示忽略 target 目录
*.tmp 表示忽略所有后缀名为.tmp 的文件
```

注意，这里的忽略文件配置是需要在 commit 之前配置，如果已经提交过的文件已经被版本库管理起来，则此处配置的忽略无效，需要将文件删除提交，然后才能生效。

(7) 扩展。一般来说，在团队开发过程中涉及多人开发，虽然可以通过任务分工安排不同

人修改不同文件，但有时候也可能会多人修改同一文件。所以，为了规范起见，无论是哪种方式，在 push 之前都需要先用 pull 将远程存储库的最新版本同步到本地，检查有无冲突，测试正常运行后方可提交到远程仓库。

以下代码是笔者在工作过程中使用的一套脚本，当对于修改内容确定的情况下，使用脚本可以提高代码同步的效率。

```
@echo off
title GIT 提交批处理：这一段代码同样可以在类 unix 平台运行

git config --global user.name "我的姓名"
git config user.email "我的邮箱"

echo 开始提交代码到本地仓库
echo 当前目录是：%cd%

echo 开始添加变更
git add .

echo 开始提交变更到本地仓库
set /p message=输入本次提交描述：
git commit -m "%message%"

echo 开始拉取
git pull
echo 拉取完毕

echo 开始推送到远程服务器
git push origin master

echo;
echo 批处理执行完毕！
```

1.3 Java Web 开发概述

简言之，Java Web 开发是使用 Java 语言开发 Web 项目。一般来说，Web 项目包含服务器端和客户端。Java Web 开发主要集中在服务器端，所使用的技术主要有 JSP、Servlet 以及一些集成的快速开发框架等。

目前市面上已经有不少优秀的 Java Web 开发框架，如 Struts、Spring 等。这些框架虽然各不相同，但大多数都遵循相同的思想：使用 Servlet 或者 Filter 拦截请求，使用 MVC 的思想设计架构，使用约定、XML 或 Annotation 实现配置，运用 Java 面向对象的特点，面向抽象实现请求和响应的流程，支持 JSP、Freemarker、Velocity 等视图技术。

不同于桌面应用程序，Java Web 项目需要在容器内运行。容器就是支持 Java Web 项目的一些 Web 服务器，如 Tomcat、Jetty、GlassFish、Weblogic、JBoss 等。不同类型的容器，其基本功能类似，但是对于 Java Web 项目的管理和扩展能力不同。

1.3.1 Java Web 项目的基本结构

目前支持 Java 语言的集成开发环境较多，对于 Web 项目支持较好的 IDE 工具有 Eclipse、MyEclipse(实际上是对 Eclipse 插件的集成环境)、NetBeans 等。使用 IDE 工具，开发者可以高效快速地开发出适应于各种需求的 Web 应用程序，但要注意的是，开发者不能太依赖于 IDE 工具，因为软件开发的主体从来都是人，而不是工具，IDE 工具可以把一些重复性的工作快速完成，提高开发者的工作效率，但是决不能替代人的作用。对于有经验的开发者，IDE 工具可以提高开发效率；但是对于初学者，IDE 工具掩盖了项目创建的基本步骤，使开发者愈加迷茫。因此，建议初学者先不要直接使用 IDE，等掌握了 Java 程序运行的基本原理后再使用 IDE。

对开发者来说，需要对 Java Web 项目的基本结构非常了解，并且能理解 Java Web 项目的运行原理，这样才能从本质上掌握 Java Web 项目的开发技能。下面演示一个手工建立 Java Web 项目，并完成该项目部署的操作流程。

1. 手动建立一个 Java Web 项目

(1) 在任意路径下建立一个文件夹，名字可以是符合 Java 项目命名规则的任意名字，此处命名为 FirstWeb。

(2) 在 FirstWeb 文件夹内，分别建立一个 index.jsp 文件和 WEB-INF 文件夹。

(3) 在 WEB-INF 文件夹内，建立一个 web.xml 文件。

所建立的目录结构如图 1.50 所示。

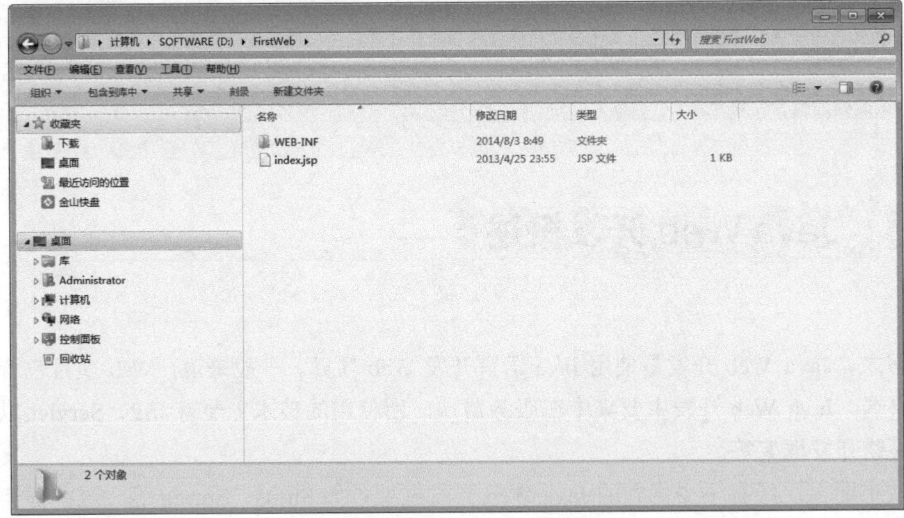

图 1.50　Web 项目目录结构

index.jsp 文件的内容如下：

```
<%@ page contentType="text/html;charset=UTF-8" language="java" %>
<html>
<head><title>Simple jsp page</title></head>
<body>
    第一个 Java Web 项目
</body>
</html>
```

web.xml 文件的内容如下：

```
<?xml version="1.0" encoding="UTF-8"?>
<web-app id="WebApp_9" version="2.4" xmlns="http://java.sun.com/xml/ns/j2ee"
    xmlns:xsi="http://www.w3.org/2001/XMLSchema-instance"
   xsi:schemaLocation="http://java.sun.com/xml/ns/j2ee http://java.sun.com/xml/ns/
   j2ee/web-app_2_4.xsd">
   <welcome-file-list>
      <welcome-file>index.jsp</welcome-file>
   </welcome-file-list>
</web-app>
```

至此，该 Java Web 项目的基本构建就完成了。

2. 手动部署该 Java Web 项目

把 FirstWeb 文件夹复制到 Tomcat 的 webapps 目录下，即完成了该项目的部署，如图 1.51 所示。

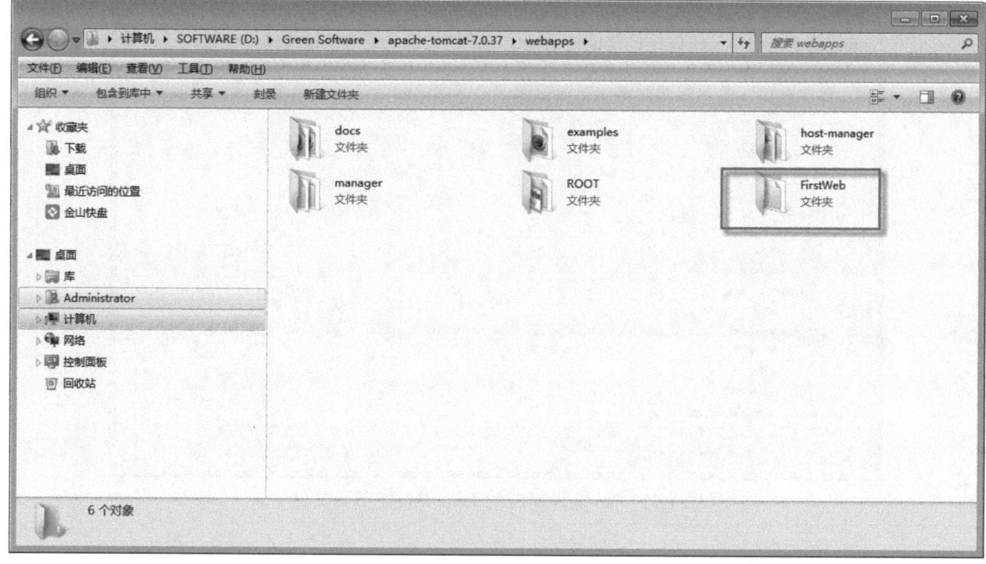

图 1.51　Web 项目部署

3. 测试该 Java Web 项目的运行

启动 Tomcat 服务器，测试该项目的运行，如图 1.52 所示。可以看到，第一个 Java Web 项目已经正常运行了。

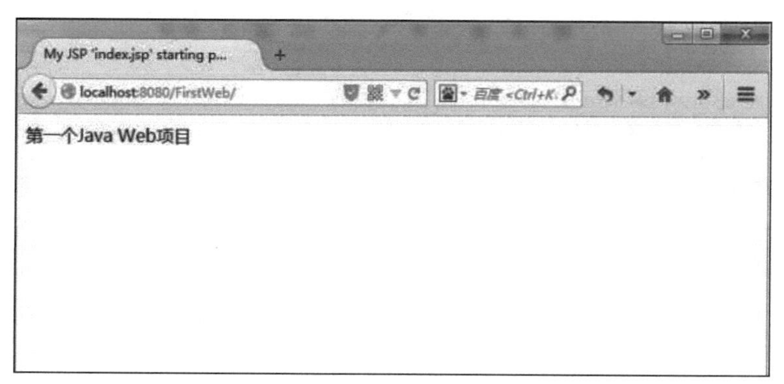

图 1.52　运行结果

4. 查看该 Java Web 项目的运行原理

从以上过程中，可以看出一个 Java Web 项目的基本结构。一般来说，WEB-INF 是 Java 的 WEB 应用的安全目录，客户端无法访问，只有服务端可以访问。web.xml 文件为项目部署描述 XML 文件，如果想直接访问项目中的文件，必须通过 web.xml 文件对要访问的文件进行相应映射才能访问。WEB-INF 文件夹下除了 web.xml 外，一般还有一个 classes 文件夹，用以放置编译后的 *.class 文件，有时还有 lib 文件夹，用于存放需要的 jar 包。本演示项目因为功能非常简单，没有后台代码，也没有添加额外的 jar 包，所以在 WEB-INF 下面没有 classes 文件夹和 lib 文件夹。

那么，究竟一个 Web 项目是如何运行的呢？打开如图 1.53 所示路径，可以看到，对于 index.jsp 文件，Tomcat 容器相应地生成了一个 index_jsp.java 文件，并且把 Java 文件编译又生成了一个 class 文件，即 Java 的字节码文件。

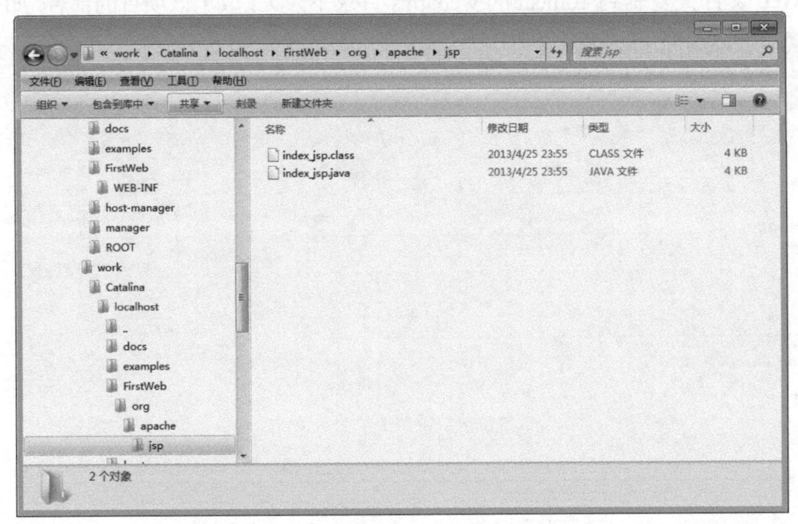

图 1.53 jsp 文件对应的 Java 类及字节码文件

index_jsp.java 文件的内容如下：

```
package org.apache.jsp;
import javax.servlet.*;
import javax.servlet.http.*;
import javax.servlet.jsp.*;

public final class index_jsp extends org.apache.jasper.runtime.HttpJspBase
    implements org.apache.jasper.runtime.JspSourceDependent {
  private static final javax.servlet.jsp.JspFactory _jspxFactory =
          javax.servlet.jsp.JspFactory.getDefaultFactory();
  private static java.util.Map<java.lang.String,java.lang.Long> _jspx_dependants;
  private javax.el.ExpressionFactory _el_expressionfactory;
  private org.apache.tomcat.InstanceManager _jsp_instancemanager;
  public java.util.Map<java.lang.String,java.lang.Long> getDependants() {
    return _jspx_dependants;
  }
  public void _jspInit() {
    _el_expressionfactory =
    _jspxFactory.getJspApplicationContext(getServletConfig().getServletContext()).
    getExpressionFactory();
    _jsp_instancemanager =
    org.apache.jasper.runtime.InstanceManagerFactory.getInstanceManager(getServlet
```

```
    Config());
  }
  public void _jspDestroy() {  }
  public void _jspService(final javax.servlet.http.HttpServletRequest request, final
  javax.servlet.http.HttpServletResponse response)
    throws java.io.IOException, javax.servlet.ServletException {
      final javax.servlet.jsp.PageContext pageContext;
      javax.servlet.http.HttpSession session = null;
      final javax.servlet.ServletContext application;
      final javax.servlet.ServletConfig config;
      javax.servlet.jsp.JspWriter out = null;
      final java.lang.Object page = this;
      javax.servlet.jsp.JspWriter _jspx_out = null;
      javax.servlet.jsp.PageContext _jspx_page_context = null;
      try {
        response.setContentType("text/html;charset=UTF-8");
        pageContext = _jspxFactory.getPageContext(this, request, response,null, true,
        8192, true);
        _jspx_page_context = pageContext;
        application = pageContext.getServletContext();
        config = pageContext.getServletConfig();
        session = pageContext.getSession();
        out = pageContext.getOut();
        _jspx_out = out;
        out.write("\r\n");
        out.write("<html>\r\n");
        out.write("<head><title>Simple jsp page</title></head>\r\n");
        out.write("<body>\r\n");
        out.write("      第一个 Java Web 项目\r\n");
        out.write("</body>\r\n");
        out.write("</html>");
      } catch (java.lang.Throwable t) {
        if (!(t instanceof javax.servlet.jsp.SkipPageException)){
          out = _jspx_out;
          if (out != null && out.getBufferSize() != 0)
            try { out.clearBuffer(); } catch (java.io.IOException e) {}
          if (_jspx_page_context != null) _jspx_page_context.handlePageException(t);
          else throw new ServletException(t);
        }
      } finally {
        _jspxFactory.releasePageContext(_jspx_page_context);
      }
    }
}
```

可以看出，JSP 是一种编译执行的前台页面技术。对于每个 JSP 页面，Web 服务器都会生成一个相应的 Java 文件，然后再编译该 Java 文件，生成相应的 class 类型文件。在客户端访问到的 JSP 页面，就是相应 class 文件执行的结果。

至此，应该了解 JSP 页面运行的基本原理了。所有的 Web 项目，不管多复杂，都是基于这个原理的。

1.3.2 轻量级 Java Web 开发概述

所谓轻量级，是指该组件或框架启动时依赖的资源较少，系统消耗较小，是一种相对的说法。轻量级框架侧重于减小开发和部署的复杂度，相应的其处理能力有所减弱(如事务功能弱、不具备分布式处理能力)，比较适用于开发中小型企业应用。采用轻量级框架，一方面可以尽可能地采用基于 POJO(Plain Old Java Object，简单 Java 对象)的方法进行开发，使应用不依赖于任何容器，这可以提高开发调试效率；另一方面轻量级框架多数是开源项目，开源社区提供了良好的设计和许多快速构建工具，以及大量现成可供参考的开源代码，这有利于项目的快速开发。

一般说的轻量级 Java Web 开发，主要是指使用 SSH(Struts2、Hibernate 和 Spring 三个框架)或 SSM(Spring、Spring Boot 和 MyBatis 三个框架)组合框架开发 Web 项目。SSM 框架是 SSH 框架的演进版本，目前应用较为广泛，也是本书主要介绍的框架组合。在轻服务器和易部署思想流行的今天，轻量级 Java Web 开发是使用较多的 Web 项目开发模式。

1.3.3 经典 Java Web 开发概述

经典 Java Web 开发，有时也称为重量级 Java Web 开发。所谓重量级，是指该组件或框架启动时依赖的资源较多，系统消耗较大，是一种相对的说法。重量级框架复杂度较高，运行速度较慢，但是其提供的功能一般来说相比轻量级要强大。EJB 框架就是一个重量级的框架，其强调高可伸缩性，适合于开发大型企业应用。在 EJB 体系结构中，一切与基础结构服务相关的问题和底层分配问题都由应用程序容器或服务器来处理，且 EJB 容器通过减少数据库访问次数以及分布式处理等方式提供了专门的系统性能解决方案，能够充分解决系统性能问题。

通常说的经典 Java Web 开发，是指使用 JSF+JPA+EJB 这三个框架进行的开发。经典 Java Web 模式一般项目用的较少，只有在大型的企业级应用项目中才会使用，而且由于其复杂性，入门较为困难，但是其中的一些设计理念和架构思想还是非常值得学习和借鉴的。

1.3.4 常用 Java Web 服务器

Java Web 项目必须在容器里面运行，这个容器一般称为 Java Web 服务器。正是因为有个 Java Web 服务器，Java Web 项目才能通过网络被不同的用户所访问。以下对常用的 Java Web 服务器作简单介绍。

1. Tomcat 服务器

官方网站：http://tomcat.apache.org/　　官方 Logo：

Tomcat 是 Apache 软件基金会(Apache Software Foundation)的 Jakarta 项目中的一个核心项目，由 Apache、Sun 和其他一些公司及个人共同开发而成。由于有了 Sun 的参与和支持，最新的 Servlet 和 JSP 规范总是能在 Tomcat 中得到体现。因为 Tomcat 技术先进、性能稳定，而且免费，因而深受 Java 爱好者的喜爱并得到了部分软件开发商的认可，成为目前比较流行的 Web 应用服务器。截至 2019 年 8 月，Tomcat 的最新版本是 9.0。

2. GlassFish 服务器

官方网站：http://glassfish.java.net/　　官方 Logo：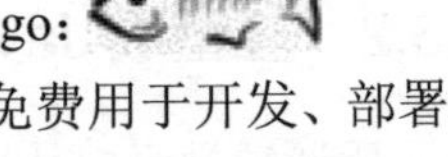

GlassFish 是一款强健的商业兼容应用服务器，达到产品级质量，可免费用于开发、部署和重新分发。它基于 Sun Microsystems 提供的 Sun Java System Application Server PE 9 的源代码以及 Oracle 贡献的 TopLink 持久性代码。 因为 GlassFish 由 Sun 公司(已被 Oracle 公司收购)

直接负责开发维护，所以其对 Java 企业级开发的最新规范总是最先支持的。但是 GlassFish 对 Java Web 项目的配置有限，所以实际中使用较少。

3. WebLogic

官方网址：https://www.oracle.com/middleware/technologies/weblogic.html 官方 Logo：WebLogic

WebLogic 是美国 BEA 公司出品的一个 application server，确切来说是一个基于 Java EE 架构的中间件。BEA WebLogic 是用于开发、集成、部署和管理大型分布式 Web 应用、网络应用和数据库应用的 Java 应用服务器，将 Java 的动态功能和 Java Enterprise 标准的安全性引入大型网络应用的开发、集成、部署和管理之中。2008 年 1 月 16 日，BEA 公司被 Oracle 公司收购。

4. JBoss

官方网站：http://www.jboss.org/ 官方 Logo：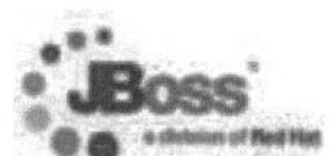

JBoss 是全世界开发者共同努力的成果，也是一个基于 J2EE 的开放源代码的应用服务器。因为 JBoss 代码遵循 LGPL 许可，可以在任何商业应用中免费使用它，而且不用支付费用。2006 年，Jboss 公司被 Redhat 公司收购。JBoss 是一个管理 EJB 的容器和服务器，支持 EJB1.1、EJB2.0 和 EJB3.0 的规范。但 JBoss 核心服务不包括支持 Servlet/JSP 的 Web 容器，一般与 Tomcat 或 Jetty 绑定使用。

5. WebSphere

官方网站：www.ibm.com/software/websphere 官方 Logo：

WebSphere 是 IBM 的服务器平台。它包含了编写、运行和监视全天候的工业强度的随需应变 Web 应用程序和跨平台、跨产品解决方案所需要的整个中间件基础设施，如服务器、服务和工具。WebSphere 提供了可靠、灵活和健壮的软件。

6. Jetty

官方网站：http://www.eclipse.org/jetty/ 官方 Logo：

Jetty 是一个开源的 Servlet 容器，它为基于 Java 的 Web 内容，例如 JSP 和 Servlet 提供运行环境。Jetty 是使用 Java 语言编写的，它的 API 以一组 JAR 包的形式发布。开发人员可以将 Jetty 容器实例化成一个对象，迅速为一些独立运行(stand-alone)的 Java 应用提供网络和 Web 连接。

1.4 项目构建工具 Maven 简介

在开发过程中，使用项目构建工具可以对依赖项进行方便管理，并且可以对项目部署方式进行统一管理，有利于提高项目开发效率。在软件开发中，项目构建工具用来将源代码和其他输入文件转换为可执行文件的形式或是可安装的产品映像形式。随着应用程序的生成过程变得更加复杂，项目构建工具可以确保在每次生成期间都使用相同的生成步骤，同时实现尽可能多的自动化，以便及时产生一致的生成版本。

1.4.1 概述

目前，主流的项目构建工具有 Ant、Maven 和 Gradle 三种，并且以 Maven 和 Gradle 的使用最为广泛。Apache Ant 是一个基于 Java 的生成工具，Maven 使用基于 XML 的配置，而 Gradle 采用了领域特定语言 Groovy 的配置。

在本书中，大部分项目均采用基于 Maven 的构建方式。本节主要介绍 Maven 工具的相关配置，以使读者对 Maven 的使用有直观了解。Maven 第一版原型代码在 2001 年提交，2003 年 Maven 成为 Apache 的顶级项目。从 2010 年 10 月份 Maven3 发布以来，Maven 几乎已经成为 Java 领域项目构建事实上的标准。

1.4.2 下载和安装

虽然现在主流 IDE 都已经提供了对 Maven 的支持，但还是推荐 Maven 单独下载配置，理由如下：便于学习与管理；有利于在多个 IDE 中复用；方便版本升级；可在命令行使用。

在浏览器中访问 Maven 的下载页面：https://maven.apache.org/download.cgi，可以看到如图 1.54 所示界面。

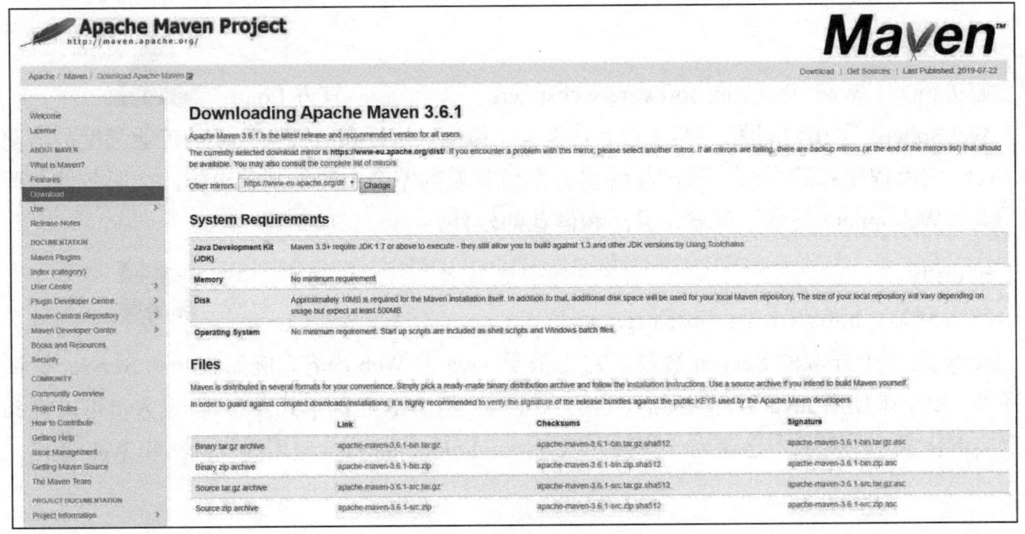

图 1.54 Maven 下载界面

开发者可以选择相应操作系统的版本，进行下载和安装，此处不再赘述。

1.4.3 配置方式

使用 Maven 时，默认配置文件为 settings.xml，需要在相应的开发环境中手动添加。

1. 修改 jar 包默认存放位置

在根节点 settings 下有一个 localRepository 标签，是用来配置所下载的 jar 包在本地的存放位置。默认配置路径为${user.home}/.m2/repository，其中${user.home}是当前用户目录。在 Windows 中，该目录一般是“C:\Users\当前登录用户”；在 Linux 中，该目录一般是在“/home/当前登录账号”。使用 Windows 系统开发时，一般默认都会在 C 盘存放 jar 包，但是不建议这样，理由如下：

- 重装系统会丢失文件。
- 大部分软件默认安装位置都会在 C 盘，导致 C 盘越来越大。

为解决上述问题，开发者可以通过以下配置修改默认存放位置。

```
<localRepository>D:\repo\m2</localRepository>
```

2. 设置 JDK 版本

在实际开发中，虽然很多时候会在 IDE 里使用 Maven 命令的图形化操作，但是 JDK 版本的设置还是需要通过配置文件进行配置的，如下代码所示：

```
<profile>
     <id>jdk-1.8</id>
     <activation>
       <jdk>1.8</jdk>
     </activation>
     <repositories>
       <repository>
         <id>jdk18</id>
         <name>Repository for JDK 1.8 builds</name>
         <url>http://www.myhost.com/maven/jdk18</url>
         <layout>default</layout>
         <snapshotPolicy>always</snapshotPolicy>
       </repository>
     </repositories>
   </profile>
```

1.4.4 Maven 使用

在构建项目时，Maven 的定位主要是软件项目管理和构建工具。Maven 除了具备 Ant 的功能外，还增加了以下重要功能。

- 使用 Project Object Model 来对软件项目管理。
- 内置了更多的隐式规则，使得构建文件更加简单。
- 内置依赖管理和 Repository 来实现依赖的管理和统一存储。
- 内置了软件构建的生命周期。

本节以 Eclipse 集成开发工具为例，介绍 Maven 在项目构建时的使用方法。

1. 选择自定义配置文件

在 Eclipse 中，单击菜单栏 Window>Preferences，在左侧搜索栏搜索 Maven，选择 User Settings，然后选择全局 settings 或者当前用户的 settings，选中后单击 Update Settings 按钮更新设置，如图 1.55 所示。

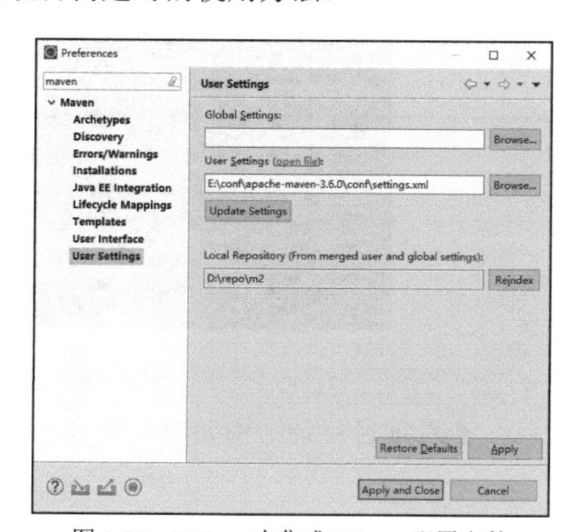

图 1.55 Eclipse 中集成 Maven 配置文件

2. Maven 项目结构

Maven 定义了一个项目结构，并为项目结构定义了多套模板，可以通过命令生成 Maven 项目结构，代码如下所示。

```
mvn archetype:generate
```

上述代码执行后，Maven 会自动开始下载依赖包，并且列出可供选择的目录架构供选择，默认为第 7 项 quickstart，如图 1.56 所示。

```
C:\Windows\System32\cmd.exe - mvn archetype:generate
[WARNING] No archetype found in remote catalog. Defaulting to internal catalog
[INFO] No archetype defined. Using maven-archetype-quickstart (org.apache.maven.archetypes:maven-archetype-quickstart:1.
0)
Choose archetype:
1: internal -> org.apache.maven.archetypes:maven-archetype-archetype (An archetype which contains a sample archetype.)
2: internal -> org.apache.maven.archetypes:maven-archetype-j2ee-simple (An archetype which contains a simplifed sample J
2EE application.)
3: internal -> org.apache.maven.archetypes:maven-archetype-plugin (An archetype which contains a sample Maven plugin.)
4: internal -> org.apache.maven.archetypes:maven-archetype-plugin-site (An archetype which contains a sample Maven plugi
n site.
      This archetype can be layered upon an existing Maven plugin project.)
5: internal -> org.apache.maven.archetypes:maven-archetype-portlet (An archetype which contains a sample JSR-268 Portlet
.)
6: internal -> org.apache.maven.archetypes:maven-archetype-profiles ()
7: internal -> org.apache.maven.archetypes:maven-archetype-quickstart (An archetype which contains a sample Maven projec
t.)
8: internal -> org.apache.maven.archetypes:maven-archetype-site (An archetype which contains a sample Maven site which d
emonstrates
      some of the supported document types like APT, XDoc, and FML and demonstrates how
      to i18n your site. This archetype can be layered upon an existing Maven project.)
9: internal -> org.apache.maven.archetypes:maven-archetype-site-simple (An archetype which contains a sample Maven site.
)
10: internal -> org.apache.maven.archetypes:maven-archetype-webapp (An archetype which contains a sample Maven Webapp pr
oject.)
Choose a number or apply filter (format: [groupId:]artifactId, case sensitive contains): 7:
```

图 1.56　通过命令生成 Maven 项目结构

输入坐标信息：groupId、artifactId、version、package，如图 1.57 所示。

```
C:\Windows\System32\cmd.exe - mvn archetype:generate
Define value for property 'groupId': demo.maven
Define value for property 'artifactId': ch01
Define value for property 'version' 1.0-SNAPSHOT: :
Define value for property 'package' demo.maven: :
Confirm properties configuration:
groupId: demo.maven
artifactId: ch01
version: 1.0-SNAPSHOT
package: demo.maven
 Y: :
```

图 1.57　输入 Maven 坐标信息

敲击回车键，确认上述输入，构建成功，如图 1.58 所示。

```
C:\Windows\System32\cmd.exe
--------
[INFO] BUILD SUCCESS
[INFO] ------------------------------------------------------------------------
--------
[INFO] Total time: 02:45 min
[INFO] Finished at: 2019-10-05T21:37:58+08:00
[INFO] Final Memory: 16M/175M
[INFO] ------------------------------------------------------------------------
--------

E:\ssm>
```

图 1.58　Maven 项目构建成功界面

查看项目目录结构如图 1.59 所示。

```
C:\Windows\System32\cmd.exe
E:\ssm>tree /f
卷 backup 的文件夹 PATH 列表
卷序列号为 BA1D-34FF
E:.
└─ch01
    │  pom.xml
    │
    └─src
        ├─main
        │  └─java
        │      └─demo
        │          └─maven
        │                  App.java
        │
        └─test
            └─java
                └─demo
                    └─maven
                            AppTest.java
```

图 1.59　查看 Maven 项目的目录结构

3. 创建单模块 Maven 项目

(1) 选择项目类型。打开 Eclipse，单击 File>New(或者使用快捷键 Alt+Shift+N)，选择 New Maven Project，如图 1.60 所示。

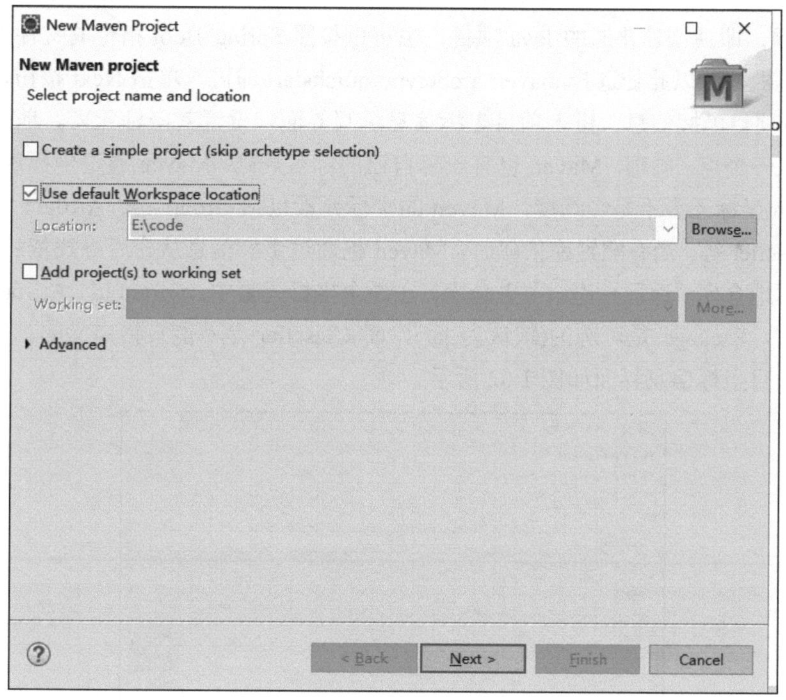

图 1.60　选择项目类型

在这里，可以对代码存放的工作空间进行设置，开发者可以选择默认空间或自定义空间，选择完成后，单击 Next 按钮。

(2) 选择原型模板。进入 Archetype 选择页面，指定以哪一套模板构建当前项目。在实际开发中，最常用的是 quickstart 或 webapp 模板。其中，quickstart 是纯粹的 Java 项目，项目中不会包含 webapps 或 webRoot 文件夹，在 pom.xml 文件中的配置项 packaging 也不一样；webapp 是 Java Web 项目，项目中会包含 webapp 文件夹。选择原型模板操作如图 1.61 所示。

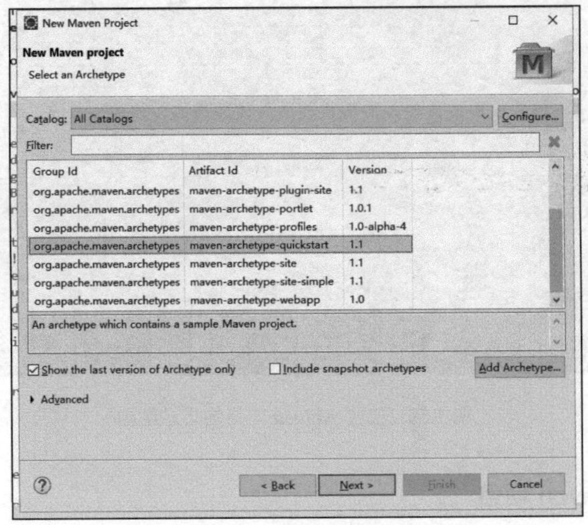

图 1.61　选择原型模板

在本书中，由于是使用 Spring Boot 框架开发 Java Web 项目，Spring Boot 本身有内置的 Tomcat 服务器，即使创建普通的 Java 项目，也可以按照 Spring Boot 指定的文件夹放置静态资源文件或者模板，所以此处选择 maven-archetype-quickstart 即可，单击 Next 按钮。

(3) 填写项目坐标信息。进入项目坐标信息填写界面，设置其坐标元素。地图通过经纬度坐标唯一标识一个点，同理，Maven 也有一套自己的标识规则。Maven 通过坐标进行唯一标识，但是 Maven 的坐标元素不是经纬度，Maven 的坐标元素包括 Group Id、Artifact Id、Version、Package、Classfier 等。当有配置库依赖时，Maven 也通过坐标信息从仓库寻找依赖包进行加载，寻找顺序为本地仓库、远程仓库、中央仓库。在 5 个坐标元素中，Group Id、Artifact Id、Version 是必须定义的，Package 是可选的(默认为 jar)，而 Classfier 是不能直接定义的，需要结合插件使用。填写项目坐标信息界面如图 1.62 所示。

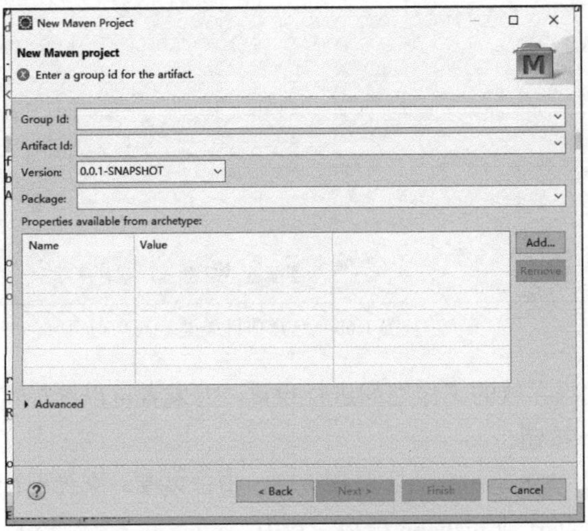

图 1.62　填写项目坐标信息

(4) 完成项目创建。填写完成后，单击 Finish 按钮即完成创建项目，如图 1.63 所示。

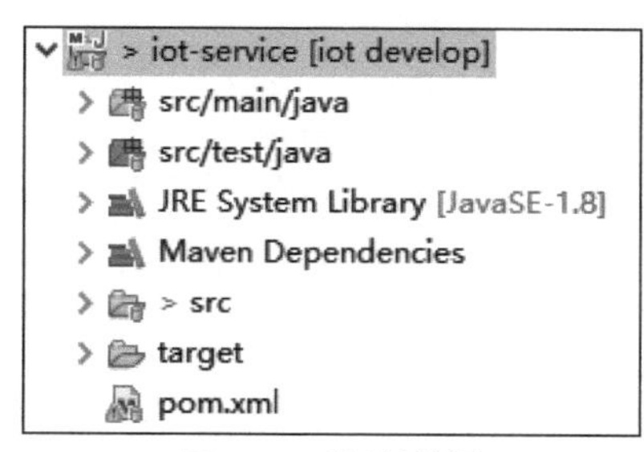

图 1.63　项目结构图

4. 创建多模块 Maven 项目

在实际开发中，有时候会遇到需要创建多模块 Maven 项目的情况。在 Spring Boot 方法中，就需要引入Spring Boot官方提供的parent配置参数来创建多模块项目，来简化项目的依赖和配置。在掌握单模块项目的创建之后，多模块项目的创建就容易理解了。在完成一个多模块项目的创建后，可以用这种方式定义一个统一的项目配置，就可以方便地在其他项目中复用了。

创建多模块项目时，需要用一个 parent 包含多个 module，这里先建一个 parent 模块。

(1) 选择项目类型。单击 File>New(或者使用快捷键 Alt + Shift + N)，选择 New Maven Project。和单模块 Maven 项目创建不同，这里需要选择 site-simple 这一项，如图 1.64 所示。然后单击 Next 按钮，填写坐标信息，如图 1.65 所示。坐标信息填写完成后，单击 Finish 按钮，可以看到在 IDE 左侧项目视图中，出现图 1.66 所示的结构，表明多模块项目的 parent 已创建。

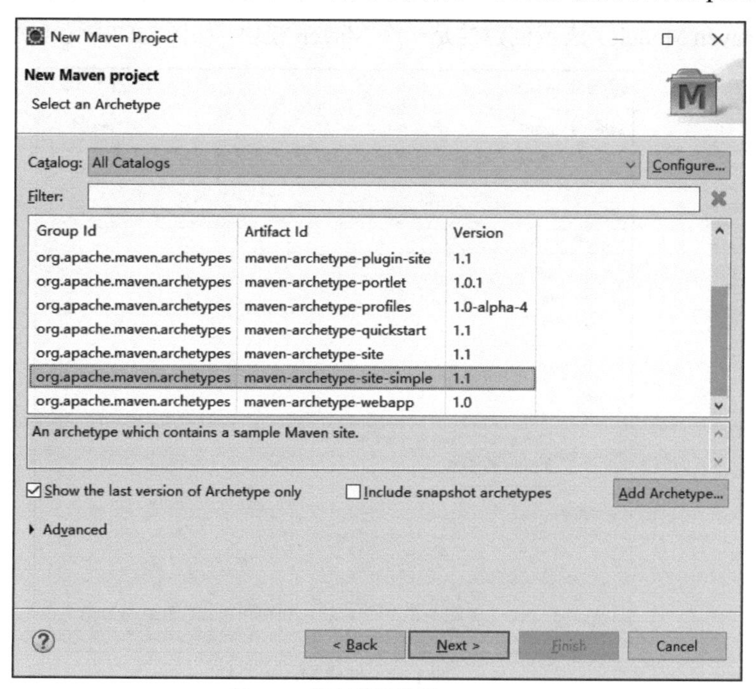

图 1.64　选择项目类型

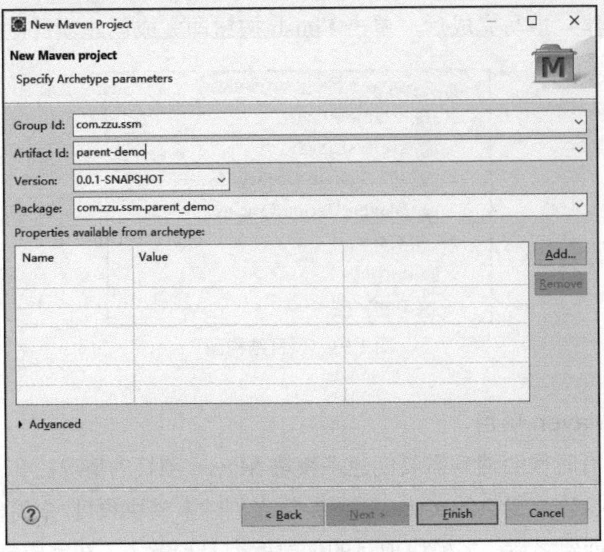

图 1.65　填写项目坐标信息

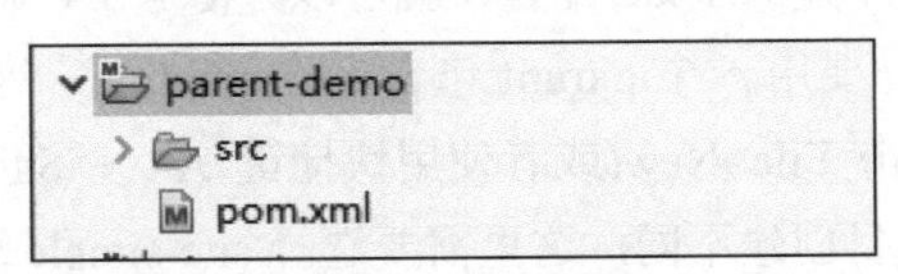

图 1.66　项目结构图

(2) 创建 Maven 模块。在 parent-demo 项目上鼠标右击，选择 New Project，弹出设置对话框，选择 Maven Module，表示创建的是一个 Maven 模块，如图 1.67 所示，然后单击 Next 按钮。

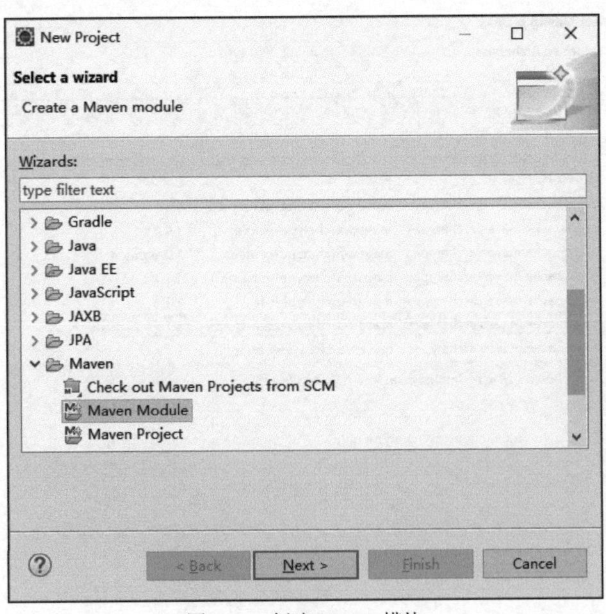

图 1.67　创建 Maven 模块

(3) 填写模块名称。弹出如图 1.68 所示对话框，填写模块名称，然后单击 Next 按钮。

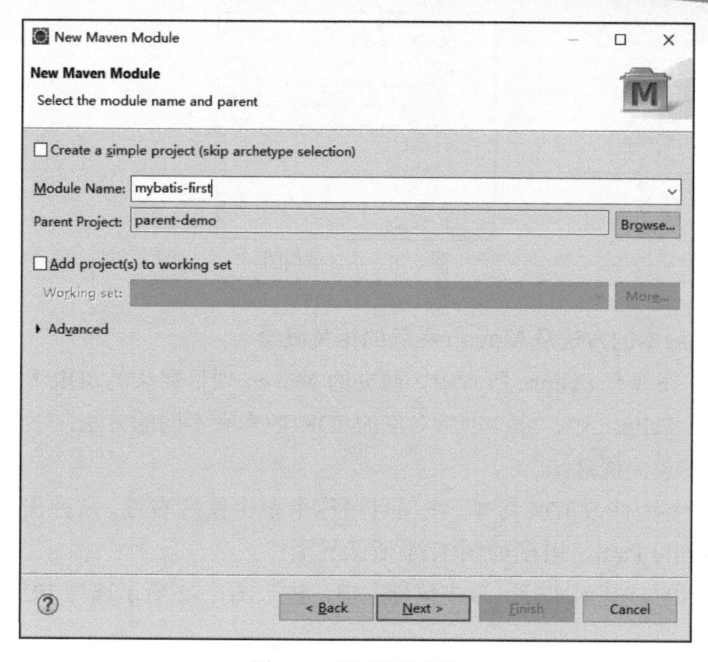

图 1.68　填写模块名称

(4) 选择项目模板。这和上面建立单模块项目的流程基本一样。这里依然选择 maven-archetype-quickstart，单击 Next 按钮。此步骤中，Eclipse 会自动填充模块名称到 Artifact Id，Group Id 则默认填充 parent 的 Group Id，如图 1.69 所示。

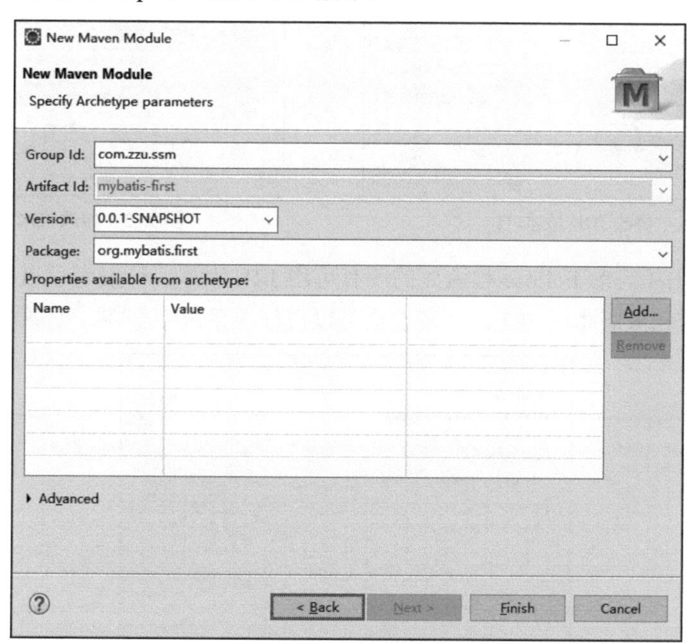

图 1.69　选择项目模板

(5) 完成多模块项目创建。单击 Finish 按钮，出现如图 1.70 所示的层级结构，表示多模块的 Maven 项目已成功创建。

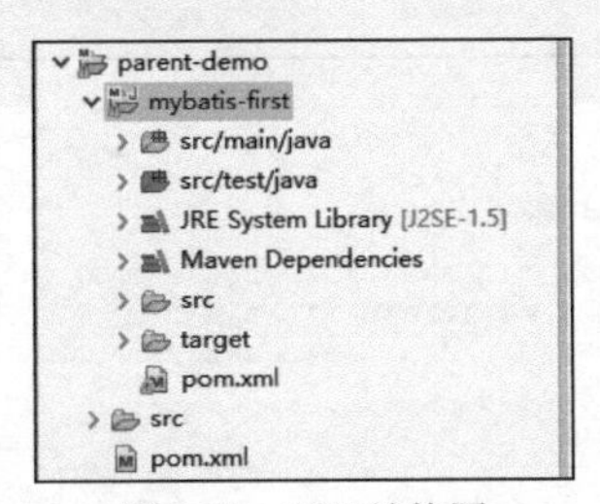

图 1.70　项目结构图

5. 修订 JDK 版本的方法及 Maven 私服的相关概念

一般情况下，在现有 Eclipse 版本中，建立的 Maven 项目默认的 JDK 版本为 1.5，需要开发者手动更新。在 Eclipse 中，修改项目对应的 JDK 版本有不同的方法，下面介绍两种修改方法及 Maven 私服的相关概念。

(1) 通过 IDE 界面修改 JDK 版本。在项目名称上单击鼠标右键，从弹出菜单中选择 Build Path>Configure Build Path，出现如图 1.71 所示界面。

选中当前使用的 JRE 版本后，双击鼠标左键，进入图 1.72 所示选择 JRE 版本页面。

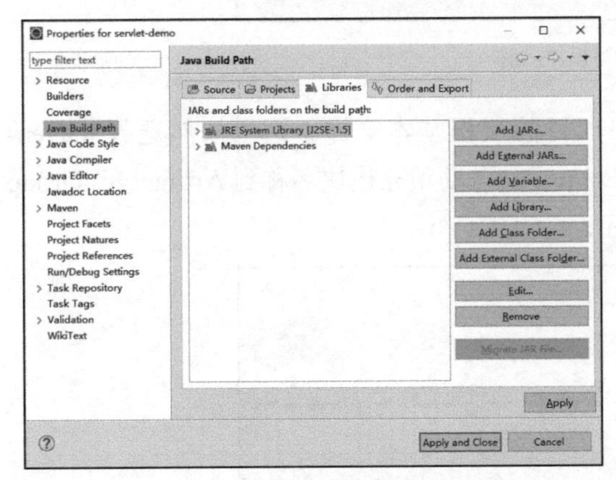

图 1.71　修改 JDK 版本(1)

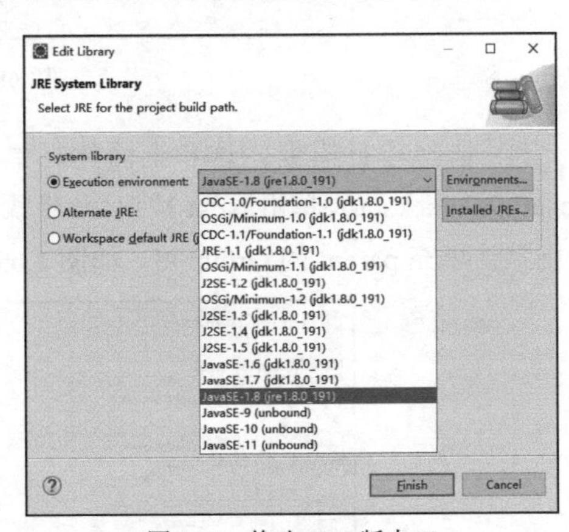

图 1.72　修改 JDK 版本(2)

图 1.72 中列出了当前 Eclipse 检测到的所有可用 JRE 版本，开发者可以在其中进行选择。如果此列表中没有相应版本的 JRE，开发者也可以自行在系统中查找，如图 1.73 所示。

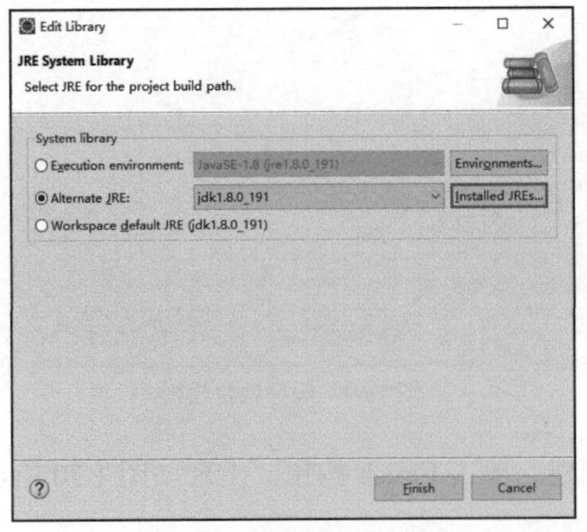

图 1.73　修改 JDK 版本(3)

(2) 通过配置文件修改 JDK 版本(推荐)。上述修改 JDK 版本的方法稍显烦琐。如果使用 Maven 工具，用户可以在配置文件 settings.xml 中更灵活地对项目所使用的 JDK 版本进行配置。如果开发者需要自己配置 JDK 版本，比如要使用 JDK8，那么可以在 settings.xml 中进行配置。

在 profiles 标签下添加如下配置：

```
<profile>
    <id>jdk8</id>
    <activation>
     <activeByDefault>true</activeByDefault>
        <jdk>1.8</jdk>
    </activation>
    <properties>
        <maven.compiler.source>1.8</maven.compiler.source>
        <maven.compiler.target>1.8</maven.compiler.target>
        <maven.compiler.compilerVersion>1.8</maven.compiler.compilerVersion>
    </properties>
</profile>
```

如果项目使用了 Spring Boot，由于 parent 参数做了如下配置，所以即使不做其他配置也能使该项目的 JDK 版本和 Spring Boot 的配置一致。因此，只需要在项目上单击鼠标右键，选择 Maven > Update Project，单击 OK 按钮更新 Maven 项目即可，如图 1.74 所示。

```
<properties>
     <project.reporting.outputEncoding>UTF-8</project.reporting.outputEncoding>
     <java.version>1.8</java.version>
     <resource.delimiter>@</resource.delimiter>
     <maven.compiler.source>${java.version}</maven.compiler.source>
     <project.build.sourceEncoding>UTF-8</project.build.sourceEncoding>
     <maven.compiler.target>${java.version}</maven.compiler.target>
</properties>
```

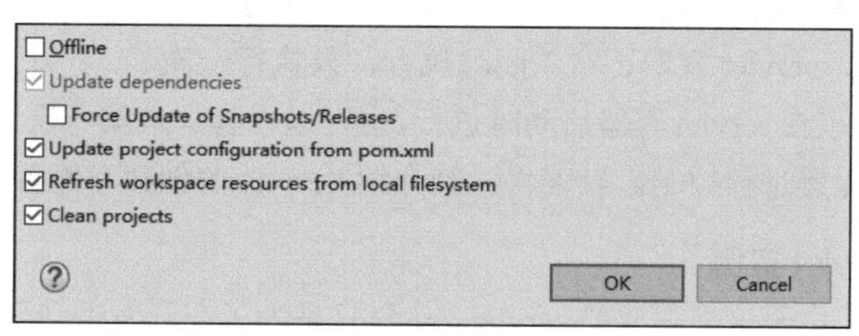

图 1.74　更新 Maven 项目

(3) Maven 私服介绍。在企业项目开发过程中，随着项目功能的增多或者代码访问权限限制的需要，会考虑将一些通用模块拆分出来单独维护，但是出于隐私考虑并不准备将 jar 包发布到中央仓库，这个时候就可以在团队内部服务器搭建一个私服。

Maven 私服的搭建非常简单，可以选用 Sonatype Nexus 来搭建的 Maven 私服，在一台普通配置的电脑上即可。Mave 私服既可以搭建在服务器上，也可以搭建在自己的个人电脑上使用。在团队内部局域网内配置后，局域网其他电脑可以设置此地址为镜像。当需要下载依赖包时，如果私服上有，那么将大大减少下载时间，降低因为网络波动造成下载的不稳定性，提高工作效率。

1.5 Servlet 和 JSP 简介

在 Java Web 开发中，JSP 是一种常用的动态页面技术，而 JSP 技术的本质又是 Servlet 技术。本节对 Servlet 和 JSP 技术进行简要介绍，目的是带读者回顾 JSP 动态网页技术的基础知识。如果读者要深入了解该技术的详细内容，还需参考其他资料配合学习。由于前面已经介绍了 Maven 工具，所以本节在介绍 Servlet 和 JSP 技术时，还会介绍其和 Maven 工具的配合使用方法。

1.5.1 Servlet 简介

通过前面的学习，相信读者对 Maven 的知识已经有了一定了解。这里在前面所建的 Maven Project——parent-demo 项目下，创建一个 Maven Module——servlet-demo。为了方便配置 web.xml，这次创建的项目使用 webapp 模板，生成的 pom.xml 文件中的 packaging 标签的值为 war，如下所示：

```
<packaging>war</packaging>
```

通常来说，需要在 web.xml 文件中配置项目所需要的 Servlet，而且 Servlet 的生命周期有如下特点。

(1) init 初始化，servlet 初始化，只执行一次。

(2) service 提供请求服务，客户端请求时执行，可执行多次。

(3) destroy 销毁，servlet 容器正常关闭时执行，只执行一次。

其中初始化既可以在 servlet 容器启动时进行，也可以在客户端第一次请求该 servlet 时进行，通过 load-on-startup 配置进行控制。以下将详细介绍 Servlet 的创建和配置流程。

1. 创建一个 servlet 实例

(1) 引入依赖包。由于这里需要的 servlet-api 包只是为了在开发编译环境下使用，在正式使用时 servlet 服务器都已经携带此包，所以不需要将这个包复制到当前项目下。如果用 Maven 依赖，那么指定其作用域为 provided 即可。以下介绍两种引入依赖包的方式，分别是使用 Maven 配置文件和在 IDE 中手动指定的方式。

① 使用 Maven 的方式引入依赖：

```
<!-- https://mvnrepository.com/artifact/javax.servlet/javax.servlet-api -->
<dependency>
    <groupId>javax.servlet</groupId>
    <artifactId>javax.servlet-api</artifactId>
    <version>4.0.1</version>
    <scope>provided</scope>
</dependency>
```

② 在 IDE 中手动指定依赖包。先下载 Tomcat，然后在项目上右击，选择 Build Path>Configure Build Path，然后单击 Add External JARs，找到 Tomcat 中 libs 下的 servlet-api 包，将其加入进来，

如图 1.75 所示。

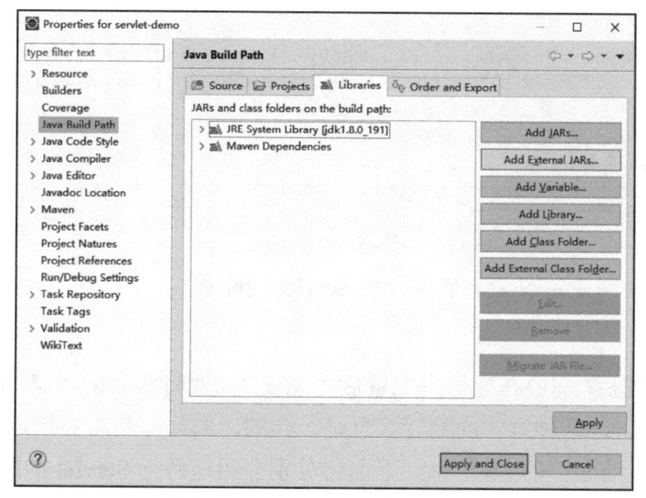

图 1.75　在 DIE 中手动指定依赖包

(2) 创建 Servlet。依赖包配置完成后，就可以创建 Servlet 了。下面通过一个实例，介绍 Servlet 创建的详细流程。

① 创建 HelloServlet 接收客户端请求，当前类需要继承 javax.servlet.http.HttpServlet：

```
package servlet.demo;
import javax.servlet.http.HttpServlet;
public class HelloServlet extends HttpServlet {
}
```

② 实现 servlet 方法：

```
    @Override
    public void init() throws ServletException {
        // 初始化操作
        super.init();
    }
    @Override
    public void service(ServletRequest req, ServletResponse res) throws
    ServletException, IOException {
        // ServletRequest 封装请求信息, ServletResponse
        HttpServletRequest request = (HttpServletRequest) req;
        HttpServletResponse response = (HttpServletResponse) res;
        response.getOutputStream().print("请求到这儿了");
    }
    @Override
    public void destroy() {
        // 容器销毁时执行
        super.destroy();
    }
```

上述代码中，ServletRequest 用于封装请求信息，ServletResponse 用于封装响应信息。由于当前使用 HTTP 协议，所以还需要强制转换为 HttpServletRequest 和 HttpServletResponse，如下代码所示：

```
HttpServletRequest request = (HttpServletRequest) req;
    HttpServletResponse response = (HttpServletResponse) res;
```

另外，Servlet 代码中一般还包括调用 Servlet 的解析示例，如下代码所示：

```
// 获取请求的 URL 地址
String requestUrl = request.getRequestURL().toString();
//获取请求的 uri，如果访问地址为 http://localhost:888/abc/def，那么这个地方的值就是/abc/def
// 获取 URL 地址中附带的参数
String requestUri = request.getRequestURI();
// 获取携带的 url 参数
String queryString = request.getQueryString();
//访问者的 IP 地址
String remoteAddr = request.getRemoteAddr();
```

至此，Servlet 的创建完毕，下节将介绍 Servlet 的配置。

2. Servlet 配置

Servlet 创建完成后，需要在容器中配置后才能使用。要将 Servlet 加入容器中运行有两种方式：XML 配置和注解。两种方式的配置信息是一样的，同样都是需要指定 Servlet 的名称、全限定类名、匹配处理的 url 规则等信息。下面将分别介绍这两行 Servlet 的配置方式。

(1) 配置 web.xml。在 web.xml 文件中，web-app 添加子标签 servlet 和 servlet-mapping。

```
<servlet>
    <servlet-name>HelloWorld</servlet-name>
    <servlet-class>demo.servlet.HelloWorld</servlet-class>
    <load-on-startup>1</load-on-startup>
</servlet>

<servlet-mapping>
    <servlet-name>HelloWorld</servlet-name>
    <url-pattern>/HelloWorld</url-pattern>
</servlet-mapping>
```

(2) 注解。在 Servlet 实例上添加@WebServlet 注解，并通过属性值的方式指定上述规则信息，示例如下：

```
import java.io.IOException;
import javax.servlet.ServletException;
import javax.servlet.ServletRequest;
import javax.servlet.ServletResponse;
import javax.servlet.annotation.WebServlet;
import javax.servlet.http.HttpServlet;
import javax.servlet.http.HttpServletRequest;
import javax.servlet.http.HttpServletResponse;

@WebServlet(name="hello", urlPatterns="/*", loadOnStartup=1)
public class HelloServlet extends HttpServlet {

    @Override
    public void init() throws ServletException {
        // 初始化操作
        super.init();
    }

    @Override
    public void service(ServletRequest req, ServletResponse res) throws
   ServletException, IOException {
        // ServletRequest 封装请求信息，ServletResponse
        HttpServletRequest request = (HttpServletRequest) req;
        HttpServletResponse response = (HttpServletResponse) res;
```

```
        response.getOutputStream().print("请求到这儿了");
    }

    @Override
    public void destroy() {
        // 容器销毁时执行
        super.destroy();
    }
}
```

其中，参数load-on-startup用来控制当前Servlet的初始化时机，当值为0或者大于0时，表示容器在应用启动时就加载这个Servlet；当是一个负数时或者没有指定时，则指示容器在该Servlet被选择时才加载。正数的值越小，启动该Servlet的优先级越高。当配置了多个Servlet的时候，可以使用load-on-startup来指定Servlet的加载顺序，服务器会根据load-on-startup的大小依次对Servlet进行初始化。不过即使将load-on-startup设置重复也不会出现异常，Servlet容器会自己决定初始化顺序。一般在开发Web应用时，都会配置Servlet随容器启动，这样做的好处有以下两点。

(1) 随容器一起启动，如果初始化过程失败，则容器会提示启动失败，此时开发者能够及时知道相关错误，及早解决问题，提升线上部署程序的稳定性。

(2) 配置该参数相当于将初始化Servlet的工作转移到容器启动过程，使得容器只要启动成功后，就可立即响应Web请求。否则在第一次访问时，速度会比较慢。

1.5.2 JSP简介

对大多数Java Web项目而言，JSP都是重要的开发技术之一。本节介绍JSP的基础知识，包括JSP的原理、内置对象、编译指令、动作指令等。由于目的是让开发者回顾JSP的基础知识，所以相关内容均是简单介绍，若开发者需要详细了解，需要参阅其他资料。另外，本节还介绍了如何通过Maven来配置JSP页面。

1. JSP原理

JSP全名为Java Server Page，其根本是一个简化的Servlet设计，实现了HTML语法中的Java扩张(以<%, %>形式)。JSP与Servlet一样，是在服务器端执行的，通常返回给客户端的就是一个HTML文本，因此客户端只要有浏览器就能浏览。Web服务器在遇到访问JSP网页的请求时，首先执行其中的程序段，然后将执行结果连同JSP文件中的HTML代码一起返回给客户端。插入的Java程序段可以操作数据库、重新定向网页等，以实现建立动态网页所需要的功能。

JSP页面由HTML代码和嵌入其中的Java代码所组成。服务器在页面被客户端请求以后对这些Java代码进行处理，然后将生成的HTML页面返回给客户端的浏览器。Java Servlet是JSP的技术基础，而且大型的Web应用程序的开发需要Java Servlet和JSP配合才能完成。JSP具备了Java技术的简单易用，完全面向对象，具有平台无关性且安全可靠的所有特点。

众多大公司都推出了支持JSP技术的服务器，如IBM、Oracle、Bea公司等，所以JSP迅速成为商业应用的服务器端语言。

JSP引擎的工作原理: 当一个JSP页面第一次被访问的时候，JSP引擎将执行以下步骤。

(1) 将JSP页面翻译成一个Servlet，这个Servlet是一个Java文件，同时也是一个完整的

Java 程序。

(2) JSP 引擎调用 Java 编译器对这个 Servlet 进行编译，得到可执行文件 class。

(3) JSP 引擎调用 Java 虚拟机来解释执行 class 文件，生成向客户端发送的应答，然后发送给客户端。

以上三个步骤仅仅在 JSP 页面第一次被访问时才会执行，以后的访问速度会因为 class 文件已经生成而大大提高。当 JSP 引擎接到一个客户端的访问请求时，首先判断请求的 JSP 页面对应的 Servlet 是否已变化，如果是，则对应的 JSP 需要重新编译。

2. JSP 的内置对象

所谓内置对象，就是在 JSP 页面可以直接访问的对象。JSP 有 9 个内置对象，具体如下。

(1) application javax.servlet.ServletContext 的实例，代表 JSP 所属的 Web 应用本身，可用于页面之间交换信息。

(2) config javax.servlet.ServletConfig 的实例,代表 JSP 的配置信息，常用的方法有：

```
getInitParameter(String paramName),getInitParameternames()
```

(3) exception java.lang.Throwable 的实例，代表其他页面中的异常和错误，只有当页面是错误处理页面，即 page 的 isErrorPage=true 时，该对象才可以使用，常用的方法有：

```
getMessage(), printStackTrace()
```

(4) out javax.servlet.jsp.JspWriter 的实例，该实例代表 JSP 的页面输出流，用于输出内容。

(5) page：代表页面本身，也就是 servlet 中的 this，一般不用。

(6) pageContext javax.servlet.jsp.PageContext 的实例，该对象代表该 JSP 的上下文，使用该对象可以访问页面中的共享数据。常用方法有：

```
getServletContext(),getServletConfig()
```

(7) request javax.servlet.http.HttpServletRequest 的实例，封装了一次请求，经常使用。

(8) response javax.servlet.http.HttpServletResponse 的实例，封装了一次响应，经常使用。

(9) session javax.servlet.http.HttpSession 的实例，代表一次会话，经常使用。

3. JSP 的编译指令

JSP 的编译指令是通知运行 JSP 的 Web 服务器(如 Tomcat、WebLogic)的消息，它不直接生成输出。常见的编译指令有以下 3 个。

(1) page：是针对当前页面的指令。

(2) include：用于指定包含另一个页面。

(3) taglib：用于定义和访问自定义标签。

使用编译指定的语法格式如下：

```
<%@ 编译指令名 属性 1="属性值" 属性 2="属性值" ...%>
```

4. JSP 的动作指令

JSP 动作指令的功能类似于在 JSP 脚本，不过其形式更为简化，主要有如下的 7 个动作指令。

(1) jsp:forward：执行页面转向，将请求的处理转发到下一个页面。

(2) jsp:param：用于传递参数，必须与其他支持参数的标签一起使用。

(3) jsp:include：用于动态引入一个 JSP 页面。

(4) jsp:plugin：用于下载 JavaBean 或 Applet 到客户端执行。

(5) jsp:useBean：创建一个 JavaBean 的实例。

(6) jsp:setProperty：设置 JavaBean 实例的属性值。

(7) jsp:getProperty：输出 JavaBean 实例的属性值。

5. Maven 依赖

项目创建工具 Maven 也提供了支持 JSP 技术的相关配置。如果创建的是 Maven 项目，并且选择了 webapp 模板，则模板内会自带一个 index.jsp 文件，但是项目中却没有 JSP 的包。此时，需要手动引入 JSP 的依赖包，以便项目对 JSP 标签进行正确解析，其依赖配置如下：

```
<!-- https://mvnrepository.com/artifact/javax.servlet.jsp/jsp-api -->
<dependency>
    <groupId>javax.servlet.jsp</groupId>
    <artifactId>jsp-api</artifactId>
    <version>2.2</version>
    <scope>provided</scope>
</dependency>
```

1.6 MySQL 数据库简介

数据库作为持久化对象的存储目标，是 Java Web 项目开发中不可或缺的技术。MySQL 数据库因其开源、轻量级、高性能、高可用的特点，在现在的互联网公司中广泛应用。其中比较典型的案例就是阿里的去 IOE 运动。在阿里巴巴的 IT 架构中，去掉 IBM 的小型机、Oracle 数据库、EMC 存储设备，而代之以自己在开源基础上开发的系统。其中 Oracle 的替代者正是在 MySQL 基础上修改后的软件。由于本书实例使用的均为 MySQL 数据库，所以本节将重点介绍 MySQL 数据的相关知识，包括在 Windows 和 Linux 平台下的安装步骤等。

1.6.1 关系型数据库简介

Java Web 项目的数据一般都是存放在数据库中的，所以开发 Java Web 项目必须要掌握一定的数据库技术。目前主流的数据库都是关系型数据库，即以实体为基础，以实体间的关系为核心的数据库设计模式。常用的关系型数据库有如下几种。

(1) MySQL。MySQL 是一种开放源代码的关系型数据库，凭借其短小精悍、支持多用户，可以跨平台等优点，而被中小型项目普遍使用。目前最新版本为 MySQL 6.0。

(2) SQL Server。微软公司发布的一款关系型数据库系统，支持小型、中型及大型的项目。目前最新的版本为 SQL Server 2014。

(3) Oracle。由 Oracle 公司开发的一款关系型数据库，是数据库产品中的领导者。由于其性能稳定和可扩展性良好，在中型及大型项目中被广泛使用。

(4) DB2。由 IBM 公司开发的一款关系型数据库，主要应用于大型应用系统。DB2 具有较好的可伸缩性，可支持从大型机到单用户环境，应用于 OS/2、Windows 等平台下。

1.6.2 Windows 系统下安装 MySQL

1. 下载 MySQL 安装包

访问 MySQL 官方网站：https://dev.mysql.com/downloads/，如图 1.76 所示。

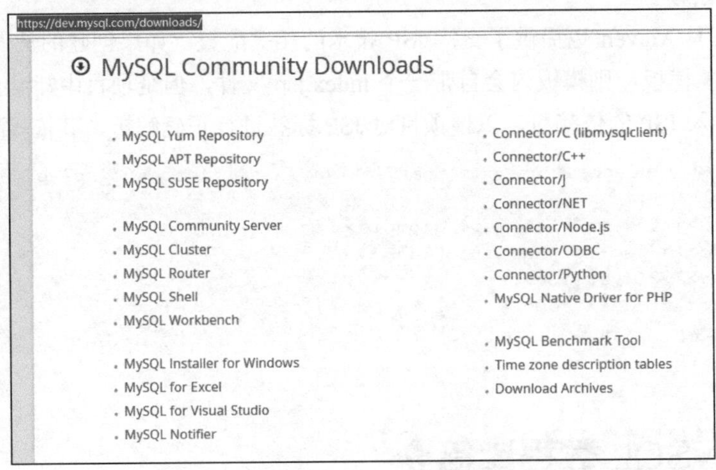

图 1.76　MySQL 下载地址

单击 MySQL Installer for Windows 链接，进入版本选择页面，如图 1.77 所示。

选择 mysql-installer-community-8.0.17.0.msi 安装包，进行下载，如图 1.78 所示。

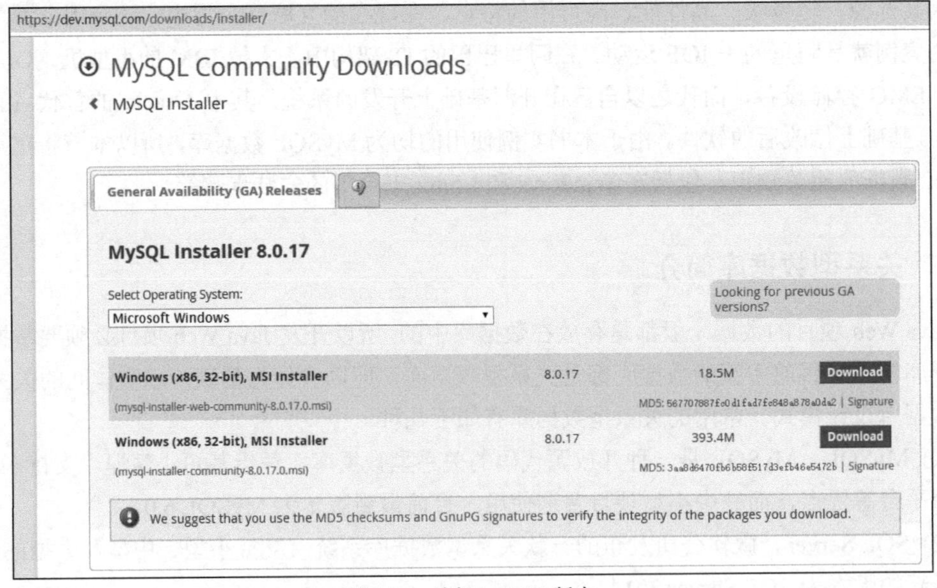

图 1.77　选择 MySQL 版本

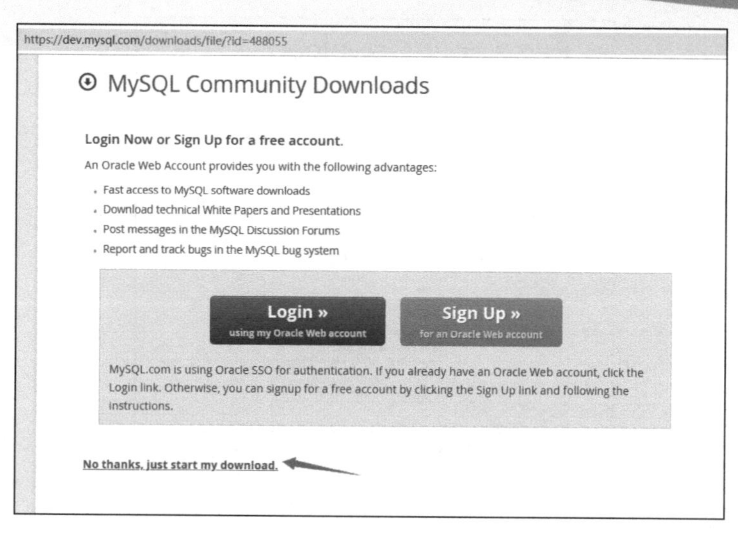

图 1.78　MySQL 下载界面

2. 安装 MySQL

下载完成后，需要进行安装。安装过程中的一些设置，按照默认配置即可。在安装最后，需要设置访问 MySQL 数据库的用户名和密码。当全部安装完成后，可以在 Windows 的资源管理器中看到 MySQL 的相关服务已经启动，表明 MySQL 已经安装成功。此时，即可以开始使用 MySQL 数据库。

1.6.3　Linux 系统下安装 MySQL

1. 下载 MySQL 安装包

访问 https://dev.mysql.com/downloads/repo/yum/，找到对应版本的安装包进行下载，如图 1.79 和图 1.80 所示。

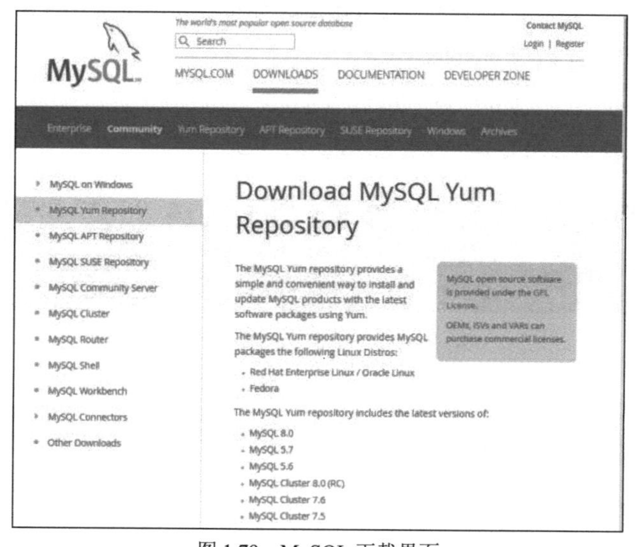

图 1.79　MySQL 下载界面

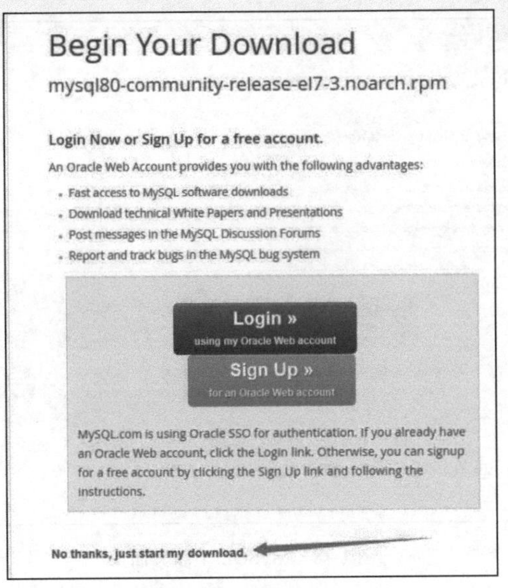

图 1.80　MySQL 下载界面

如果要下载 5.7 版本，可按如下地址：

```
wget http://dev.mysql.com/get/mysql57-community-release-el7-8.noarch.rpm
```

2. 安装 MySQL

安装 MySQL 源：

```
yum localinstall mysql57-community-release-el7-8.noarch.rpm
```

检查 yum 源：

```
[root@iZwz99efr80g3fzh2fga8yZ x]# yum repolist enabled | grep "mysql.*-community.*"
mysql-connectors-community/x86_64 MySQL Connectors Community          118
mysql-tools-community/x86_64      MySQL Tools Community               95
mysql57-community/x86_64          MySQL 5.7 Community Server          364
```

从图 1.81 可以看出最新默认安装的软件版本，如果要修改安装为 5.6 版本，可以使用如下命令将 5.7 源的 enabled=1 改成 enabled=0。

```
vim /etc/yum.repos.d/mysql-community.repo
```

然后，再将 5.6 源的 enabled=0 改成 enabled=1 即可。

```
[root@iZwz99efr80g3fzh2fga8yZ x]# yum repolist enabled | grep "mysql.*-community.*"
mysql-connectors-community/x86_64 MySQL Connectors Community          118
mysql-tools-community/x86_64      MySQL Tools Community               95
mysql57-community/x86_64          MySQL 5.7 Community Server          364
[root@iZwz99efr80g3fzh2fga8yZ x]#
```

图 1.81　MySQL 安装界面

以下是安装和使用 MySQL 的相关命令：

```
yum install mysql-community-server
```

启动 MySQL 服务：

```
systemctl start mysqld
```

查看启动状态：

```
systemctl status mysqld
```

设置开启启动：

```
systemctl enable mysqld
systemctl daemon-reload
```

MySQL 安装完成之后，在/var/log/mysqld.log 文件中给 root 生成了一个默认密码。通过下面的命令找到 root 默认密码，然后登录 MySQL 进行修改。

```
grep 'temporary password' /var/log/mysqld.log
```

需要注意的是，只有运行 systemctl restart mysqld.service 启动 MySQL 后，上面的指令才能查看到密码，如下代码所示：

```
]# grep "password" /var/log/mysqld.log
2019-08-15T15:41:43.126562Z 1 [Note] A temporary password is generated for root@localhost:
rI9?O<r:P9
```

如果要修改 MySQL 的密码，可以使用以下两种方式。

```
shell> mysql -uroot -p
mysql> ALTER USER 'root'@'localhost' IDENTIFIED BY 'MyNewPass4!';
```

或者

```
mysql> set password for 'root'@'localhost'=password('MyNewPass4!');
```

注意

MySQL 5.7 默认安装了密码安全检查插件(validate_password)，其默认密码检查策略要求密码必须包含大小写字母、数字和特殊符号，并且长度不能少于 8 位，否则会提示 ERROR 1819 (HY000): Your password does not satisfy the current policy requirements 错误。开发者在修改密码时要注意这点。通过 MySQL 环境变量可以查看密码策略的相关信息，如下代码所示：

```
mysql> show variables like '%password%';
```

1.7 数据交换协议

为了满足不同系统之间数据交换的需求，需要定义统一的数据交换协议实现不同系统之间数据的交互。本节将对常用的数据交换协议包括 XML 和 JSON 的相关知识进行介绍。

1.7.1 XML

XML 是可扩展标记语言 Extensible Markup Language 的缩写。最初 XML 是作为 HTML 语

言的替代品而出现的，但随着该语言的完善和发展，其特性逐渐丰富和凸显，优势也越来越明显，使用范围也越来越广。XML 有如下特征：

- 标记可扩展，可以自定义标签。
- 语法规定严格。
- 自描述，可以使用有意义的标记。
- 内容和表现分离。
- 方便验证，使用 XSD、DTD 等可以很方便地验证 XML 文件是否符合规范。
- 通用性，可以用于任何技术进行数据的存储和传输。

XML 作为 W3C 推荐使用的数据传输和存储协议，在软件开发过程中被大量使用，包括很多地方的配置文件也使用 XML。

一个典型的 XML 文件如下：

```
<?xml version="1.0" encoding="ISO-8859-1"?>
<book>
    <from age="18">作者</from>
    <to>读者</to>
</book>
```

使用 Java 语言操作 XML 有四种方式：DOM、SAX、JDOM、DOM4J。这四种方式各有利弊，以下简要介绍。

1. DOM

DOM 是用与平台无关的方式表示 XML 文档的 W3C 标准，以层次结构组织的节点或信息片段的集合。由于在读取过程中将文档组织成了层级结构保存在内存中，操作简单方便；但同时也由于这样的存储结构，而使程序对内存的要求比较高，如果 XML 文件比较大，容易发生内存溢出。

2. SAX

SAX 的全称是 Simple APIs for XML，即 XML 简单 API。SAX 是以事件的形式来处理，SAX 接口也被称为事件驱动接口。在读 XML 文件时，通过触发相应的事件处理函数进行读写。由于不用构造 dom 树存储在内存中，所以 SAX 解析方式对内存的要求比较低，适用于只处理 XML 文件中的部分数据；不过实现比较烦琐，很难同时访问文件中多处不同数据。

3. JDOM

JDOM 是用 Java 语言读、写、操作 XML 的新 API 函数。JDOM 与 DOM 主要有两方面不同。首先，JDOM 仅使用具体类而不使用接口。这在某些方面简化了 API，但是也限制了灵活性。其次，API 大量使用了 Collections 类，简化了那些已经熟悉这些类的 Java 开发者的使用。JDOM 自身不包含解析器，它通常使用 SAX2 解析器来解析和验证输入 XML 文档。

4. DOM4J

DOM4J 是一个非常优秀的 Java XML API，具有性能优异、功能强大和简单易用等特点。目前，包括 Sun 的 JAXM 等越来越多的 Java 软件都在使用 DOM4J 来读写 XML。DOM4J 是 JDOM 的一个智能分支，它合并了许多超出基本 XML 文档表示的功能，包括集成的 XPath 支持、XML

Schema 支持以及用于大文档或流化文档的基于事件的处理。DOM4J 还提供了构建文档表示的选项，它通过 DOM4J API 和标准 DOM 接口具有并行访问功能。

1.7.2 JSON

虽然 XML 有诸多优点，但也有不少缺点，如语法比较冗余，增加了编写和传输的成本等。JSON 是一种轻量级的数据交换格式，独立于语言，和 XML 一样可以用来作为存储和交换文本信息的载体，而且比 XML 更小、更快、更容易解析。JSON 通过可嵌套的键值对来进行自描述，这是一个典型的键值对存储格式，如下所示：

```
"username": "作者"
```

JSON 可以表示任何支持的类型，如字符串、数字、对象、数组等。对象和数组是 JSON 中比较特殊且常用的两种类型，以下对这两种类型做简要介绍。

1. JSON 对象

对象在 JSON 中是用花括号“{}”包裹起来的内容，数据结构为{key1: value1, key2: value2, ...}的键值对结构。其中，key 为对象的属性，value 为对应的值。键名可以使用整数和字符串来表示，值的类型可以是任意类型，对象之间以半角逗号隔开。如下代码是一个简单的 JSON 对象示例。

```
{
    "username": "作者",
    "age": 18
}
```

2. JSON 数组

数组在 JSON 中是方括号“[]”包裹起来的内容，数据结构为["data1", "data2", "data3", ...] 的索引结构。其中，各 data 的类型可以是单值类型，也可以是对象类型。数组内各元素之间使用半角逗号隔开。以下代码是一个 data 类型是对象类型的 JSON 数组示例。

```
[{
    "username": "作者",
    "age": 18
},{
    "username": "读者",
    "age": 18
}]
```

1.8 本章小结

本章首先介绍了 Java 开发的相关环境，并详细讲述了集成开发环境和 Lombok 等插件的安装和使用；其次，介绍了 Java Web 项目的基本结构及开发的不同类型；最后，对开发 Java Web 项目所需的一些知识或工具进行了详细介绍，包括 Maven 工具、Servlet 和 JSP 相关知识、MySQL 数据库、数据交换协议相关知识等。

1.9 习题

1.9.1 单选题

1. 下列不属于面向对象的程序设计语言的是(　　)。

A. C　　B. C++　　C. Java　　D. Python

2. Eclipse 是一个开放源代码的集成开发环境，由(　　)语言开发。

A. C　　B. C++　　C. Java　　D. Python

3. 相对于 IntelliJ IDEA，Eclipse 最大的优势是(　　)。

A. 功能更加强大　　B. 完全开源免费

C. 强大的整合能力　　D. 好用的快捷键和代码模板

4. 对于下列 git 命令，说法错误的是(　　)。

A. git init：初始化仓库　　B. git status：查看分支状态

C. git add [file]：将文件提交到暂存区　　D. git log：文件同步到本地仓库

5. 下列关于 git 的描述不恰当的是(　　)。

A. 可以采用公钥认证进行安全管理　　B. 可以利用快照签名回溯历史版本

C. 必须搭建 Server 才能提交修改　　D. 属于分布式版本控制工具

6. 下面不属于常用 Java Web 服务器的是(　　)。

A. Tomcat 服务器　　B. Pypi 服务器

C. GlassFish 服务器　　D. WebLogic 服务器

7. 下面不属于动态网页需要的技术的是(　　)。

A. HTTP　　B. CGI　　C. ASP　　D. PHP

8. 在部署 Servlet 时，web.xml 文件中<servlet>标签应该包含标签(　　)。

A. <servlet-mapping>　　B. <servlet-name>

C. <servlet-class>　　D. B、C 都包含

9. 为了获得用户提交的表单参数，可以从(　　)接口中得到。

A. ServletResponse　　B. Servlet

C. ServletDispatcher　　D. ServletRequest

10. 下列哪个 JSP 动作指令的作用是执行页面转向，将请求的处理转发到下一个页面？(　　)

A. jsp:param　　B. jsp:include

C. jsp:forward　　D. jsp:plugin

1.9.2 填空题

1. Java 语言是 Sun Microsystems 公司于 1995 年 5 月推出的一种完全_______的程序设计语言，__________是整个 Java 语言的核心。

2. 对于 Java 编程来说，常用的集成开发环境有_______、_______、________等。

3. Lombok 是一个 Java 库，可用来帮助开发人员提高开发效率，它通过________实现各种功能。

4. Git 是一个________的版本控制软件，由 Linux 操作系统创始者 Linus Torvalds 所开发。

5. 目前，主流的项目构建工具有_______、_______和_______三种。

6. 在构建项目时，Maven 的定位主要是____________________________________。

7. 在 Java Web 开发中，JSP 是一种常用的_____页面开发技术，而 JSP 技术的本质又是______技术。

8. JSP 页面由________和嵌入其中的__________所组成，服务器在页面被客户端请求以后对这些 Java 代码进行处理，再将生成的 HTML 页面返回给客户端浏览器。

9. JSP 常见的三个编译指令分别为___________、______________、___________。

10. JSP 的七个动作指令分别为_____________、______________、_____________、___________、____________、_____________、_____________。

1.9.3 简答题

1. JSP 都有哪些内置对象？作用分别是什么？
2. JSP 中动态 include 和静态 include 的区别？
3. JSP 有哪些动作指令？作用分别是什么？
4. 请简述 Servlet 的生命周期。
5. JSP 和 Servlet 有哪些相同点和不同点，它们之间的联系是什么？
6. 请简述 Servlet 的基本原理。
7. 请简述 Java Web 项目的运行原理。
8. 请简述 Lombok 中常用注解的使用。

1.10 实践环节

1. 手动构建一个 Web 项目并部署运行。

【实验题目】

不使用 IDE 工具，手动构建一个 Web 项目，并在 Tomcat 中部署运行。

【实验目的】

(1) 掌握 Java Web 项目的基本结构。

(2) 掌握 Java Web 项目的运行原理。

(3) 熟悉 Tomcat 的基本操作和运行原理。

2. 熟悉轻量级 Java Web 开发环境

【实验题目】

分别在 MyEclipse 和 NetBeans 中创建一个 Web 项目，并在 Tomcat 中部署运行。

【实验目的】

(1) 掌握两大 IDE 的基本使用方法。

(2) 掌握 Java Web 项目的部署方式。

3. 熟悉 Maven 插件的使用

【实验题目】

使用 Maven 插件创建单模块项目和多模块项目。

【实验目的】

(1) 掌握 Maven 插件的基本使用方法。

(2) 掌握创建单模块 Maven 项目的方法。

(3) 掌握创建多模块 Maven 项目的方法。

第2章

设计模式

通俗来讲，设计模式是前人在大量程序设计基础上总结出的编程模式或思想，用于解决某一类具有相似特点的问题。一般来说，设计模式和具体的编程语言无关，但它适用于大多数编程语言。在 Java Web 项目开发过程中，存在大量相似的模式或场景，其解决方案是通用的。另外，随着技术的发展，出现了不少用于提升 Java Web 项目开发效率的框架，如 Struts、Hibernate、Spring、Spring Boot、MyBatis 等。这些框架的出现，极大提升了开发效率，其设计原理无不体现着设计模式的思想。本章将对常用的设计模式进行简要介绍，使读者对开发框架的基本原理有初步了解。

本章学习目标

- 了解设计模式的基本含义
- 了解设计模式的分类和基本原则
- 掌握单例模式、工厂模式、代理模式和 MVC 模式的设计原理
- 掌握单例模式、工厂模式、代理模式和 MVC 模式的使用场景
- 了解命令模式、策略模式的设计原理
- 了解 Java 语言的反射机制和动态代理相关知识
- 了解框架设计原理和 Java 高级特性间的关系

【内容结构】　　★为重点掌握

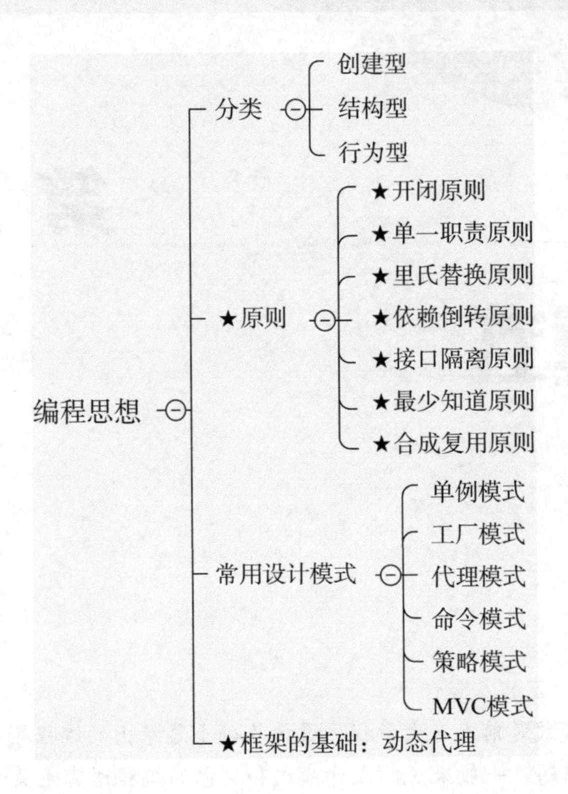

2.1 分类和原则

1. 设计模式的分类

随着应用场景和使用模式的不断丰富，设计模式的数量也在不断增长。目前，主要的设计模式数量已超过 20 个。总体来说，这些设计模式按照构造方式的不同可以分为三类。

(1) 创建型模式，共有 5 种，分别是工厂方法模式、抽象工厂模式、单例模式、建造者模式和原型模式。

(2) 结构型模式，共有 7 种，分别是适配器模式、装饰器模式、代理模式、外观模式、桥接模式、组合模式和享元模式。

(3) 行为型模式，共有 11 种，分别是策略模式、模板方法模式、观察者模式、迭代子模式、责任链模式、命令模式、备忘录模式、状态模式、访问者模式、中介者模式和解释器模式。

本章后续内容有对这些模式的详细介绍。

2. 设计模式的六大原则

虽然设计模式的种类不同，数量繁多，但是其设计时都遵循统一的开闭原则(Open Close

Principle)。开闭原则就是指对扩展开放，对修改关闭。在程序需要进行拓展的时候，不能去修改原有的代码，而是要扩展原有代码，即实现热插拔的效果。开闭原则可以使程序具有更好的扩展性，并且易于维护和升级。除了开闭原则外，创建设计模式时还需遵循如下6个原则。

(1) 单一职责原则(Single Responsibility Principle)。单一职责原则要求类中不要存在多于一个导致类变更的原因，也就是说每个类应该实现单一的职责。如若不然，就应该把类拆分为多个类。

(2) 里氏替换原则(Liskov Substitution Principle)。里氏替换原则是面向对象设计的基本原则之一。在里氏替换原则中，在任何基类可以出现的地方，子类一定可以出现。里氏替换原则是继承复用的基石。只有当衍生类可以替换掉基类，软件单位的功能不受到影响时，基类才能真正被复用，衍生类也能够在基类的基础上增加新的行为。里氏替换原则是对开闭原则的补充。实现开闭原则的关键步骤就是抽象化，而基类与子类的继承关系就是抽象化的具体实现，所以里氏替换原则是对实现抽象化的具体步骤的规范。另外，在里氏替换原则中，子类对父类的方法尽量不要重写和重载。因为父类代表了定义好的结构，并通过这个规范的接口与外界交互，所以子类不应该随便破坏它。

(3) 依赖倒转原则(Dependence Inversion Principle)。依赖倒转原则是开闭原则的基础，它的具体内容为：面向接口编程，依赖于抽象而不依赖于具体。编写代码用到具体类时，不是与具体类交互，而是与具体类的上层接口交互。

(4) 接口隔离原则(Interface Segregation Principle)。每个接口中不存在子类用不到却必须实现的方法。如若不然，就要将接口拆分。使用多个隔离的接口比使用单个接口(将多个接口方法集合起来的接口)要高效。

(5) 迪米特法则(最少知道原则)(Demeter Principle)。一个类对自己依赖的类了解的越少越好。也就是说，无论被依赖的类多么复杂，都应该将逻辑封装在方法的内部，通过public方法提供给外部。这样当被依赖的类变化时，才能将对该类的影响降到最小。最少知道原则的另一个表达方式是：只与直接的朋友通信。类之间只要有耦合关系，就称为朋友关系。耦合分为依赖、关联、聚合、组合等。一般称出现成员变量、方法参数、方法返回值中的类为直接朋友，而局部变量、临时变量则不是直接朋友，并且要求陌生的类不要作为局部变量出现在类中。

(6) 合成复用原则(Composite Reuse Principle)。合成复用原则是尽量首先使用合成或聚合的方式，而不是使用继承的方式。

2.2 常用设计模式

在了解设计模式的分类和设计原则后，本节将对常用的设计模式进行介绍，包括单例模式、工厂模式、代理模式、命令模式、策略模式和MVC模式等。

2.2.1 单例模式

单例模式又叫做单态模式或者单件模式，是设计模式中使用很频繁的一种模式。它在各种开源框架、应用系统中都有应用。单例模式中的“单例”，通常用来代表那些本质上具有唯一性的系统组件(或者叫资源)，比如文件系统、资源管理器等。

单例模式的目的就是要控制特定的类只产生一个对象，当然也允许在一定情况下灵活地改变对象的个数。那么如何来实现单例模式呢？一个类的对象的产生是由类构造函数来完成的，如果想限制对象的产生，一个办法就是将构造函数变为私有的(至少是受保护的)，使得外面的类不能通过引用来产生对象。同时为了保证类的可用性，必须提供一个自己的对象以及访问这个对象的静态方法。单例模式的通用类图如图 2.1 所示。

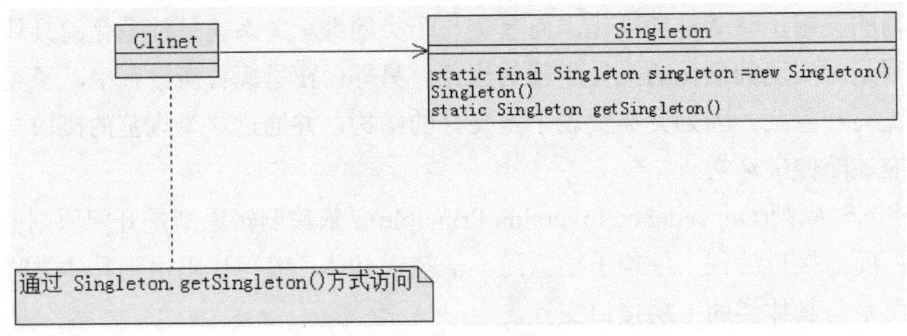

图 2.1　单例模式类图

在图 2.1 中，Singleton 类称为单例类，通过使用 private 类型的构造函数确保在一个应用中只产生一个实例，并且 Singleton 类是自行实例化的(在 Singleton 中自己使用 new Singleton())。单例模式的代码清单如下所示：

```
/*单例类*/
class SatietySingleton {
    private static final SatietySingleton instance = new
SatietySingleton();

    // 限制产生多个对象
    private SatietySingleton() {
    }

    // 通过该方法获得实例对象
    public static SatietySingleton getInstance() {
        return instance;
    }

    public String getRet() {
        return "sington";
    }

    // 类中其他方法，尽量是 static
    public static void doSomething() {
    }
}
```

测试代码：

```
public class SatietySingletonTest {
```

```
    public static void main(String[] args) {
        SatietySingleton s1 = SatietySingleton.getInstance();
        SatietySingleton s2 = SatietySingleton.getInstance();
        StringBuilder sr = new StringBuilder("两次调用的是否是同一个实例?
        ").append("\n");
        sr.append("答: ");
        if (s1 == s2) {
            sr.append("是");
        } else {
            sr.append("不是");
        }
        System.out.println(sr);
    }
}
```

输出效果如图 2.2 所示。

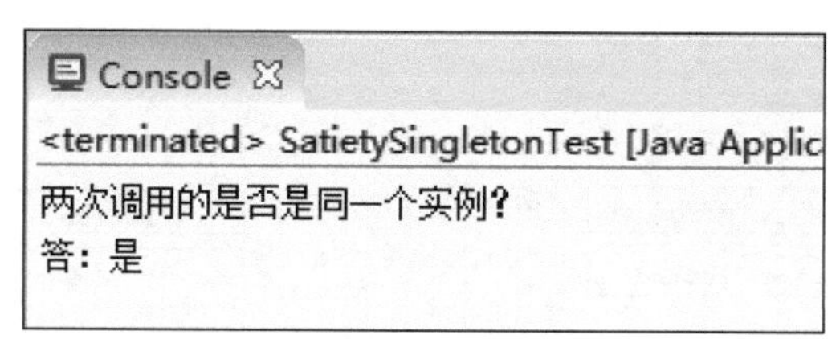

图 2.2　输出效果

使用单例模式主要有两个优势：一是减少创建 Java 实例所带来的系统开销，二是便于系统跟踪单个 Java 实例的生命周期和实例状态等。单例模式一般适用于在一个系统中，要求一个类有且仅有一个对象，其具体场景如下。

(1) 要求生成唯一序列号的环境。

(2) 在整个项目中需要一个共享访问点或共享数据。

(3) 需要定义大量的静态常量和静态方法(如工具类)的环境，可以采用单例模式。

(4) 创建一个对象需要消耗的资源过多，如要访问 I/O 和数据库等资源。

2.2.2　工厂模式

工厂模式主要是为创建对象提供过渡接口，以便将创建对象的具体过程屏蔽起来，达到提高灵活性的目的。工程模式在实际开发中也被大量使用。根据具体使用场景不同，工厂模式又分为三类：①简单工厂模式；②工厂方法模式；③抽象工厂模式。

在设计模式的经典著作 *Design Patterns: Elements of Reusable Object-Oriented Software*(中文版书名为《设计模式》)一书中，将工厂模式分为两类：工厂方法模式和抽象工厂模式。此分类方式将简单工厂模式看为工厂方法模式的一种特例，两者归为一类。

在本书中，将采用传统的分类方法，对三类工厂模式分别介绍。

1. 简单工厂模式

简单工厂模式又称为静态工厂方法模式，它属于创建型模式。在简单工厂模式中，可以根据自变量的不同返回不同类的实例。简单工厂模式专门定义一个类来负责创建其他类的实例，被创建的实例通常都具有共同的父类。一般来说，简单工厂模式由以下三部分组成。

(1) 工厂类(Creator)角色：担任这个角色的是工厂方法模式的核心，含有与应用紧密相关的商业逻辑。工厂类在客户端的直接调用下创建产品对象，它往往由一个具体 Java 类实现。

(2) 抽象产品(Product)角色：担任这个角色的类是工厂方法模式所创建的对象的父类，或它们共同拥有的接口。抽象产品角色可以用一个 Java 接口或者 Java 抽象类实现。

(3) 具体产品(Concrete Product)角色：工厂方法模式所创建的任何对象都是这个角色的实例，具体产品角色由一个具体 Java 类实现。

简单工厂模式的类图如图 2.3 所示。

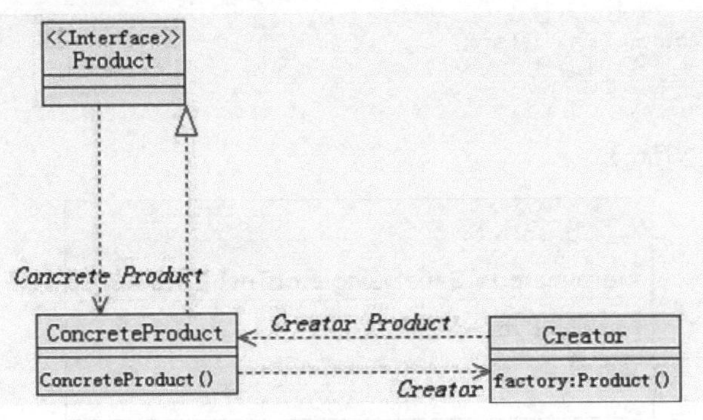

图 2.3　简单工厂模式

以下通过一个例子，来了解简单工厂模式。假设有一个描述后花园的系统，在后花园里有各种花，但是还没有水果。现在要往系统里引进一些新的类，用来描述下列水果：葡萄(Grapes)、草莓(Strawberry)、苹果(Apple)。该系统的类图如图 2.4 所示。

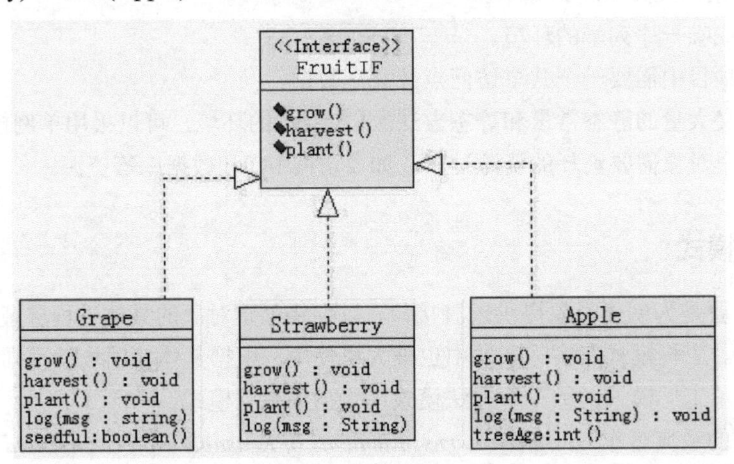

图 2.4　水果类图

在图 2.4 中，FruitIF 接口确定了水果类必备的方法有生长 grow()、收获 harvest()及种植 plant()，程序清单如下：

```
public interface FruitIF {
    void grow();
    void harvest();
    void plant();
    String color = null;
    String name = null;
}
```

在 Apple 类中，苹果是多年生木本植物，因此具备树龄 treeAge 性质，程序清单如下：

```
public class Apple implements FruitIF {
    public void grow() {
        log("Apple is growing...");
    }
    public void harvest() {
        log("Apple has been harvested.");
    }
    public void plant() {
        log("Apple has been planted.");
    }
    public static void log(String msg) {
        System.out.println(msg);
    }
    public int getTreeAge(){
        return treeAge;
    }
    public void setTreeAge(int treeAge){
        this.treeAge = treeAge;
    }
    private int treeAge;
}
```

在 Grape 类中，葡萄分为有籽与无籽两种，因此具有 seedful 性质，程序清单如下：

```
public class Grape implements FruitIF {
    public void grow() {
        log("Grape is growing...");
    }
    public void harvest() {
        log("Grape has been harvested.");
    }
    public void plant() {
        log("Grape has been planted.");
    }
    public static void log(String msg) {
        System.out.println(msg);
    }
    public boolean getSeedful() {
        return seedful;
    }
    public void setSeedful(boolean seedful) {
        this.seedful = seedful;
    }
    private boolean seedful;
}
```

Strawberry 类程序清单如下：

```
public class Strawberry implements FruitIF {
    public void grow() {
        log("Strawberry is growing...");
    }
    public void harvest() {
        log("Strawberry has been harvested.");
    }
    public void plant() {
        log("Strawberry has been planted.");
```

```
    }
    public static void log(String msg) {
        System.out.println(msg);
    }
}
```

作为小花园的主人兼园丁，也是系统的一部分，自然要由一个合适的类来代表，这个类就是 FruitGardener 类，其类图如图 2.5 所示。

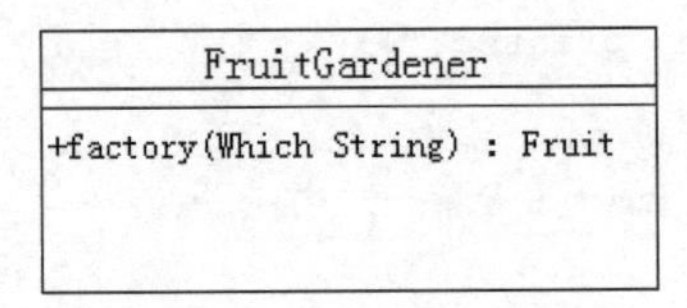

图 2.5　FruitGardener 类图

相应的程序清单如下：

```
public class FruitGardener {
    public FruitIF factory(String which) throws BadFruitException {
    if (which.equalsIgnoreCase("apple")) {
         return new Apple();
    }
    else if (which.equalsIgnoreCase("strawberry")) {
        return new Strawberry();
    }
    else if (which.equalsIgnoreCase("grape")) {
        return new Grape();
    }
    else {
        throw new BadFruitException("Bad fruit request");
    }
  }
}
```

该系统中，FruitGardener 类会根据要求创建出不同的水果类，比如苹果(Apple)、葡萄(Grape)或者草莓(Strawberry)的实例。这里，FruitGardener 类就如同一个可以创建水果产品的工厂一样。如果接到不合法的要求，FruitGardener 类就会给出例外类 BadFruitException。BadFruitException 类的类图如图 2.6 所示。

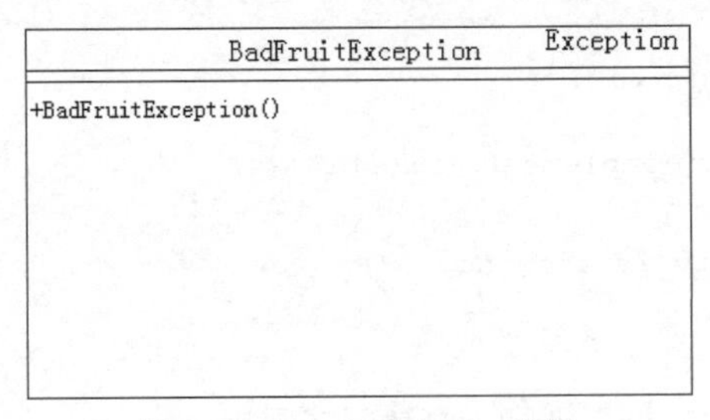

图 2.6　BadFruitException 类图

BadFruitException 类的程序清单如下：

```
public class BadFruitException extends Exception {
    public BadFruitException(String msg {
        super(msg);
    }
}
```

在使用时，只需调用 FruitGardener 的 factory()方法即可，使用了统一的调用方式，并且有利于程序的扩展。调用过程的程序清单如下：

```
try {
   FruitGardener gardener = new FruitGardener();
   FruitIF grape = gardener.factory("grape");
   FruitIF apple = gardener.factory("apple");
   FruitIF strawberry = gardener.factory("strawberry");
   ...
}
catch(BadFruitException e) {
...
}
```

一般来说，简单工厂模式要求的场景固定，在实际开发中使用较为受限，适用环境如下。

(1) 工厂类负责创建的对象比较少。

(2) 客户端只知道传入工厂类的参数，对于如何创建对象则不关心。

2. 工厂方法模式

工厂方法模式去除了简单工厂模式中工厂方法的静态属性，使得它可以被子类继承。这样，在简单工厂模式里集中在工厂方法上的压力就可以由工厂方法模式里不同的工厂子类来分担，扩展了适用范围。一般来说，工厂方法模式由以下四部分组成。

(1) 抽象工厂角色：这是工厂方法模式的核心，它与应用程序无关，是具体工厂角色必须实现的接口或者必须继承的父类。在 Java 语言中，它由抽象类或者接口来实现。

(2) 具体工厂角色：它含有和具体业务逻辑有关的代码，并通过应用程序调用来创建对应的具体产品的对象。

(3) 抽象产品角色：它是具体产品继承的父类或者是实现的接口。在 Java 语言中，一般用抽象类或者接口来实现。

(4) 具体产品角色：具体工厂角色所创建的对象就是此角色的实例。在 Java 语言中，一般由具体的类来实现。

工厂方法模式的通用类图如图 2.7 所示。

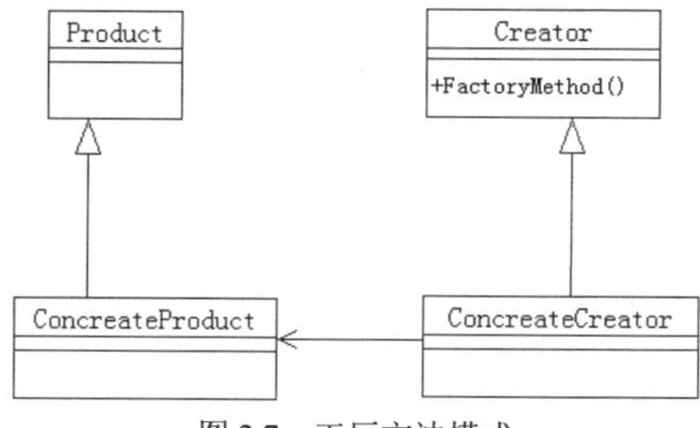

图 2.7　工厂方法模式

在工厂方法模式中，抽象产品类 Product 负责定义产品的共性，实现对事物最抽象的定义，而 Creator 为抽象创建类，也就是抽象工厂，是由具体的实现工厂 ConcreateCreator 完成的。下面通过一个实例来说明工厂方法模式的通用代码设计流程。

(1) 创建抽象产品类，代码清单如下：

```
public abstract class Product  {
//产品类的公共方法
public void method () {
   // 业务逻辑处理
}
//抽象方法
public abstract void method2 ();
}
```

(2) 创建具体产品类。具体产品类可以有多个，它们都继承于抽象产品类，代码清单如下：

```
public class ConcreteProduct1 extends Product {
     public void method2  () {
      //业务逻辑处理
     }
}
public class ConcreteProduct2 extends Product {
     public void method2  () {
      //业务逻辑处理
     }
}
```

(3) 创建抽象工厂类。抽象工厂类负责定义产品对象的产生，源代码清单如下：

```
 public abstract class Creator {
      /*创建一个产品对象，其输入参数类型可以自行设置
       *通常为 String、Enum、Class 等，也可以为空
*/
public abstract <T extends Product> T CreateProduct(Class<T> C);
}
```

(4) 创建具体工厂类。如何产生一个产品的对象，是由具体的工厂类实现的，源代码清单所下：

```
public class ConcreteCreateor extends Creator {
    public <T extends Product> T createProduct  (Class<T> c) {
        Product product =null;
        Try {
            Product =(Product)Class.forName(c.getName()).newInstance();
        } catch  (Exception e) {
        //异常处理
        }
Return  (T)product;
     }
}
```

该通用代码是一个比较实用、易扩展的框架，开发者可以根据实际项目需求进行扩展。

一般来说，工厂方法模式的使用场景如下。

(1) 一个类不知道它所需要的对象的类。在工厂方法模式中，客户端不需要知道具体产品类的类名，只需要知道它所对应的工厂即可。具体的产品对象由具体工厂类创建，客户端需要知道创建具体产品的工厂类。

(2) 一个类通过其子类来指定创建哪个对象。在工厂方法模式中，对于抽象工厂类只需要提供一个创建产品的接口，而由其子类来确定具体要创建的对象。在程序运行时，子类对象将覆盖父类对象，从而使得系统更容易扩展。

在工厂方法模式中，将创建对象的任务委托给多个工厂子类中的某一个子类。客户端在使用时可以无须关心是哪一个工厂子类创建产品子类，需要时再动态指定，并可将具体工厂类的类名存储在配置文件或数据库中。

3. 抽象工厂模式

抽象工厂模式和工厂方法模式的区别在于需要创建对象的复杂程度不同。抽象工厂模式是三种模式中最为抽象、最具一般性的模式。抽象工厂模式的作用是为客户端提供一个接口，可以创建多个产品族(指位于不同产品等级结构中功能相关联的产品组成的家族)中的产品对象。抽象工厂模式的各个角色和工厂方法模式的角色如出一辙。在有多个业务品种、业务分类时，通过抽象工厂模式产生需要的对象是一种非常好的解决方式。

抽象工厂模式的通用类图如图 2.8 所示。

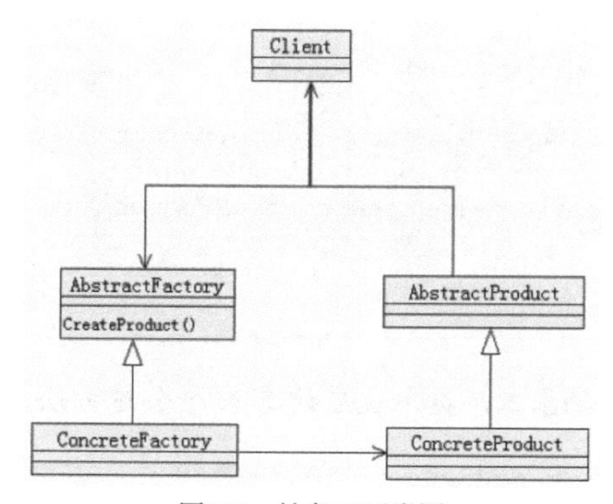

图 2.8　抽象工厂类图

例如制造汽车的左侧门和右侧门，这两个应该是数量相等的——两个对象之间的约束，而每个型号的车门都是不一样的，这是产品等级结构约束的。先看看两个产品族的类图，如图 2.9 所示。

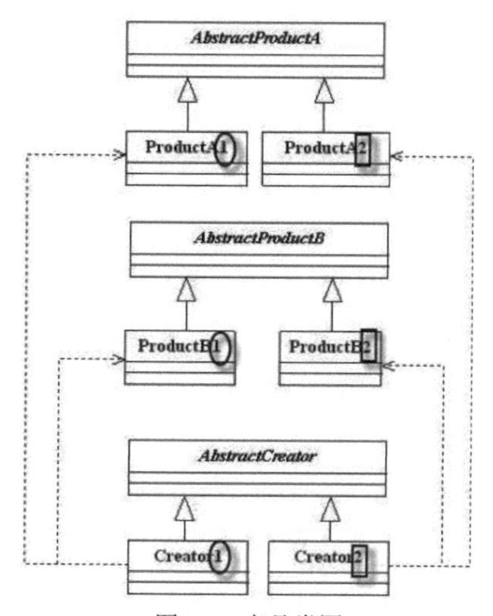

图 2.9　产品类图

注意类图上的圈与圈、框与框相对应，两个抽象的产品类可以有关系。例如共同继承或实现一个抽象类或接口，其源代码清单如下：

```
public abstract class AbstractProductA  {
    //每个产品共有的方法
    public void shareMethod () {
    }
    //每个产品相同方法，不同实现
    public abstract void doSomething () ;
}
```

具体产品实现类如代码清单所示：

```
public class ProductA1 extends AbstractProductA {
    public void doSomething () {
        System.out.println ("产品 A1 的实现方法");
    }
}
```

抽象工厂类(AbstractCreator)的职责是定义每个工厂要实现的功能。在通用代码中，抽象工厂类定义了两个产品族的产品创建，其源代码清单如下：

```
public abstract class AbstractCreator {
    //创建 A 产品家族
    public abstract AbstractProductA createProductA ();
    //创建 B 产品家族
    public abstract AbstractProductB createProductB ();
}
```

注意

若有 N 个产品族，在抽象工厂类中就应该有 N 个创建方法。

如何创建一个产品，则是由具体的实现类来完成的，其源代码清单如下：

```
public class Creator1 extends AbstractCreator {
    //只生产产品等级为 1 的 A 产品
    public AbstractProductA createProductA () {
        Return new ProductA1 ();
    }
    //只生产产品等级为 1 的 B 产品
    public AbstractProductB createProductB () {
        Return new ProductB1 ();
}
}
```

注意

有 M 个产品等级就应该有 M 个实现工厂类，在每个实现工厂中实现不同产品族的生产任务。

抽象工厂隔离了具体类的生成，使得客户并不需要知道什么被创建。由于这种隔离，更换一个具体工厂就变得相对容易。所有的具体工厂都实现了抽象工厂中定义的那些公共接口，因此只需改变具体工厂的实例，就可以在某种程度上改变整个软件系统的行为。

当一个产品族中的多个对象被设计成一起工作时，抽象工厂模式能够保证客户端始终只使用同一个产品族中的对象。

抽象工厂模式适用于以下环境。

(1) 一个系统不应当依赖于产品类实例如何被创建、组合和表达的细节，这对于所有类型的工厂模式都是重要的。

(2) 虽然系统中有多于一个的产品族，但是每次只使用其中某一产品族。

(3) 属于同一个产品族的产品将在一起使用，这一约束必须在系统的设计中体现出来。

(4) 系统提供一个产品类的库，所有的产品以同样的接口出现，从而使客户端不依赖于具体实现。

2.2.3 代理模式

代理模式是为其他对象提供一种代理以控制这个对象访问的设计模式。简单来说，就是在一些情况下，客户不想或者不能直接引用一个对象，代理对象可以在客户和目标对象之间起到中介作用，去掉客户不能看到的内容和服务，或者增添客户需要的额外服务。

代理模式中的“代理商”要实现代理任务，必须和被代理的“厂商”使用共同的接口。代理模式由以下 3 个角色组成。

(1) 抽象主题角色：声明了真实主题和代理主题的共同接口。

(2) 代理主题角色：内部包含对真实主题的引用，并且提供和真实主题角色相同的接口。

(3) 真实主题角色：定义真实的对象。

用类图表示三者之间的关系，如图 2.10 所示。

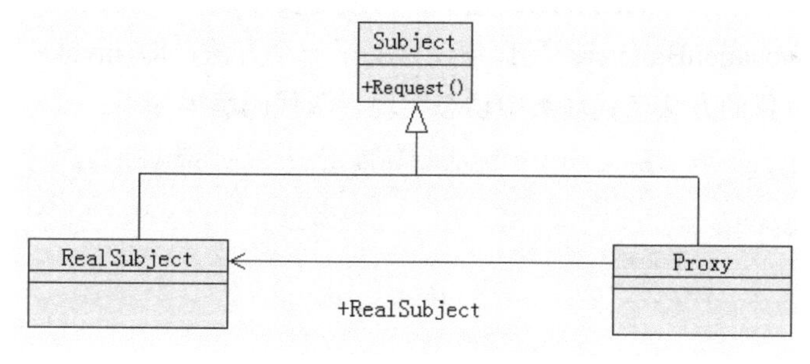

图 2.10　代理模式

以论坛为例，已注册用户和游客的权限是不同的。已注册的用户拥有发帖、修改自己的注册信息、修改自己的帖子等功能；而游客只能看到别人发的帖子，没有其他权限。为了简化代码，更好地显示出代理模式的框架，这里只实现发帖权限的控制。

首先，实现一个抽象主题角色 MyForum，里面定义了真实主题和代理主题的共同接口：发帖功能，其代码如下：

```
public interface MyForum
    {
        public void AddFile();
    }
```

这样，真实主题角色和代理主题角色都要实现这个接口。其中，真实主题角色基本就是将这个接口的方法内容填充进来，因此，在这里就不再赘述它的实现。关键的是代理主题角色的代码清单如下：

```
public class MyForumProxy implements MyForum
{
    private RealMyForum forum = new RealMyForum() ;
    private int permission ; //权限值
}
public MyForumProxy(int permission)
{
    this.permission = permission ;
}
//实现的接口
public void AddFile() {
//满足权限设置的时候才能够执行操作
//Constants 是一个常量类
    if (Constants.ASSOCIATOR == permission) {
        forum.AddFile();
    }
    else{
        System.out.println("You are not a associator of MyForum ,please registe!");
    }
}
```

这样就实现了代理模式的功能。

但是在实际使用时，一个真实角色必须对应一个代理角色，如果大量使用会导致类的急剧膨胀。此外，如果事先并不知道真实角色，那么该如何使用代理呢？这个问题可以通过 Java 的动态代理来解决。

动态代理是在实现阶段不用关心代理的对象，而在运行阶段才指定代理哪一个对象。

Java 动态代理类位于 java.lang.reflect 包下，一般主要涉及两个类。

(1) Interface InvocationHandler：接口中仅定义了一个方法，即 invoke 方法，这个抽象方法将会作为代理对象的方法在代理类中动态实现。源代码清单如下：

```
public class MyInvokationHandler implements InvocationHandler
 {
    //需要被代理的对象
    private Object target;
    public void setTarget(Object target)
    {
         This.target=target;
    }
    //执行动态代理对象的所有方法时，都会被替换成执行如下的 invoke 方法
    public Object invoke (Object proxy, Method method, Object[] args) throws Exception
     {    ………
         //以 target 作为主调来执行 method 方法
         Object result=method.invoke (target .args);
          …….
     }
  }
```

(2) Proxy：该类即为动态代理类，其中主要包含以下内容。

- protected Proxy(InvocationHandler h)：构造函数，用于给内部的 h 赋值。
- static Class getProxyClass (ClassLoader loader, Class[] interfaces)：获得一个代理类，其中 loader 是类装载器，interfaces 是真实类所拥有的全部接口的数组。

➢ static Object newProxyInstance(ClassLoader loader, Class[] interfaces, InvocationHandler h)：返回代理类的一个实例，返回后的代理类可以当作被代理类使用(可使用被代理类的在Subject 接口中声明过的方法)。

下面来写一个 MyProxyFactory 类，该对象专为指定的 target 生成动态代理实例。代码清单如下：

```
public Class MyProxyFactory
{
    //为指定 target 生成动态代理对象
    public static Object getProxy (Object target) hrows Exception
    {
         //创建一个 MyInvokationHandler 对象
         MyInvokationHandler handler =new MyInvokationHandler();
         //为 MyInvokationHandler 设置 target 对象
         Handler.setTarget(target);
         Return Proxy. newProxyInstance(target.getClass().getClassLoader(),
         target.getClass().getInterfaces(),handler);
    }
}
```

上面的动态代理工厂类提供了一个 getProxy()方法。该方法为 target 对象生成一个动态代理对象，因为该对象与 target 实现了相同的接口，所以该动态代理对象可以当成 target 对象使用。当程序调用动态代理对象的指定方法时，实际上将变为执行 MyInvokationHandler 对象的 invoke()方法。

在 AOP(Aspect Orient Program，面向切面编程)中，这种动态代理在被称为 AOP 代理。AOP 代理可以代替目标对象，它包含了目标对象的全部方法。但 AOP 代理中的方法与目标对象的方法存在差异，这些差异在于 AOP 代理里的方法可以在执行目标方法之前或之后插入一些通用代理。

2.2.4 命令模式

在设计界面时，开发者可以注意到一个现象：同样的菜单控件，在不同的应用环境中的功能是完全不同的；而菜单选项的某个功能可能和鼠标右键的某个功能完全一致。按照最差、最原始的设计，这些不同功能的菜单或者右键弹出菜单是要分开来实现的。如果这样设计，可以想象一下，word 文档上面的一排菜单要实现出多少个“形似神非”的菜单类来？这完全是行不通的。这时，就要运用分离变化与不变的因素，将菜单触发的功能分离出来，而制作菜单的时候只是提供一个统一的触发接口。这样修改设计后，不但功能点可以被不同的菜单或者右键重用，而且菜单控件也可以去除变化因素，很大地提高了重用频率，甚至还分离了显示逻辑和业务逻辑的耦合。这种思想便是命令模式的雏形。

在《设计模式》一书中，命令模式的定义为：将一个请求封装为一个对象，从而使开发者可以用不同的请求对客户进行参数化；对请求排队或记录请求日志，以及支持可撤销的操作等。

命令模式是一种对象行为型模式，其别名为动作模式或者事务模式，其角色组成有以下几个。

(1) 命令角色(Command)：声明执行操作的接口，由 Java 接口或者抽象类来实现。

(2) 具体命令角色(Concrete Command)：将一个接收者对象绑定于一个动作，调用接收者相应的操作，以实现命令角色声明的执行操作的接口。

(3) 客户角色(Client)：创建一个具体命令对象(并可以设定它的接收者)。

(4) 请求者角色(Invoker)：调用命令对象执行这个请求。

(5) 接收者角色(Receiver)：知道如何实施与执行一个请求相关的操作，任何类都可能作为一个接收者。

命令模式类图如图 2.11 所示。

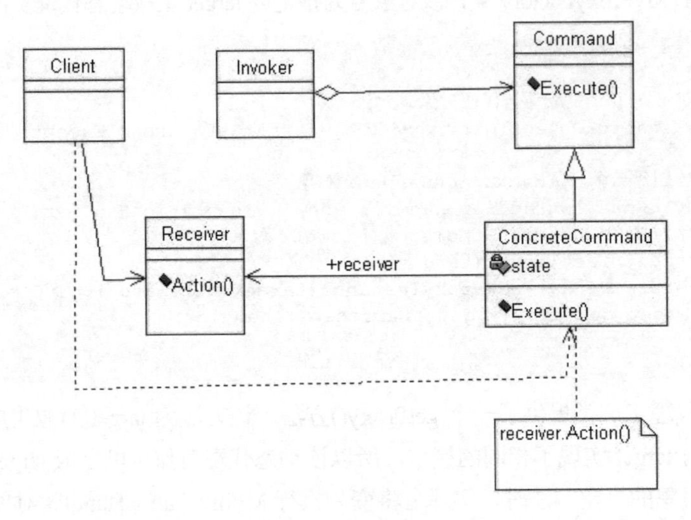

图 2.11　命令模式

这里以实现一个控制开灯、关灯的命令动作为例说明。命令接口代码清单如下：

```
public interface Cmd {
    public void execute();
}
```

具体命令角色——开灯命令，代码清单如下：

```
public class TurnOnCmd implements Cmd {
    SwitchLight s;
    public void switchStatus(SwitchLight s) {
        this.s = s;
    }
    @Override
    public void execute() {
        this.s.turnOffLight();
    }
}
```

具体命令角色——关灯命令，代码清单如下：

```
public class TurnOnCmd implements Cmd {
    SwitchLight s;
    public void switchStatus(SwitchLight s) {
        this.s = s;
    }
    @Override
    public void execute() {
        this.s.turnOffLight();
    }
}
```

实际执行的业务代码，代码清单如下：

```
@Slf4j
public class SwitchLight {

    public void turnOnLight() {
        log.info("开灯");
    }
    public void turnOffLight() {
        log.info("关灯");
    }
}
```

测试代码清单：

```
public class CmdTest {
    public static void main(String[] args) {
        SwitchLight s = new SwitchLight();
        TurnOffCmd turnOff = new TurnOffCmd();
        turnOff.switchStatus(s);
        turnOff.execute();

        TurnOnCmd turnOn = new TurnOnCmd();
        turnOn.switchStatus(s);
        turnOn.execute();
    }
}
```

运行结果如图 2.12 所示。

```
<terminated> CmdTest [Java Application] C:\Program Files\Java\jdk1.8.0_191\bin\javaw.exe (2019
18:27:46.576 [main] INFO designMode.demo.cmd.SwitchLight - 开灯
18:27:46.585 [main] INFO designMode.demo.cmd.SwitchLight - 关灯
```

图 2.12　运行结果

在前面的定义中提到命令模式支持可撤销的操作，而在上面的举例中并没有体现出来这一点。其实，命令模式之所以能够支持这种操作，完全是因为在请求者与接收者之间添加了中间角色。为了实现可撤销功能，首先需要用一个历史列表来保存已经执行过的具体命令角色对象。其次，修改具体命令角色中的执行方法，使它记录更多的执行细节，并将自己放入历史列表中。最后，在具体命令角色中添加 undo()方法，此方法根据记录的执行细节来复原状态。undo()方法和 execute()方法都要由开发者自行完成。同样，redo 功能也能够照此实现。

命令模式还有一个常见的用法就是执行事务操作。它不仅可以在请求被传递到接收者角色之前，检验请求的正确性，而且可以检查和数据库中数据的一致性，甚至还可以结合组合模式的结构来一次执行多个命令。使用命令模式不仅可以解除请求者和接收者之间的耦合，而且可以用来做批处理操作。请求者发出的请求到达命令角色以后，先保存在一个列表中不执行，等到有一定的业务需求时，命令模式再将列表中全部的操作逐一执行。

2.2.5　策略模式

策略模式属于对象行为型设计模式，主要是定义一系列的算法，把这些算法分别封装成拥有共同接口的单独类，并且使它们之间可以互换。策略模式让算法独立于使用它的客户而变化，也称为政策模式，其由 3 个角色组成。

(1) 算法使用环境(Context)角色：算法被引用到这里和一些其他与环境有关的操作一起来完成任务。

(2) 抽象策略(Strategy)角色：规定了所有具体策略角色所需的接口。在 Java 中，它通常由接口或者抽象类来实现。

(3) 具体策略(Concrete Strategy)角色：实现了抽象策略角色定义的接口。

策略模式的类图如图 2.13 所示。

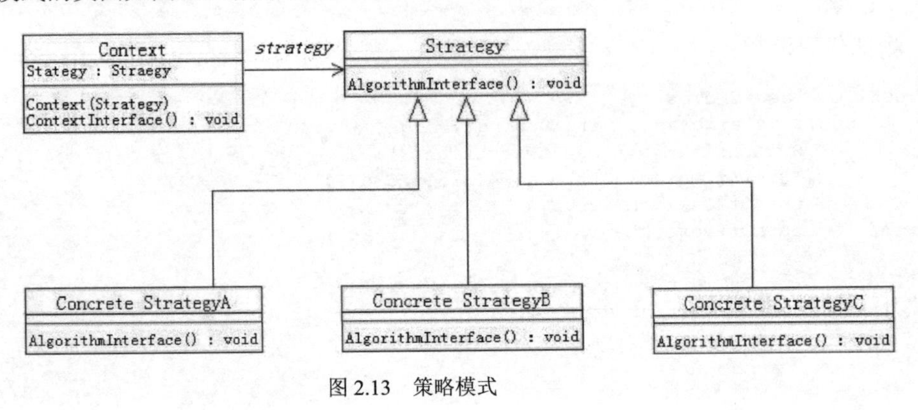

图 2.13　策略模式

考虑如下场景：现在正在开发一个网上书店，该店为了增加图书的销量，经常需要对图书进行打折促销，程序需要考虑各种打折促销的计算方法。

为了实现书店现在所提供的各种打折需求，程序考虑使用如下方式来实现：

```
//实现 discount()方法代码
public double discount(double price)
{
     //针对不同情况采用不同的打折算法
    Switch(getDiscountType())
    {
        Case VIP_DISCOUNT:
            Return vipDiscount(price);
                Break;
        Case OLD_DISCOUNT:
            Return oldDiscount(price);
        Case SALE_DISCOUNT:
            Return saleDiscount(price);
        ......
    }
}
```

上面的代码会根据打折类型来决定使用不同的打折算法，从而满足该书店促销打折的要求。虽然从功能的角度来说，这段代码并没有太大的问题。但这段代码有一个明显的不足，即程序中各种打折方法都被直接写入了 discount(double price)方法中。如果该书店需要新增一种打折类型，那么必须修改至少 3 处代码：首先增加一个常量，该常量代表新增的打折类型；其次需要在 switch 语句中增加一个 case 语句；最后需要实现一个 xxxDiscount()方法用于实现新增的打折算法。

现在使用策略模式来实现该功能，下面先提供一个打折算法的接口，代码如下：

```
public  interface DiscountStrategy
{
```

```
    //定义一个用于计算打折价的方法
    Double getDiscount(double originPrice);
}
```

然后为该打折接口提供两个策略类，分别实现不同的打折法。

```
//实现 DiscountStrategy 接口，实现对 VIP 打折的算法
public class VipDiscount
    Implements DiscountStrategy
{
    //重写 getDiscount()方法，提供 VIP 打折算法
    public double getDiscount(double originPrice)
    {
        System.out.println("使用 VIP 折扣....");
        Return originPrice * 0.5;
    }
}

public class OldDiscount
    Implements DiscountStrategy
{
    //重写 getDiscount()方法，提供旧书打折算法
    public double getDiscount(double originPrice)
    {
        System.out.println("使用旧书折扣....");
        Return originPrice * 0.7;
    }
}
```

提供了如上两个折扣策略类之后，程序还应该提供一个 DiscountContext 类。该类用于为客户端代码选择合适的折扣策略，也允许用户自由选择折扣策略。下面是 DiscountContext 类的代码：

```
public class DiscountContext
{
    //组合一个 DiscountStrategy 对象
    private DiscountStrategy strategy;
    //构造器，传入一个 DiscountStrategy 对象
    public DiscountContext(DiscountStrategy strategy)
    {
        This.strategy = atrategy;
    }
    //根据实际所使用的 DiscountStrategy 对象得到折扣价
     public double getDiscountPrice (double price)
     {
        //如果 strategy 为 null,系统自动选择 OldDiscount 类
        if (strategy ==null)
        {
            Strategy =new oldDiscount();
        }
        return this.strategy.getDiscount(price);
     }
     //提供切换算法的方法
     public void changeDiscount(DiscountStrategy strategy)
     {
         This.strategy =strategy;
     }
     }
```

从上面程序的粗体字代码可以看出，该 Context 类扮演了决策者的角色，它决定调用哪个折扣策略来处理图书打折。当客户端代码没有选择合适的折扣时，该 Context 类会自动选择

OldDiscount 折扣策略，用户也可根据需要选择合适的折扣策略。

当业务需要新增一种打折类型时，系统只需要新定义一个 DiscountStrategy 实现类，该实现类实现 getDiscount()方法，用于实现新的打折算法。当客户端程序需要切换为新打折策略时，则需要先调用 DiscountContext 的 changeDiscount()方法切换为新的打折策略。

一般来说，策略模式的使用环境如下。

(1) 系统需要能够在几种算法中快速地切换。

(2) 系统中有一些类仅有行为不同时，可以考虑采用策略模式来进行重构。

(3) 系统中存在多重条件选择语句时，可以考虑采用策略模式来重构。

但是要注意一点，策略模式中不可以同时使用多于一个的算法。

2.2.6 MVC 模式

MVC(Model View Controller)是模型(Model)－视图(View)－控制器(Controller)的缩写。MVC 模式是将 M 和 V 的实现代码分离，从而使同一个程序可以使用不同的表现形式。C 存在的目的则是确保 M 和 V 的同步，一旦 M 改变，V 应该同步更新。可以看出，MVC 是 Observer 设计模式的一个特例。

MVC 模式把应用程序分为 3 种对象类型。

(1) 模型(Model)：维护数据并提供数据访问方法。

(2) 视图(View)：绘制模型的部分数据或所有数据的可视图。

(3) 控制器(Controller)：处理事件。

三者之间的结构图如图 2.14 所示。

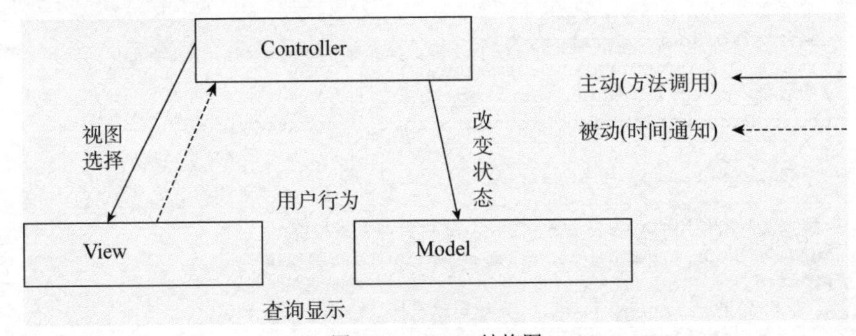

图 2.14　MVC 结构图

GoF 四人组(《设计模式》一书的作者)提出 MVC 模式的主要关系是由 Observer(观察者模式)、Composite(组合模式)和 Strategy(策略模式)三个设计模式给出的。当然，其中还可能使用了其他的设计模式，这要根据具体场景的需要来决定。

在 MVC模式中，最重要的是使用了 Observer(观察者模式)。观察者模式实现了发布－订阅(publish-subscribe)机制，实现了视图和模型的分离。因此，学习 MVC模式就必须先深入了解观察者模式。观察者模式定义了对象间的一种一对多的依赖关系。当一个对象的状态发生改变时，所有依赖于它的对象都得到通知并被自动更新。观察者模式的类图如图 2.15 所示。

图 2.15 中，Subject 称为主题，Observer 称为观察者。主题提供注册观察者、移除观察者

和通知观察者的接口。这样只要观察者注册成为主题的一个观察者的话，主题就会在状态发生变化时通知观察者。观察者有一个更新自己的接口，当收到主题的通知之后，观察者就会调用该接口更新自己。那么如何实现注册和通知呢？如果是使用 C++或 Java 的话，主题则需要有一个观察者链表。注册就是将观察者加入到该链表中，移除则是从该链表中删除观察者，当主题状态变化时就遍历该链表所有的观察者通知它们更新自己。

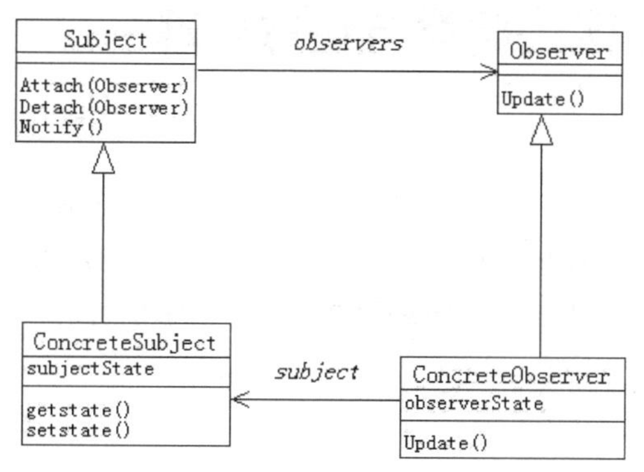

图 2.15　观察者模式

在观察者模式中，主题就对应于 MVC 模式中的 Model(模型)，观察者就对应于 MVC 模式中的 View(视图)。

组合模式是将对象组合成树形结构以表示“部分整体”的层次结构。组合模式使得用户对单个对象和组合对象的使用具有一致性。组合模式共涉及 3 类角色。

(1) Component：是组合中的对象声明接口。在适当的情况下，实现所有类共有接口的默认行为。声明一个接口用于访问和管理 Component 子部件。

(2) Leaf：在组合中表示叶子结点对象，叶子结点没有子结点。

(3) Composite：定义有枝节点行为，用来存储子部件。在 Component 接口中实现与子部件有关的操作，如增加(add)和删除(remove)等。

组合模式的类图如图 2.16 所示。

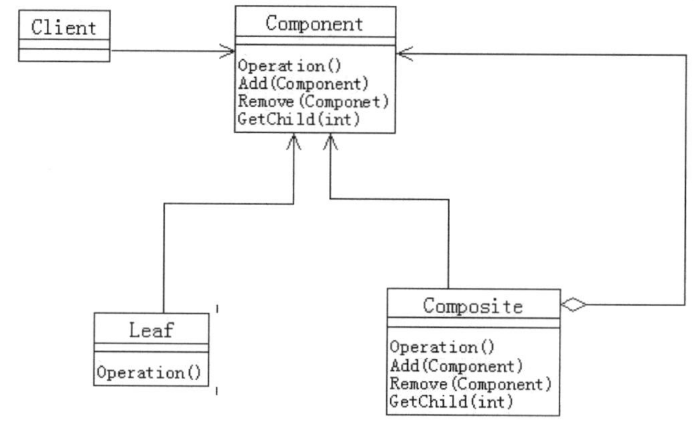

图 2.16　组合模式

组合模式解耦了客户程序与复杂元素内部结构，从而使客户程序可以像处理简单元素一样来处理复杂元素。

GoF 四人组提出，复杂的视图可以根据实际需要用组合模式来实现。当然，也要注意避免过度设计，如果视图的结构不复杂则没必要采用组合模式。

策略模式在前面已经介绍过了，此处不再赘述。

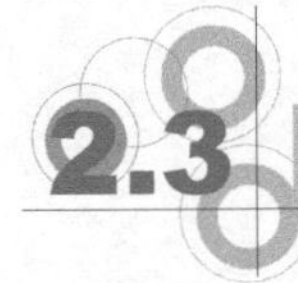

2.3 框架的基础：反射与动态代理

目前大部分的 Java Web 开发框架，如 Struts、Spring、Spring Boot、Hiberna 及 MyBatis 等，为了达到代码和配置文件相分离的目的，均大量使用了 Java 的反射机制和动态代理。Java 语言中，反射机制和动态代理知识属于高级编程技巧，但是掌握它们有助于对框架的运行机制有更深入的理解。

2.3.1 反射机制

Java 的反射机制是在程序运行过程中，对于任意一个类都能够知道这个类的所有属性和方法；对于任意一个对象，都能够调用它的任意方法和属性。这种动态获取信息以及动态调用对象方法的功能称为 Java 语言的反射机制。Java 反射机制主要提供了以下功能。

- 在运行时判断任意一个对象所属的类。
- 在运行时构造任意一个类的对象。
- 在运行时判断任意一个类所具有的成员变量和方法。
- 在运行时调用任意一个对象的方法。
- 生成动态代理。

在目前主流的 JDK 版本中，主要由以下类来实现 Java 反射机制，这些类都位于 java.lang.reflect 包中。

- Class：表示正在运行的 Java 应用程序中的类和接口。Class 类是 Java 反射中最重要的一个功能类，所有获取对象的信息(包括方法、属性、构造方法、访问权限)都需要它来实现。
- Field：提供有关类或接口的属性信息，以及对它的动态访问权限。
- Constructor：提供关于类的单个构造方法的信息，以及对它的访问权限。
- Method：提供关于类或接口中某个方法信息。
- Array 类：提供了动态创建数组，以及访问数组元素的静态方法。

反射的出发点在于 JVM 会为每个类创建一个 java.lang.Class 类的实例，通过该对象可以获取这个类的信息，然后通过使用 java.lang.reflect 包下的 API 以达到各种动态需求。以下列举 Java 反射的两个简单示例。

示例 1：运行时动态获取参数信息

利用 Java 的反射机制，可以实现在运行时动态获取信息的功能，如下代码所示：

```
import java.lang.reflect
public static void main(String[] args) throws Exception {
    // 加载并初始化命令行参数所指定的类
    Class classType = Class.forName(args[0]);
    //获取到该类所对应的所有方法
    Method method[]  = classType.getDeclaredMethods();
    //打印出类的所有方法
    for(Method m:method)
    {
        System.out.println(m);
     }
}
```

上述代码运行后，在控制台输入相应的类名，则会打印出该类定义的所有方法，运行结果如图 2.17 和图 2.18 所示。

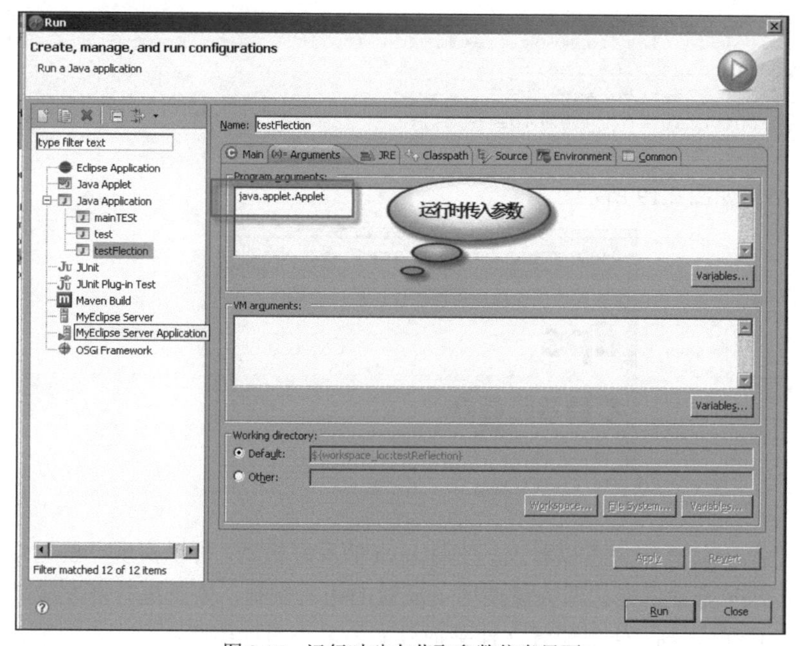

图 2.17　运行时动态获取参数信息界面

```
Problems  Javadoc  Declaration  Console  Debug  Servers  Spring Beans (deprecated)
<terminated> testFlection [Java Application] D:\Program Files\MyEclipse 6.5\jre\bin\javaw.exe (Jun 5, 2011 8:01:33 PM)
public void java.applet.Applet.init()
public void java.applet.Applet.start()
public void java.applet.Applet.destroy()
public void java.applet.Applet.stop()
private void java.applet.Applet.readObject(java.io.ObjectInputStream) throws java.lang.
public void java.applet.Applet.resize(java.awt.Dimension)
public void java.applet.Applet.resize(int,int)
public java.net.URL java.applet.Applet.getCodeBase()
public javax.accessibility.AccessibleContext java.applet.Applet.getAccessibleContext(
public java.applet.AppletContext java.applet.Applet.getAppletContext()
public java.lang.String java.applet.Applet.getAppletInfo()
public java.applet.AudioClip java.applet.Applet.getAudioClip(java.net.URL)
public java.applet.AudioClip java.applet.Applet.getAudioClip(java.net.URL,java.lang.Stri
public java.net.URL java.applet.Applet.getDocumentBase()
public java.awt.Image java.applet.Applet.getImage(java.net.URL)
public java.awt.Image java.applet.Applet.getImage(java.net.URL,java.lang.String)
public java.util.Locale java.applet.Applet.getLocale()
public java.lang.String java.applet.Applet.getParameter(java.lang.String)
public java.lang.String[][] java.applet.Applet.getParameterInfo()
public boolean java.applet.Applet.isActive()
```

图 2.18　运行时动态获取参数信息界面

示例 2：运行时改变私有变量的值

利用 Java 的反射机制，可以在私有成员变量没有定义 set 方法的情况下，在运行时动态修改该变量的值，代码如下所示：

```
import java.lang.reflect
public class test {
    private String str = "dps";
    public String getStr() {
        return str;
    }
}
public static void main(String[] args) throws Exception {
    test myTest = new test();
    System.out.println(myTest.getStr());
    Class clazz = test.class;
    Field field = clazz.getDeclaredField("str");
    field.setAccessible(true);
    field.set(myTest,"change");
    System.out.println(myTest.getStr());
}
```

代码运行结果如图 2.19 所示。

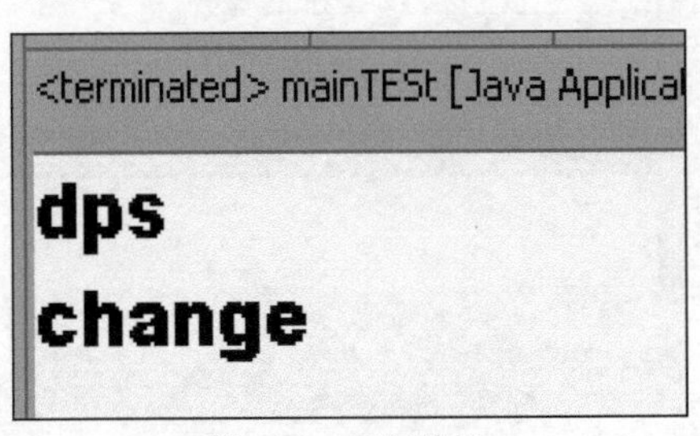

图 2.19 运行结果

通过上述代码及运行结果可以看出，使用 Java 的反射机制，可以实现一些看似不可能的操作。一些 Java Web 开发框架，即大量使用了反射的相关机制，用于提升开发效率。如 Spring 框架利用 Java 的反射机制，使用配置文件来把框架的各个组件串联起来，实现了代码和配置文件相互独立的功能。

2.3.2 动态代理

代理模式是常用的面向对象设计模式之一，可以分为静态代理和动态代理。

代理模式可以在不修改被代理对象的基础上，通过扩展代理类进行一些功能的附加与增强。常用的实现方式有使用 JDK 本身提供的代理类和 Cglib 框架。

静态代理中需要手动让代理类实现接口，而在动态代理中可以让程序在运行时自动在内存中创建一个实现接口的代理，不需要重新去定义这个代理类。

动态代理有多种实现方式，以下主要介绍 JDK 动态代理和 Cglib 动态代理。

1. JDK 动态代理

JDK 动态代理是由 Java 内部的反射机制实现，需要依赖于接口进行实现。以下是一个设备上线、离线的 JDK 动态代理的创建示例。

(1) 创建代理目标接口的代码如下：

```
package ref.proxy.jdk;
public interface DeviceService {
    /**
     * 设备上线
     */
    public void online();
    /**
     * 设备离线
     */
    public void offline();
}
```

(2) 创建实现类的代码如下：

```
package ref.proxy.jdk;
import lombok.extern.slf4j.Slf4j;
@Slf4j
public class DeviceServiceImpl implements DeviceService {
    @Override
    public void online() {
        log.info("设备在线了");
    }
    @Override
    public void offline() {
        log.info("设备离线了");
    }
}
```

(3) 创建代理包装类，每个代理实例都需要实现 InvocationHandler 接口。其代码如下：

```
package ref.proxy.jdk;
import java.lang.reflect.InvocationHandler;
import java.lang.reflect.Method;
import java.lang.reflect.Proxy;
import lombok.extern.slf4j.Slf4j;
@Slf4j
public class DeviceProxy implements InvocationHandler {
    // 代理的目标对象
    private Object targetObj;
    public Object newProxy(Object targetObj) {
        this.targetObj = targetObj;
        return Proxy.newProxyInstance(targetObj.getClass().getClassLoader(),
        targetObj.getClass().getInterfaces(), this);
    }

    @Override
    public Object invoke(Object proxy, Method method, Object[] args) throws Throwable
{
        log.debug("———目标方法执行前———");
        Object ret = method.invoke(targetObj, args);
        log.debug("———目标方法执行后———");
        return ret;
    }
}
```

(4) 创建测试方法的代码如下：

```
package ref.proxy;
import org.junit.Test;
import ref.proxy.jdk.DeviceProxy;
```

```
import ref.proxy.jdk.DeviceService;
import ref.proxy.jdk.DeviceServiceImpl;
public class JdkReflectTest {
    @Test
    public void newProxy() {

        DeviceServiceImpl deviceServiceImpl = new DeviceServiceImpl();
        DeviceProxy h = new DeviceProxy();
        DeviceService dService = (DeviceService) h.newProxy(deviceServiceImpl);
        dService.online();
        System.out.println();
        dService.offline();
    }
}
```

(5) 测试结果如图 2.20 所示。

```
[main] DEBUG ref.proxy.jdk.DeviceProxy - ————目标方法执行前————
[main] INFO ref.proxy.jdk.DeviceServiceImpl - 设备在线了
[main] DEBUG ref.proxy.jdk.DeviceProxy - ————目标方法执行后————

[main] DEBUG ref.proxy.jdk.DeviceProxy - ————目标方法执行前————
[main] INFO ref.proxy.jdk.DeviceServiceImpl - 设备离线了
[main] DEBUG ref.proxy.jdk.DeviceProxy - ————目标方法执行后————
```

图 2.20　测试结果

2. Cglib 动态代理

Cglib 动态代理底层借助于 asm 实现。因为 Cglib 实现动态代理不依赖于接口，所以不必要为目标类实现接口。创建 Cglib 代理的方法如下。

(1) 创建目标类及方法的代码如下：

```
package ref.proxy.cglib;
import lombok.extern.slf4j.Slf4j;
@Slf4j
public class UserServiceImpl {
    public void sayHi() {
        log.info("hi");
    }

    public void sayHello() {
        log.info("hello");
    }
}
```

(2) 创建代理类的代码如下：

```
package ref.proxy.cglib;
import java.lang.reflect.Method;
import lombok.extern.slf4j.Slf4j;
import net.sf.cglib.proxy.Enhancer;
import net.sf.cglib.proxy.MethodInterceptor;
import net.sf.cglib.proxy.MethodProxy;
@Slf4j
public class CglibProxy implements MethodInterceptor {

    public Object newProxyObj(Class<?> clazz) {
        Enhancer enhancer = new Enhancer();
        enhancer.setSuperclass(clazz);
```

```
        enhancer.setCallback(this);
        return enhancer.create();
    }

    @Override
    public Object intercept(Object obj, Method method, Object[] args, MethodProxy
    proxy) throws Throwable {
        log.info("目标方法执行前");
        Object ret = proxy.invokeSuper(obj, args);
        log.info("目标方法执行后");
        return ret;
    }
}
```

(3) 测试方法的代码如下：

```
package ref.proxy;
import org.junit.Test;
import ref.proxy.cglib.CglibProxy;
import ref.proxy.cglib.UserServiceImpl;
public class CglibTest {
    @Test
    public void test() {
        CglibProxy cglibProxy = new CglibProxy();
        UserServiceImpl p = (UserServiceImpl)
cglibProxy.newProxyObj(UserServiceImpl.class);
        p.sayHi();
        System.out.println();
        p.sayHello();
    }
}
```

(4) 运行结果如图 2.21 所示。

```
[main] INFO ref.proxy.cglib.CglibProxy - 目标方法执行前
[main] INFO ref.proxy.cglib.UserServiceImpl - hi
[main] INFO ref.proxy.cglib.CglibProxy - 目标方法执行后

[main] INFO ref.proxy.cglib.CglibProxy - 目标方法执行前
[main] INFO ref.proxy.cglib.UserServiceImpl - hello
[main] INFO ref.proxy.cglib.CglibProxy - 目标方法执行后
```

图 2.21　运行结果

从上述代码可以看出，使用动态代理机制后，实现了编程接口的易管理和调用，并且能极大提升程序的可扩展性。在各种 Java Web 框架中，通过使用动态代理机制，使得可以对同一类型的 Java 代码进行统一配置和管理，提升了开发效率。

2.4 本章小结

在软件开发的过程中，开发人员最为担心的是需求的不断变化，而这些变化又不是开发人员所能控制的。为了适应这些变化，开发人员就要使用设计模式。本章主要介绍了常见的设计模式，包括单例模式、工厂模式、代理模式、命令模式、策略模式和 MVC 模式等。这些设计模式都是 Java 框架中经常采用的设计思想，对其熟练掌握有助于更深刻理解框架的基本原理。另外，本章还介绍了反射和动态代理这两种在 Java 框架中经常使用的技术。

要注意的是，使用设计模式并不是一定就能得到一个好的设计，过分地使用设计模式会增加程序的复杂性和晦涩性，让程序不易理解，从而降低了程序的易维护性。因此，要避免过度使用设计模式，应根据面向对象的设计原则和实际情况综合考虑设计，从而设计出具有良好扩展性和易维护性的软件。

2.5 习题

2.5.1 单选题

1. 设计模式的优点有(　　)。
   A. 适应需求变化
   B. 程序易于理解
   C. 减少开发过程中的代码开发工作量
   D. 简化软件系统的设计
2. 设计模式的两大主题分别是(　　)。
   A. 系统的维护与开发　　B. 对象组合与类的继承
   C. 系统架构与系统开发　　D. 系统复用与系统扩展
3. 当想创建一个具体的对象而又不希望制定具体的类时，可以使用(　　)模式。
   A. 创建型　　B. 结构型
   C. 行为型　　D. 以上都可以
4. 要依赖于抽象，不要依赖于具体；要针对接口编程，不要针对实现编程，是(　　)的表述。
   A. 开闭原则　　B. 接口隔离原则
   C. 里氏代换原则　　D. 依赖倒转原则
5. 下列不是单例模式的特点是(　　)。
   A. 单例类只能有一个实例
   B. 单例类不一定只有一个实例
   C. 单例类必须自己创建自己的唯一实例
   D. 单例类必须给所有其他对象提供这一实例
6. 简单工厂模式属于(　　)。
   A. 创建型　　B. 结构型
   C. 行为型　　D. 以上都不属于

7. 工厂方法模式的核心是(　　)。

A. 抽象工厂角色　　B. 具体工厂角色

C. 抽象产品角色　　D. 具体产品角色

8. 关于抽象工厂模式描述正确的是(　　)。

A. 抽象工厂模式是所有形态的工厂模式中最为抽象和最具一般性的一种形态

B. 抽象工厂不必向客户端提供一个接口

C. 抽象工厂模式提供一个具体工厂角色

D. 抽象工厂模式的抽象产品必须用抽象类实现

9. 抽象工厂模式不适用于以下(　　)的情况。

A. 一个系统依赖于产品类实例如何被创建、组合和表达的细节

B. 虽然系统中有多于一个的产品族，但是每次只使用其中某一产品族

C. 属于同一个产品族的产品将在一起使用，这一约束必须在系统的设计中体现出来

D. 系统提供一个产品类的库，所有的产品以同样的接口出现，从而使客户端不依赖于具体实现

10. 在 MVC 中，负责处理请求的是(　　)。

A. Model　　B. View　　C. Controller　　D. 以上都是

2.5.2 填空题

1. I18n 的含义是(英文全称)________________________________。

2. 面向对象的六条基本原则包括：开闭原则，里氏代换原则，合成复用原则以及__________，__________，__________。

3. 当想用不同的请求对客户进行参数话时，可以使用_______模式。

4. 抽象产品角色是具体产品继承的父类或者是实现的接口，在 Java 中一般用______来实现；具体产品角色在 Java 中由_________来实现。

5. 抽象工厂模式和工厂方法模式的区别就在于________________________。

6. 代理模式由三个角色组成，分别为____________、____________、____________。

7. 动态代理是在________不用关心代理的对象，而在_______才指定代理哪一个对象。

8. 使用 MVC 的目的是实现_______和______的代码分离，从而使同一个程序可以使用不同的表现形式。

9. 动态代理有多种实现方式，包括________代理和_________代理。

10. Spring 框架中典型的设计模式有________、________、________等。

2.5.3 简答题

1. 什么是设计模式？设计模式的目标是什么？

2. 常用的设计模式都有哪些？

3. 单例模式的目的是什么？

4. 工厂模式分为哪几类？工厂模式的作用是什么？

5. 代理模式的定义是什么？它由哪几个角色组成？
6. Java 动态代理类位于哪一个包？一般涉及哪些类？
7. 命令模式的定义是什么？它的角色组成有哪些？
8. 策略模式的定义是什么？它的角色组成有哪些？
9. 请简述 MVC 模式。
10. 请简述动态代理的两种实现方法。

2.6 实践环节

通过实际例子掌握常用设计模式的设计和实现。

【实验题目】

设计模式实践。

【实验目的】

掌握本章介绍的设计模式。

【实验内容】

在很多大型公司机构中，员工所使用的一卡通系统中有一个非常重要的子模块——扣款子模块。从技术上来说，扣款的异常处理、事务处理、鲁棒性都是不容忽视的，特别是饭点时间并发量很大，因此对系统架构有很高的要求。

假设在这种一卡通的 IC 卡上有以下两种金额。

(1) 固定金额：指不能提现的金额，这部分金额只能用来特定消费，如食堂吃饭等。

(2) 自由金额：这部分可以提现，也可以用于消费。

每月月初，公司都会给每个员工卡里打入固定数量的金额。因此，在实际系统开发中，架构设计采用的是一张 IC 卡绑定两个账户——固定金额账户和自由金额账户，并且系统有两套扣款规则。

扣款规则一：该类型消费分别在固定金额和自由金额各扣除一半。这类扣款规则适用于固定消费场景，如吃饭。

扣款规则二：全部从自由金额上扣除，如在公司下属企业超市之类的消费。

请根据这两种消费规则进行模式设计。

第 3 章

Spring框架

在经典 Java Web 开发初期，通过使用 EJB(Enterprise JavaBean)功能，可以实现诸如对象关系映射、事务管理、分布式等功能的统一管理，受到开发者的广泛关注。但是由于初期版本的 EJB 存在配置复杂、学习成本较高等缺点，开发者对其争议较多。Spring 框架的设计初衷即为简化 EJB 的操作和配置，通过提供基本的 JavaBean 来完成 EJB 的相应功能。同时，Spring 与 Struts、MyBatis 等单层框架不同，其致力于提供一个 Java Web 开发的整体解决方案。本章主要介绍 Spring 框架的基础概念、基本用法和高级用法，并通过一系列的实例讲解使开发者掌握 Spring 框架的基本使用流程。

【学习目标】

◎ 了解 Spring 框架的组成结构
◎ 了解 Spring 框架的优势
◎ 掌握 Spring 框架的基本使用流程
◎ 理解依赖注入的基本思想和相关使用
◎ 了解后处理器、资源访问和事务管理等高级用法
◎ 通过实例掌握 Spring 框架的 AOP 机制原理及使用流程
◎ 了解 Spring 框架中的事件机制

【内容结构】 ★为重点掌握

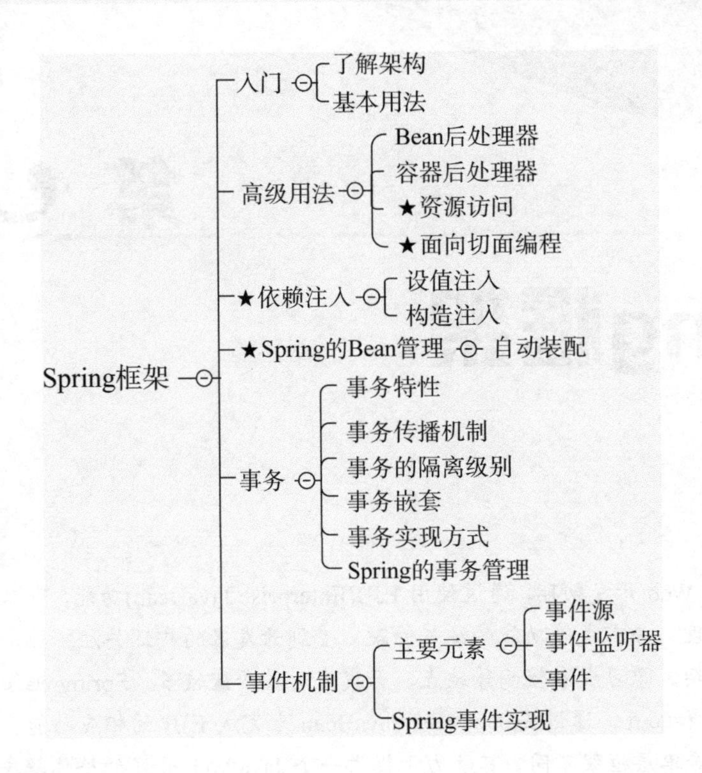

3.1 概述

Spring 框架最初由 Rod Johnson 开发，于 2003 年发布了第一个版本，目前已发展成为 Java EE 开发中最重要的框架之一。在 Spring 框架中，将各组件要使用的服务通过配置文件注入，减少了代码的开发量，降低了各部分之间的耦合程度，便于开发者进行维护和管理。

3.1.1 Spring 框架的组成结构

Spring 致力于 Java EE 开发整体的解决方案，贯穿表现层、业务层、持久层，为企业的应用开发提供了一个轻量级的解决方案，其中包括：基于依赖注入的核心机制，基于 AOP 的声明式事务管理，与多种持久层技术的整合，以及优秀的 Web MVC 框架等。Spring 框架的优点如下。

- 低侵入式设计，代码的污染极低。
- 独立于各种应用服务器。
- Spring 的 DI(Dependency Injection)容器降低了业务对象替换的复杂性，提高了组件之间的解耦。

➢ Spring 的 AOP(Aspect Oriented Programming)机制支持通用任务的集中式管理。
➢ Spring 的 ORM(Object Relational Mapping)和 DAO(Data Access Object)提供了与第三方持久层框架的良好整合，并简化了底层数据库访问流程。
➢ Spring 的开放性良好，开发者可自由选用 Spring 框架的部分或全部。

Spring 框架相当于一个巨大的工厂，可以把项目中用到的所有 Java Bean 管理起来。开发者只需要把所用到的 Bean 配置到 Spring 容器中，就可以采用统一的方式来访问 Bean 的相应功能。另外，Spring 采用反射的方式，在运行时动态地生成相应的 Bean。这种方式极大地解耦了程序，使得程序的可维护性大大提升。Spring 框架的结构图如图 3.1 所示。

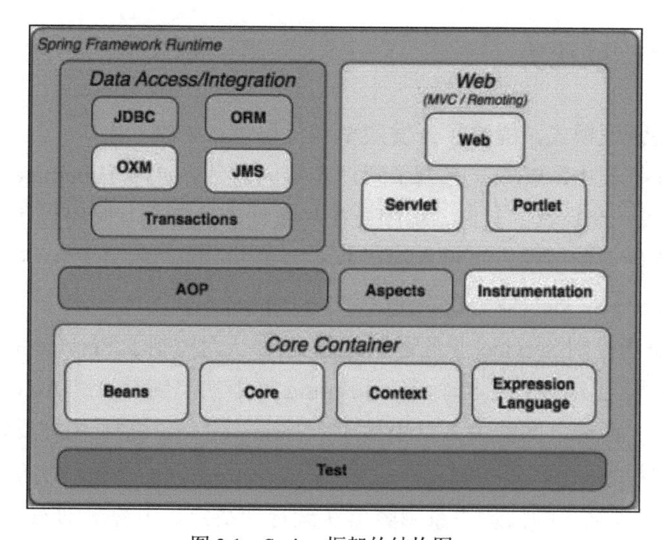

图 3.1　Spring 框架的结构图

从图 3.1 中可以看出，Spring 框架的组成主要包括以下部分。

➢ **核心容器**：核心容器提供 Spring 框架的基本功能。核心容器的主要组件是 BeanFactory，它使工厂模式得以实现。BeanFactory 使用控制反转(Inversion of Control，缩写为 IoC)模式，将应用程序配置和依赖性规范与实际的应用程序代码分离。
➢ **Spring 上下文**：Spring 上下文是一个配置文件，向 Spring 框架提供上下文信息。Spring 上下文包括企业服务，例如：JNDI、EJB、电子邮件、国际化、校验和调度功能等。
➢ **Spring AOP**：通过配置管理特性，Spring AOP 模块直接将面向切面的编程功能集成到 Spring 框架中。因此，可以很容易地使 Spring 框架管理的任何对象都支持 AOP。因为 Spring AOP 模块为基于 Spring 的应用程序中的对象提供了事务管理服务，所以通过使用 Spring AOP 模块，不用依赖 EJB 组件，就可以将声明性事务管理集成到应用程序中。
➢ **Spring DAO**：JDBC DAO 抽象层提供了有意义的异常层次结构，可用该结构来管理异常处理和不同数据库供应商抛出的错误消息。异常层次结构不仅简化了错误处理，而且极大地降低了需要编写的异常代码数量(例如打开和关闭连接)。Spring DAO 的面向 JDBC 的异常遵从通用的 DAO 异常层次结构。
➢ **Spring ORM**：Spring 框架插入了若干个 ORM 框架，从而提供了 ORM 的对象关系工具，其中包括 JDO、Hibernate 和 iBatis SQL Map。所有这些都遵从 Spring 的通用事务和 DAO 异常层次结构。

➢ **Spring Web 模块**：Web 上下文模块建立在应用程序上下文模块之上，为基于 Web 的应用程序提供了上下文。因此，Spring 框架支持与 Jakarta Struts 的集成。Web 模块还简化了处理多部分请求，以及将请求参数绑定到域对象的工作。

➢ **Spring MVC 框架**：MVC 框架是一个全功能的构建 Web 应用程序的 MVC 实现途径通过策略接口，MVC 框架变成高度可配置的。MVC 框架容纳了大量视图技术，其中包括 JSP、Velocity、Tiles、iText 和 POI 等。

3.1.2 Spring 框架的优势

1. 统一的容器管理模式，提高了开发效率和代码可维护性

在传统的 SSH 框架中，Spring 充当了管理容器的角色。通常 Hibernate 用来作持久化层，因为它将 JDBC 做了一个良好的封装，程序员在与数据库进行交互时可以不用书写大量的 SQL 语句。Struts 是用来做应用层的，它负责调用业务逻辑 Serivce 层。所以，SSH 框架的流程大致是：JSP 页面→Struts→Service(业务逻辑处理类)→Hibernate。

其中，Struts 负责控制 Service(业务逻辑处理类)，从而控制了 Service 的生命周期，造成层与层之间的依赖很强，出现耦合。这时，使用 Spring 框架就起到了控制 Action 对象(Strust 中的)和 Service 类的作用，两者之间的关系就松散了，Spring 的 IoC 机制(控制反转和依赖注入)正是用在此处。控制反转就是由容器控制程序之间的(依赖)关系，而非传统实现中由程序代码直接操控。依赖注入指组件之间的依赖关系由容器在运行期决定，由容器动态地将某种依赖关系注入组件之中。

从上面不难看出，Action 从头到尾仅仅是充当了 Service 的控制工具，对于这些具体的业务方法是如何实现的，它根本不会管也不会问，它只要知道这些业务实现类所提供的方法接口即可。而在以往单独使用 Struts 框架时，所有的业务方法类的生命周期，甚至是一些业务流程都是由 Action 控制的。这样，层与层之间耦合性太紧密，既降低了数据访问的效率，又使业务逻辑看起来很复杂，代码量也很多。而 Spring 容器控制所有 Action 对象和业务逻辑类的生命周期，由于上层不再控制下层的生命周期，层与层之间实现了完全脱耦，使程序运行起来效率更高，维护起来也方便。

2. 统一的事务管理模式，提高了代码重用度

在以往的 JDBC Template 中事务提交成功后，异常处理都是通过 Try/Catch 完成。而在 Spring 中，Spring 容器集成了 TransactionTemplate，它封装了所有对事务处理的功能，包括异常时事务回滚、操作成功时数据提交等复杂的业务功能。这些由 Spring 容器来管理，大大减少了程序员的代码量，也对事务有了很好的管理控制。Hibernate 中也有对事务的管理，它是通过 SessionFactory 创建和维护 Session 来完成的。而 Spring 对 SessionFactory 配置也进行了整合，不需要再通过 hibernate.cfg.xml 来对 SessionaFactory 进行设定。这样的话，就可以很好地利用 Spring 对事务管理的强大功能，避免了每次对数据操作都要获取 Session 实例来启动事务、提交、回滚事务和烦琐的 Try/Catch 操作。这些也是 Spring 中的 AOP(面向切面编程)机制很好的

应用，一方面使开发业务逻辑更清晰、专业分工更加容易进行；另一方面，应用 Spring AOP 隔离降低了程序的耦合性，使开发者可以在不同的应用中将各个切面结合起来使用，大大提高了代码重用度。

Spring 的核心思想便是 IoC 和 AOP，Spring 本身是一个轻量级容器。和 EJB 容器不同，Spring 的组件就是普通的 Java Bean，这使得单元测试可以不再依赖容器，编写更加容易。Spring 负责管理所有的 Java Bean 组件，同样支持声明式的事务管理。开发者只需要编写好 Java Bean 组件，然后将它们“装配”起来即可，组件的初始化和管理均由 Spring 完成，只需在配置文件中声明即可。这种方式最大的优点是各组件的耦合极为松散，并且无须自己实现 Singleton 模式。

3.2 基本用法

在了解 Spring 框架的组成结构和使用优势等之后，本节将通过实例对 Spring 框架的使用流程进行介绍。本节主要内容包括 Spring 的使用流程、配置文件、依赖注入和 Bean 管理相关知识点。

3.2.1 Spring 的使用流程

下面通过一个简单的例子，分步骤来说明 Spring 容器的使用流程。

(1) 编写一个 Java 类 Person，代码如下：

```
public class Person {
    private String name;
    public void setName(String name) {
        this.name = name;
    }
    public void information() {
        System.out.print("这个人的名字是：" + name);
    }
}
```

这个类定义了一个 name 属性，并且为这个属性设置了 set 方法、information 方法，最后输出这个人的名字。由此可以看出，这是一个很普通的 Java 类。

(2) 给 Spring 容器导入 Bean 方法。在 applicationContext.xml 文件中添加如下代码：

```
    <bean id="p1" class="dps.bean.Person">
        <property name="name" value="张三" />
    </bean>
```

在上面的代码中，把前面定义的 Person 类作为被 Spring 容器管理的 Java Bean。在配置文件中，<bean>指定了 id、class 两个属性。其中，id 属性是用来唯一标识这个 bean，class 属性则指定了 bean 的路径。在<bean>标签中，含有一个<property>子标签，定义了要被管理的属性。上述代码把 Person 类中属性 name 的值是设置为“张三”。

(3) 加入 spring context 的 maven 依赖，代码如下：

```
<!-- https://mvnrepository.com/artifact/org.springframework/spring-context -->
<dependency>
    <groupId>org.springframework</groupId>
    <artifactId>spring-context</artifactId>
    <version>5.2.0.RELEASE</version>
</dependency>
```

(4) 测试。下面来编写一个主程序，对上面定义的 Java 类和配置文件通过 Spring 框架提供的接口进行测试，代码如下：

```
public static void main(String[] args) {
        // 读取 Spring 配置文件
ApplicationContext act =new ClassPathXmlApplicationContext("applicationContext.xml");
        //从 Spring 容器中获取 id 为 p1 的 bean
        Person p1=act.getBean("p1",Person.class);
        p1.information();
}
```

上面代码创建了一个 ApplicationContext 实例，其代表 Spring 容器。它是一个巨大的工厂，可以通过它访问 Spring 容器中的 Bean。代码中没有直接创建 Person 类的对象，而是从 Spring 容器中获取该类的实例。

(5) 运行结果如图 3.2 所示，可以看到在配置文件中设置的名字已经显示出来了。

```
17:46:17.092 [main] DEBUG
org.springframework.context.support.ClassPathXmlApplicationContext - Refreshing
org.springframework.context.support.ClassPathXmlApplicationContext@504bae78
17:46:17.211 [main] DEBUG
org.springframework.beans.factory.xml.XmlBeanDefinitionReader - Loaded 1 bean
definitions from class path resource [applicationContext.xml]
17:46:17.234 [main] DEBUG
org.springframework.beans.factory.support.DefaultListableBeanFactory - Creating
shared instance of singleton bean 'p1'
这个人的名字是：张三
```

图 3.2 控制台信息

由上述程序可以看出，Spring 程序的使用流程和开发者以前的使用流程大不相同。按照以前的使用流程，当需要一个 Bean 的实例时，可以通过 new 关键字创建一个 Bean 实例。使用 Spring 框架后，需要 Bean 实例时，不是直接创建，而是从 Spring 容器中根据 id 创建 Bean。对于 Spring 框架来说，会自动初始化一个 Bean 实例，然后根据 Java 的反射机制，调用相应属性的 set 方法给属性赋值。此种执行过程叫做控制反转(IoC)，也叫依赖注入(DI)。

3.2.2 Spring 的配置文件

从上面例子中可以看出，Spring 框架默认的配置文件为 applicationContext.xml。该文件一般放在 src 的根目录下，系统可以自动加载该文件。开发者可以在 applicationContext.xml 中定义各种 Java Bean，这些 Java Bean 可以被 Spring 容器统一管理。下面示例一个典型的 applicationContext.xml 文件配置内容。

```
<?xml version="1.0" encoding="UTF-8"?>
<beans xmlns="http://www.springframework.org/schema/beans"
    xmlns:xsi="http://www.w3.org/2001/XMLSchema-instance"
   xmlns:p="http://www.springframework.org/schema/p"
```

```
    xsi:schemaLocation="http://www.springframework.org/schema/beans
    http://www.springframework.org/schema/beans/spring-beans-3.0.xsd">
    <bean id="paperCup" class="dps.bean.PaperCup">
        <property name="color" value="白" />
    </bean>
    <bean id="glassCup" class="dps.bean.GlassCup">
        <property name="color" value="黑" />
    </bean>
    <bean id="chinese" class="dps.bean.Chinese">
        <constructor-arg value="李四" index="0"/>
        <constructor-arg ref="glassCup" index="1"/>
    </bean>
    <!—其他 Java Bean 的配置-->
</beans>
```

Spring 的配置文件可以重命名，也可以放在其他位置。此时，如果是 Web 项目，就需要在 web.xml 中指明需要加载的配置文件的具体位置，如下面的代码所示：

```
<context-param>
    <param-name>contextConfigLocation</param-name>
    <param-value>
        /WEB-INF/bean.xml, /WEB-INF/bean2.xml, </param-value>
</context-param>
```

另外，如果是 Web 项目，还需要在 web.xml 文件中添加如下代码，表示在 Web 项目汇总要使用 Spring 框架。

```
<listener>
    <listener-class>
    org.springframework.web.context.ContextLoaderListener
    </listener-class>
</listener>
```

这样，在 Web 项目启动的时候，就可以初始化 Spring 容器以及 Spring 容器中相应的 Bean，以便项目的其他 Web 组件使用。

如果项目的规模比较大，可以给每个模块创建一个配置文件。通过这种方式，编码时逻辑比较清晰，也更利于提高项目的可维护性和可扩展性。

3.2.3 Spring 的依赖注入

Spring 框架的核心功能之一就是通过依赖注入来管理 Bean 之间的依赖关系。

所谓的依赖注入(DI)，是指程序运行过程中，如果需要另一个对象协作时，无须在代码中创建被调用对象，而是通过容器自动创建被调用者对象。Spring 的依赖注入对调用者和被调用者几乎没有任何要求，完全支持对 POJO 之间依赖关系的管理。

通过依赖注入，可以保留抽象接口，让组件依赖于抽象接口。当组件要与其他实际的对象发生依赖关系时，需要通过抽象接口来注入依赖的实际对象。以往设置对象属性都通过 Java 类中的 set 方法实现，而 Spring 则是通过其配置文件设置的。

在依赖注入模式下，因为创建被调用者的工作不再由调用者来完成，所以也称为控制反转。创建被调用者的实例的工作通常由 Spring 容器来完成，然后注入调用者。依赖注入的属性类型可以是系统类型，也可以是用户自定义类型。依赖注入有以下两种方式。

➢ 设值注入：IoC 容器使用属性的 setter 方法来注入被依赖的实例。

➢ 构造注入：IoC 容器使用构造器来注入被依赖的实例。

下面以一个较为复杂的例子，来介绍这两种注入方式的不同。注意，这里要注入的属性类型是用户自定义类型。

1. 设值注入

假定人有说话和喝水的功能，人使用杯子装水，人又分为中国人和美国人，则可以定义 IPerson 接口和 ICup 接口，其代码分别如下：

```
public interface IPerson {
    //说话
    public void sayHello();
    //喝水
    public void drink();
}

public interface ICup {
    //杯子可以装水
  public void fillWater();
}
```

定义两种杯子，如纸杯和玻璃杯，代码分别如下：

```
//纸杯
public class PaperCup implements ICup {
  //杯子的颜色
    private String color;
    public void setColor(String color) {
        this.color = color;
    }
    @Override
    public void fillWater() {
        System.out.println("使用"+this.color+"颜色的纸杯喝水。");
    }
}

//玻璃杯
public class GlassCup implements ICup {
    //杯子的颜色
    private String color;

    public void setColor(String color) {
        this.color = color;
    }
    @Override
    public void fillWater() {
        System.out.println("使用"+this.color+"颜色的玻璃杯喝水。");
    }
}
```

接着定义两种人，即中国人和美国人，代码分别如下：

```
//中国人
public class Chinese implements IPerson{
    private String name;
    private ICup cup;
    public String getName() {
        return name;
    }
```

```
    public void setName(String name) {
        this.name = name;
    }
    public ICup getCup() {
        return cup;
    }
    public void setCup(ICup cup) {
        this.cup = cup;
    }
    @Override
    public void sayHello()
    {
        System.out.println(name+"说，你好");
    }
    @Override
    public void drink() {
        this.cup.fillWater();
    }
}

//美国人
public class American implements IPerson {
    private String name;
    private ICup cup;
    public String getName() {
        return name;
    }
    public void setName(String name) {
        this.name = name;
    }
    public ICup getCup() {
        return cup;
    }
    public void setCup(ICup cup) {
        this.cup = cup;
    }
    public void sayHello()
    {
        System.out.println(name+"say,hello.");
    }
    @Override
    public void drink() {
        this.cup.fillWater();
    }
}
```

然后定义设值注入的配置文件，如下所示：

```
<bean id="paperCup" class="dps.bean.PaperCup">
    <property name="color" value="白" />
</bean>
<bean id="glassCup" class="dps.bean.GlassCup">
    <property name="color" value="黑" />
</bean>
<bean id="chinese" class="dps.bean.Chinese">
    <property name="name" value="张三" />
    <property name="cup" ref="glassCup"/>
</bean>
```

最后，编写一个测试程序进行验证，代码如下：

```
    public static void main(String[] args) {
        // 读取 Spring 配置文件
        ApplicationContext act =new
       ClassPathXmlApplicationContext("applicationContext.xml");
        //从 Spring 容器中获取 id 为 p1 的 bean
        IPerson chinese=act.getBean("chinese",IPerson.class);
        chinese.sayHello();
        chinese.drink();
    }
```

运行结果如图 3.3 所示。

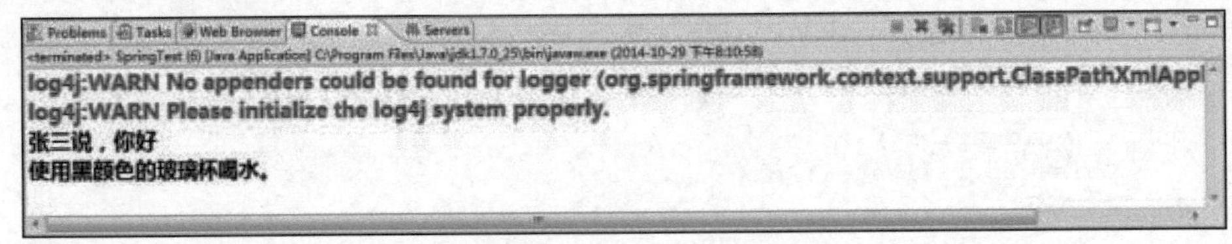

图 3.3　控制台信息

上述代码及运行结果可以看出，设值注入实际是调用相应属性的 set 方法，来达到赋值的目的。对于设值注入的全部流程，可以总结如下。

- 被依赖的属性需要定义 set 方法。
- 配置文件中使用<property>标签。如果是简单属性，则使用 value 赋值；如果是复杂属性，则使用 ref 赋值。

2. 构造注入

对于上述代码，如果采用构造注入，就要修改 Chinese 类以及相应的配置文件。修改后的 Chinese 类代码如下：

```
//中国人
public class Chinese implements IPerson{
     private String name;
     private ICup cup;
    public Chinese()
    {
    }
    public Chinese(String name,ICup c)
    {
     this.name = name;
     this.cup = c;
    }
     @Override
     public void sayHello()
     {
          System.out.println(name+"说，你好");
     }
     @Override
     public void drink() {
          this.cup.fillWater();
     }
}
```

修改后的配置文件如下：

```
    <bean id="paperCup" class="dps.bean.PaperCup">
```

```
        <property name="color" value="白" />
    </bean>
    <bean id="glassCup" class="dps.bean.GlassCup">
        <property name="color" value="黑" />
    </bean>

    <bean id="chinese" class="dps.bean.Chinese">
        <constructor-arg value="李四" index="0"/>
        <constructor-arg ref="glassCup" index="1"/>
    </bean>
```

测试代码不变，运行结果如图 3.4 所示。

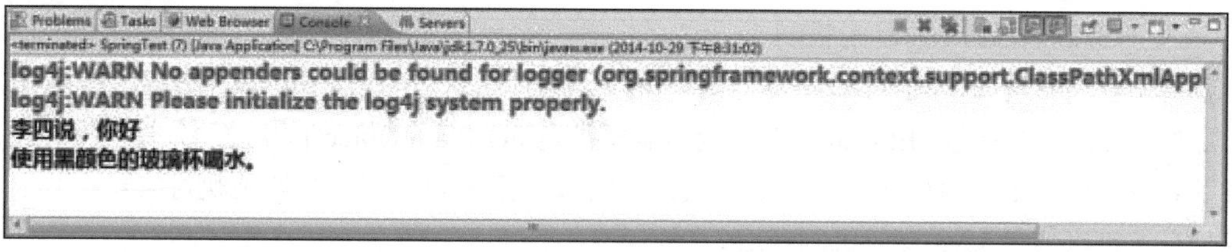

```
log4j:WARN No appenders could be found for logger (org.springframework.context.support.ClassPathXmlAppl
log4j:WARN Please initialize the log4j system properly.
李四说，你好
使用黑颜色的玻璃杯喝水。
```

图 3.4　控制台信息

从修改后的代码及运行结果可以看出，构造注入实际通过配置文件调用相应类的构造方法，实现属性赋值的目的。

看完上面的两个例子后，下面对两种注入方式进行简单总结。

(1) 对于设值注入方式，具有以下使用特性：

- 对于习惯了传统 Java Bean 开发的程序员而言，通过 setter 方法设定依赖关系显得更加直观、自然。
- 如果依赖关系(或继承关系)较为复杂，那么构造子注入模式的构造函数也会相当庞大(需要在构造函数中设定所有依赖关系)，此时设值注入模式往往更为简洁。
- 对于某些第三方类库而言，可能要求组件必须提供一个默认的构造函数(如 Struts 中的 Action)，此时构造注入类型的依赖注入机制就体现出其局限性，难以完成期望的功能。

(2) 对于构造注入方式，具有以下使用特性：

- “在构造期即创建一个完整、合法的对象”，对于这条 Java 设计原则，构造注入无疑是最好的响应者。
- 避免了烦琐的 setter 方法的编写，所有依赖关系均在构造函数中设定，依赖关系集中呈现，更加易读。
- 由于没有 setter 方法，依赖关系在构造时由容器一次性设定，因此组件在被创建之后即处于相对“不变”的稳定状态，无须担心上层代码在调用过程中执行 setter 方法对组件依赖关系造成破坏，特别是对于 Singleton 模式的组件而言，这可能对整个系统产生巨大的影响。
- 由于关联关系仅在构造函数中表达，因此只有组件创建者需要关心组件内部的依赖关系。对调用者而言，组件中的依赖关系处于黑盒之中。这样不仅对上层屏蔽不必要的信息，而且为系统的层次清晰性提供了保证。
- 通过使用构造注入，意味着可以在构造函数中决定依赖关系的注入顺序。对于一个大量依赖外部服务的组件而言，依赖关系的获得顺序可能非常重要，比如某个依赖关系注入的先决条件是组件的 DataSource 及相关资源已经被设定。

一般来说，建议采用以设值注入为主，构造注入为辅的注入策略。对于依赖关系无须变化的注入，尽量采用构造注入；而其他依赖关系的注入，则考虑采用设值注入。

3.2.4 Spring 的注释配置

Spring 框架中提供了大量的注释配置功能，能完成和传统 XML 文件相同的功能。一般来说，注释配置相对于 XML 配置具有很多的优势。

1. 更充分利用 Java 的反射机制

注释配置可以充分利用 Java 的反射机制获取类结构信息，这些信息可以有效减少配置的工作。如使用 JPA 注释配置 ORM 映射时，就不需要指定 PO(Plain Object)的属性名、类型等信息。如果关系表字段和 PO 属性名、类型都一致，开发者甚至无须编写任务属性映射信息——因为这些信息都可以通过 Java 反射机制获取。

2. 能增强程序的内聚性

注释和 Java 代码位于一个文件中，而 XML 配置采用独立的配置文件。大多数配置信息在程序开发完成后都不会调整，如果配置信息和 Java 代码放在一起，有助于增强程序的内聚性。而采用独立的 XML 配置文件，程序员在编写一个功能时，往往需要在程序文件和配置文件中不停切换，这种思维上的不连贯会降低开发效率。

在很多情况下，注释配置比 XML 配置更受欢迎，目前在实际开发中也大量使用。Spring 2.5 引入了很多注释类，现在开发者已经可以使用注释配置完成大部分 XML 配置的功能。

以下将对 Spring 中提供的@Autowired 注解进行简要介绍。Spring 2.5 引入了@Autowired 注释，它可以对类成员变量、方法及构造函数进行标注，完成自动装配的工作。下面来学习一下使用@Autowired 进行成员变量自动注入的代码：

```
//中国人
public class Chinese implements IPerson{
    @Autowired
private String name;
@Autowired
    private ICup cup;
…
}
```

在设值注入的配置文件中，进行如下修改：

```
<!-- 该 BeanPostProcessor 将自动起作用，对标注 @Autowired 的 Bean 进行自动注入-->
<bean class="org.springframework.beans.factory.annotation.
AutowiredAnnotationBeanPostProcessor"/>
<bean id="paperCup" class="dps.bean.PaperCup">
    <property name="color" value="白" />
</bean>
<!-- 移除 chinese Bean 的属性注入配置的信息 -->
    <bean id="chinese" class="dps.bean.Chinese">
    </bean>
```

这样，当 Spring 容器启动时，AutowiredAnnotationBeanPostProcessor 将扫描 Spring 容器中所有 Bean。当发现 Bean 中拥有@Autowired 注释时，就找到和其匹配(默认按类型匹配)的 Bean，

并注入对应的地方中去。按照上面的配置，Spring 将直接采用 Java 反射机制 Chinese 中的 name 和 ICup 这两个私有成员变量进行自动注入。在对成员变量使用@Autowired 后，可将它们的 setter 方法从 Chinese 类中删除。

除了@Autowired 注释外，Spring 还提供了其他的注释，如@Component、@Resource、@Scope 等注释，能显著提高开发效率。

3.3 高级用法

在对 Spring 框架的基本使用流程了解之后，本节介绍其高级用法。Spring 框架的高级用法包括后处理器、资源访问、AOP 机制及事务管理。Spring 框架允许开发者使用两种后处理器扩展 IoC 容器，这两种后处理器可以后处理 IoC 容器本身或对容器中所有的 Bean 进行后处理。IoC 容器还提供了 AOP 功能，极大丰富了 Spring 容器的功能。

3.3.1 Spring 的后处理器

Spring 框架提供了良好的扩展性，除了可以与各种第三方框架良好整合外，其 IoC 容器也允许开发者进行扩展。这种扩展并不是通过实现 BeanFactory 或 ApplicationContext 的子类，而是通过两个后处理器对 IoC 容器进行扩展。所谓后处理器，其实就是通过统一的方式，对功能模块的功能进行增强。下面将分别介绍 Spring 的两种常用后处理器。

1. Bean 后处理器

Bean 后处理器会对容器中特定的 Bean 进行定制，例如功能的加强。Bean 后处理器必须实现 BeanPostProcessor 接口，这个接口中包含如下两个方法。

- Object postProcessBeforeInitialization(Object bean ,String name) throws BeansException。该方法的第一个参数是系统将要后处理的 Bean 实例，第二个参数是该 Bean 实例的名字。
- Object postProcessAfterInitialization(Object bean ,String name) throws BeansException。同样地，该方法的第一个参数是系统将要后处理的 Bean 实例，第二个参数是该 Bean 实例的名字。

实现 Bean 后处理器必须实现这两个方法，它们用于对 Bean 实例实行增强处理，并会在目标 Bean 初始化之前和之后分别被回调。下面来看一个使用 Bean 后处理器增强功能的例子。

首先，定义一个 Bean 后处理器，代码如下：

```
public class MyBeanPostProcessor implements BeanPostProcessor {
    @Override
    public Object postProcessAfterInitialization(Object bean, String beanName)
        throws BeansException {
            System.out.println("Bean 后处理器在初始化之前对"+beanName+"进行增强处理");
            return bean;
        }
    @Override
    public Object postProcessBeforeInitialization(Object bean, String beanName)
```

```
            throws BeansException {
                System.out.println("Bean 后处理器在初始化之后对"+beanName+"进行增强处理");
                //如果该 bean 是 Person 类的实例，则改变其属性值
                if(bean instanceof Person){
                    Person p=(Person)bean;
                     p.setName("段鹏松");
                }
                return bean;
            }
    }
```

其次，定义一个 Person 类，并实现 InitializingBean 接口，其代码如下：

```
public class Person implements InitializingBean {
    private String name;
    public void setName(String name) {
        System.out.println("Spring 执行依赖关系注入------setName 方法");
         this.name = name;
    }
    public Person(){
         System.out.println("Spring 实例化 bean :Person bean 实例------Person 构造函数");
    }
    public void information() {
         System.out.print("这个人的名字是：" + name);
    }
    public void init(){
         System.out.println("正在执行初始化 ----------- init 方法");
    }
    @Override
    public void afterPropertiesSet() throws Exception {
         System.out.println("正在执行 ----------- afterPropertiesSet 方法");
    }
}
```

然后，在 applicationContext.xml 文件中配置 Bean 后处理器，其配置方法与普通 Bean 完全一样。但是如果程序无须获取 Bean 后处理器，在配置文件中就可以不用为该后处理器指定 id 属性。详细的配置文件如下：

```
<bean id="p1" class="dps.bean.Person" init-method="init">
    <property name="name" value="张三" />
</bean>
<!-- 所有 Bean 的默认后处理器 -->
<bean id="beanPostProcessor" class="com.beanPostProcessor.MyBeanPostProcessor"/>
```

最后，下一个测试程序，代码如下：

```
public static void main(String[] args) {
    // 读取 Spring 配置文件
    ApplicationContext act =new ClassPathXmlApplicationContext
    ("applicationContext.xml");
    //从 Spring 容器中获取 id 为 p1 的 bean
    Person p1=act.getBean("p1",Person.class);
    p1.information();
}
```

运行结果如图 3.5 所示。

```
Spring 实例化bean :Person bean实例------Person构造函数
Spring 执行依赖关系注入------setName方法
Bean后处理器在初始化之后对p1进行增强处理
Spring 执行依赖关系注入------setName方法
正在执行 ---------- afterPropertiesSet方法
正在执行初始化 ---------- init方法
Bean后处理器在初始化之前对p1进行增强处理
这个人的名字是：段鹏松
```

图 3.5　控制台信息

从上面结果可以看出，由于使用了 Bean 后处理器，因此不管 Person bean 如何初始化，总是将其 name 属性设置为“段鹏松”。

2. 容器后处理器

和 Bean 后处理器不同的是，容器后处理器是对 IoC 容器进行特定的后处理。Bean 后处理器负责后处理容器生成的所有 Bean，而容器后处理器则负责后处理容器本身。

容器后处理器必须实现 BeanFactoryPostProcessor 接口，要实现该接口就必须实现如下方法：

```
void postProcessBeanFactory(ConfigurableListableBeanFactory beanFactory)
```

实现该方法的方法体就是对 Spring 容器进行的处理，这种处理可以对 Spring 容器进行任意的扩展，当然，也可以对 Spring 容器不进行任何处理。

类似于 BeanPostProcessor，ApplicationContext 可自动检测到容器中的容器后处理器，并且自动注册容器后处理器。但若使用 BeanFactory 作为 Spring 容器，则必须手动注册后处理器。

Spring 中提供了以下几个常用的容器后处理器。

- PropertyPlaceholderConfigurer：属性占位符配置器。
- PropertyOverrideConfigurer：重写占位符配置器。
- CustomAutowireConfigurer：自定义自动装配的配置器。
- CustomScopeConfigurer：自定义作用域的配置器。

首先，定义一个容器后处理器类，代码如下：

```
public class MyBeanFactoryPostProcessor implements BeanFactoryPostProcessor {
    @Override
    public void postProcessBeanFactory(ConfigurableListableBeanFactory beanFactory)
        throws BeansException {
            System.out.println("程序对 Spring 所做的 BeanFactory 的初始化没有改变");
            System.out.println("spring 的容器是"+beanFactory);
    }
}
```

然后，将上述容器后处理器类配置到 Spring 容器中，具体代码如下：

```
<bean id="p1" class="dps.bean.Person" init-method="init">
    <property name="name" value="张三" />
</bean>
<!-- 配置容器后处理器 -->
<bean  class="com.beanFactoryProcessor.MyBeanFactoryPostProcessor"/>
```

Person 类和测试代码使用与 Bean 后处理器例子中的相同代码，在此不再赘述。运行测试代码，结果如图 3.6 所示。

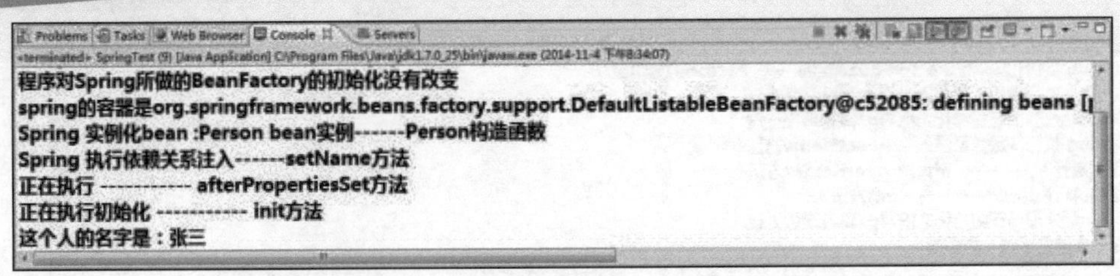

图 3.6　控制台信息

从运行结果可以看出，在使用了 ApplicationContext 为 Spring 的容器之后，ApplicationContext 自动搜索容器中所有实现了 BeanPostProcessor 和 BeanFactoryPostProcessor 接口的类，并将它们注册成为 Bean 或容器后处理器。因为在配置文件中去掉了 Bean 后处理器的配置，所以 Person bean 的属性值没有改变。

如果有需要，程序可以配置多个容器后处理器，并用 order 属性来控制后处理器的执行次序。

3.3.2　Spring 的资源访问

Spring 把所有能记录信息的载体，如各种类型的文件、二进制流等都称为资源。对 Spring 开发者来说，最常用的资源就是 Spring 配置文件(通常是一份 XML 格式的文件)。在 Sun 所提供的标准 API 中，资源访问通常由 java.net.URL 和文件 IO 来完成，当需要访问来自网络的资源时，通常会选择 URL 类。

Spring 改进了 Java 资源访问的策略，为资源访问提供了一个 Resource 接口，该接口提供了更强的资源访问能力，Spring 框架本身也大量使用了 Resource 来访问底层资源。Resource 接口本身没有提供访问任何底层资源的实现逻辑，针对不同的底层资源，Spring 将会提供不同的 Resource 实现类，不同的实现类负责不同的资源访问逻辑。Resource 接口的实现类如下。

- UrlResource：访问网络资源的实现类。
- ClassPathResource：访问类加载路径里资源的实现类。
- FileSystemResource：访问文件系统里资源的实现类。
- ServletContextResource：访问相对于 ServletContext 路径里的资源的实现类。
- InputStreamResource：访问输入流资源的实现类。
- ByteArrayResource：访问字节数组资源的实现类。

上述的 Resource 实现类，针对不同的底层资源，提供了相应的资源访问逻辑，并提供了便捷的包装，以便于客户端程序的资源访问。Spring 中常用的资源访问类有 ClassPathResource 和 FileSystemResource，以下将简单予以介绍。

1. ClassPathResource 类

ClassPathResource 类用来访问类加载路径下的资源。相对于其他的 Resource 实现类，其主要优势是方便访问类加载路径里的资源。尤其对于 Web 应用，ClassPathResource 类可自动搜索位于 WEB-INF/classes 下的资源文件，无须使用绝对路径访问。以下示例是使用 ClassPathResource 类访问类加载路径下的 student.xml 文件。

首先，定义待访问的 student.xml 文件，代码如下：

```
<?xml version="1.0" encoding="utf-8"?>
<学生列表>
    <学生>
        <姓名>张三</姓名>
        <学号>2012776001</学号>
        <年龄>20</年龄>
    </学生>
    <学生>
        <姓名>李四</姓名>
        <学号>2012776002</学号>
        <年龄>21</年龄>
    </学生>
</学生列表>
```

其次，使用 ClassPathResource 类访问 student.xml 文件，代码如下：

```
//使用 ClassPathResource 访问资源
public class ClassPathResourceTest
{
    public static void main(String[] args) throws Exception{
        //创建一个 Resource 对象，从类加载路径里读取资源
        ClassPathResource cr = new ClassPathResource("student.xml");
        //获取该资源的简单信息
        System.out.println(cr.getFilename());
        System.out.println(cr.getDescription());
        //创建 Dom4j 的解析器
        SAXReader reader = new SAXReader();
        Document doc = reader.read(cr.getFile());
        //获取根元素
        Element el = doc.getRootElement();
        List l = el.elements();
        //遍历根元素的全部子元素
        for (Iterator it1 = l.iterator();it1.hasNext() ; )
        {
            //获取节点
            Element student = (Element)it1.next();
            List ll = student.elements();
            //遍历每个节点的全部子节点
            for (Iterator it2 = ll.iterator();it2.hasNext() ; )
            {
                Element eee = (Element)it2.next();
                System.out.println(eee.getText());
            }
        }
    }
}
```

最后，进行验证，运行结果如图 3.7 所示。

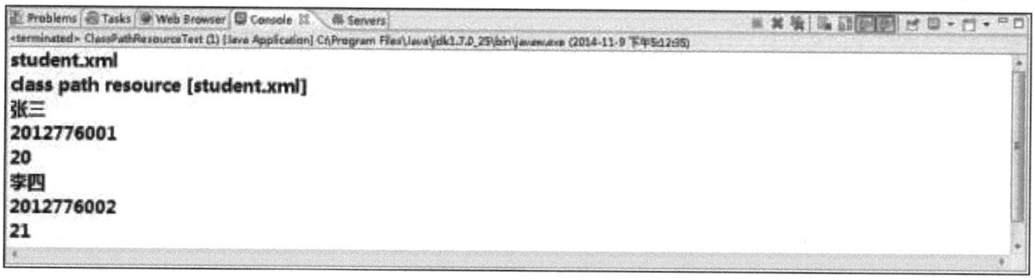

```
Problems | Tasks | Web Browser | Console | Servers
<terminated> ClassPathResourceTest (1) [Java Application] C:\Program Files\Java\jdk1.7.0_25\bin\javaw.exe (2014-11-9 下午5:12:35)
student.xml
class path resource [student.xml]
张三
2012776001
20
李四
2012776002
21
```

图 3.7　控制台信息

注意

上述代码运行时，因为要解析 xml 文件，所以需要添加 dom4j.jar 包。

2. FileSystemResource 类

FileSystemResource 类用于访问文件系统资源。使用 FileSystemResource 类来访问文件系统资源并没有太大的优势，是因为 Java 提供的 File 类也可用于访问文件系统资源。不过，使用 FileSystemResource 类可消除底层资源访问的差异，程序通过统一的 ResourceAPI 来进行资源访问。

下面程序是使用 FileSystemResource 类来访问文件系统资源的示例程序(访问的仍然是上例中的 student.xml 文件)，代码如下：

```
//使用 FileSystemResource 访问资源
public class ClassPathResourceTest
{
    public static void main(String[] args) throws Exception
    {
        //默认从文件系统的当前路径加载 student.xml 资源
        FileSystemResource fr = new FileSystemResource("student.xml");
        //获取该资源的简单信息
        System.out.println(fr.getFilename());
        System.out.println(fr.getDescription());
        //创建 Dom4j 的解析器
        SAXReader reader = new SAXReader();
        Document doc = reader.read(fr.getFile());
        //获取根元素
        Element el = doc.getRootElement();
        List l = el.elements();
        //遍历根元素的全部子元素
        for (Iterator it1 = l.iterator();it1.hasNext() ; )
        {
            //获取节点
            Element student = (Element)it1.next();
            List ll = student.elements();
            //遍历每个节点的全部子节点
            for (Iterator it2 = ll.iterator();it2.hasNext() ; )
            {
                Element eee = (Element)it2.next();
                System.out.println(eee.getText());
            }
        }
    }
}
```

运行结果如图 3.8 所示。

```
student.xml
file [D:\workspace\SpringClassPathResource\student.xml]
张三
2012776001
20
李四
2012776002
21
```

图 3.8　控制台信息

从上述代码可以看出，FileSystemResource 类在 File 类以外，提供了一种新的文件访问方式。在实际开发中，开发者可以根据应用的不同场景，使用不同的资源访问方式。

3.3.3 Spring 的 AOP 机制

Spring 中的 AOP 机制，经常称为面向切面编程的技术。AOP 基于 IoC 基础，是对 OOP(Object Oriented Programming)的有益补充，是代码之间解耦的一种实现。可以如下理解，面向对象编程是从静态角度考虑程序结构，面向切面编程是从动态角度考虑程序运行过程。

1. AOP 基础知识

在 AOP 编程机制中，将应用系统分为两部分。

- 核心业务逻辑(Core business concerns)。
- 横向的通用逻辑，也就是所谓的方面(Crosscutting enterprise concerns)。

在实际开发中，AOP 编程机制的使用场景较多，如大中型应用都要涉及的持久化管理(Persistent)、事务管理(Transaction Management)、安全管理(Security)、日志管理(Logging)和调试管理(Debugging)等。

AOP 的底层实现原理实际上是 Java 语言的动态代理机制。AOP 代理是由 AOP 框架动态生成一个对象，该对象可作为目标对象使用。AOP 代理包含了目标对象的全部方法，但代理中的方法与目标对象的方法存在差异。AOP 方法在特定切入点添加了增强处理，并回调了目标对象的方法。Spring 的 AOP 机制通常和 IoC 配合使用，这个过程中需要程序员参与的有 3 个部分。

- 定义普通业务组件。
- 定义切入点，一个切入点可以横切多个业务组件。
- 定义增强处理，增强处理就是在 AOP 框架为普通业务组件织入的处理动作。

在 Spring 框架中，有如下 2 种方式来定义切入点和增强处理：

- Annotation 配置方式：使用@Aspect、@Pointcut 等注释来标注切入点和增强处理。
- xml 配置方式；使用 xml 配置文件来定义切入点和增强处理。

2. AOP 应用案例

本节将介绍一个较复杂的 AOP 应用案例，假设本实例场景如下。

- 用户可以执行的操作有两种：read 和 write。
- 在执行相应操作之前，会通过 AOP 来判断用户的用户名，判断规则如下：
  - ✓ 如果用户名为 admin，则 read 和 write 操作均可执行。
  - ✓ 如果用户名为 register，则只能执行 read 操作。
  - ✓ 如果是其他用户名，则没有任何操作权限。
- 用户操作之后，对用户操作行为进行日志记录。

(1) 定义用户类 User，代码如下：

```
//用户类
public class User {
    private String username;
    public String getUsername() {
        return username;
```

```
    }
    public void setUsername(String username) {
        this.username = username;
    }
}
```

(2) 定义用户操作的实际接口及其实现类，代码如下：

```
//真实接口
public interface UserDao {
    void view();
    void modify();
}

//真实接口实现
public class UserDaoImpl implements UserDao {
    public void modify() {
        System.out.println("执行修改操作");
    }
    public void view() {
        System.out.println("执行查询操作");
    }
}
```

(3) 定义用户操作的代理接口及其实现类，代码如下：

```
//代理接口
public interface UserService {
    void view();
    void modify();
}

//代理接口实现
public class UserServiceImpl implements UserService {
    private UserDao testDao;
    public void setTestDao(UserDao testDao) {
        this.testDao = testDao;
    }
    public void modify() {
        testDao.modify();
    }
    public void view() {
        testDao.view();
    }
}
```

(4) 定义用户操作权限拦截器，代码如下：

```
//权限验证拦截器
public class AuthorityInterceptor implements MethodInterceptor {
    private User user;
    public void setUser(User user) {
        this.user = user;
    }
    public Object invoke(MethodInvocation arg0) throws Throwable {
        System.out.println("==拦截器===权限验证开始======");
        String username = this.user.getUsername();
        String methodName = arg0.getMethod().getName();
        if(!username.equals("admin")&&!username.equals("register"))
        {
            System.out.println("没有任何执行权限");
            return null;
```

```
        }
        else if(username.equals("register") && methodName.equals("modify"))
        {
            System.out.println("register 用户没有 write 权限");
            return null;
        }
        else
        {
            Object obj = arg0.proceed();
            System.out.println("==拦截器===权限验证结束======");
            System.out.println();
            return obj;
        }
    }
}
```

(5) 定义用户操作日志拦截器，代码如下：

```
//日志记录拦截器
public class LogInterceptor implements MethodInterceptor {
    public Object invoke(MethodInvocation arg0) throws Throwable {
        String methodName = arg0.getMethod().getName();
        Object obj  =  arg0.proceed();
        System.out.println("==拦截器===日志记录： 尝试执行"+methodName+"方法");
        return obj;
    }
}
```

(6) 编辑 Spring 的配置文件，代码如下：

```
<?xml version="1.0" encoding="UTF-8"?>
<beans
    xmlns="http://www.springframework.org/schema/beans"
    xmlns:xsi="http://www.w3.org/2001/XMLSchema-instance"
    xsi:schemaLocation="http://www.springframework.org/schema/beans
   http://www.springframework.org/schema/beans/spring-beans-2.5.xsd">
    <!--   定义三类 User  -->
    <bean id = "admin" class="dps.bean.User">
       <property name="username" value="admin"/>
    </bean>
    <bean id = "register" class="dps.bean.User">
       <property name="username" value="register"/>
    </bean>
    <bean id = "other" class="dps.bean.User">
       <property name="username" value="other"/>
    </bean>

    <!--   目标 bean 定义  -->
    <bean id ="serviceTarget" class="dps.dao.UserDaoImpl" />
    <!--   日志拦截器定义  -->
    <bean id="logInterceptor" class="dps.interceptor.LogInterceptor"/>
    <!--   权限验证拦截器定义  -->
    <bean id="authorityInterceptor" class="dps.interceptor.AuthorityInterceptor">
        <property name="user"  ref="other"/>
    </bean>
    <!--   AOP 代理设置  -->
    <bean id="service" class="org.springframework.aop.framework.ProxyFactoryBean">
        <property name="proxyInterfaces" value="dps.dao.UserDao"></property>
        <property name="target" ref="serviceTarget"></property>
        <property name="interceptorNames">
            <list>
```

```
                <value>authorityInterceptor</value>
                <value>logInterceptor</value>
            </list>
        </property>
    </bean>
    <!-- 供测试端调用的代理 bean 定义-->
    <bean id="test" class="dps.service.UserServiceImpl">
        <property name="testDao" ref="service"></property>
    </bean>
</beans>
```

(7) 定义测试类，代码如下：

```
//测试代码
public class Client {
    public static void main(String[] args) {
        XmlBeanFactory factory =
            new XmlBeanFactory(new ClassPathResource("applicationContext.xml"));
            UserService p = (UserService)factory.getBean("test");
            p.view();
            p.modify();
    }
}
```

(8) 运行结果。

① 如果是 admin 操作，则运行结果如图 3.9 所示。

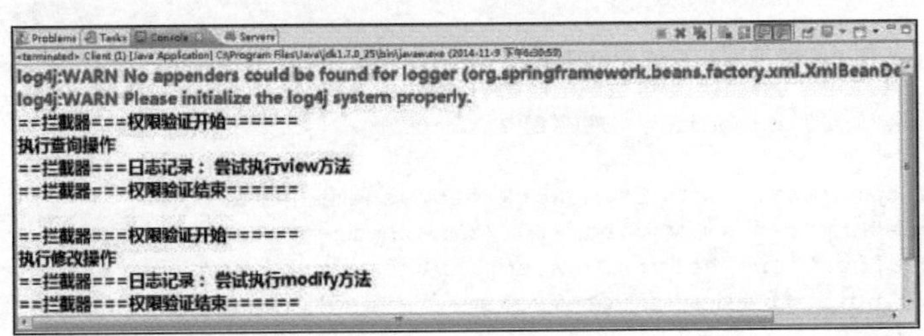

图 3.9　控制台信息(1)

② 如果是 register 操作，则运行结果如图 3.10 所示。

```
log4j:WARN No appenders could be found for logger (org.springframework.beans.factory.xml.XmlBeanDe
log4j:WARN Please initialize the log4j system properly.
==拦截器===权限验证开始======
执行查询操作
==拦截器===日志记录：尝试执行view方法
==拦截器===权限验证结束======

==拦截器===权限验证开始======
register用户没有write权限
```

图 3.10　控制台信息(2)

③ 如果是 other 操作，则运行结果如图 3.11 所示。

```
log4j:WARN No appenders could be found for logger (org.springframework.beans.factory.xml.XmlBeanDe
log4j:WARN Please initialize the log4j system properly.
==拦截器===权限验证开始======
没有任何执行权限
==拦截器===权限验证开始======
没有任何执行权限
```

图 3.11　控制台信息(3)

从上述代码中可以看出，使用了 AOP，相当于是把权限验证、日志记录这两个通用操作通过 Spring 配置文件横切到代码中。在测试代码中，虽然并不能看到这两个通用操作的显示调用，但是实际上每个操作之前都会调用这两个通用拦截器。通过 AOP，实现了通用操作和业务逻辑的代码解耦，简化了客户端的代码逻辑，更有利于程序的模块化开发和后期的维护操作。

3.3.4 Spring 的事务管理

通常来说，Java Web 项目都会涉及数据库操作，而数据库操作又离不开事务管理。优秀的数据库支持框架，一般都具有良好的事务管理功能，Spring 也不例外。Spring 框架属于“一站式解决方案”，其中也包括对数据库事务管理的支持。本节将对数据库事务的基本概念及 Spring 框架的事务管理机制进行简要介绍。

1. 概述

事务是逻辑上一组完整的数据库操作，要么都执行，要么都不执行。事务遵守 ACID 原则，具有以下四个特性。

- 原子性(Atomicity)：事务的原子性是指事务中的操作不可拆分，只允许全部执行或者全部不执行。
- 一致性(Consistency)：事务的一致性是指事务的执行不能破坏数据库的一致性，一致性也称为完整性。一个事务在执行后，数据库必须从一个一致性状态转变为另一个一致性状态。
- 隔离性(Isolation)：事务的隔离性是指并发的事务相互隔离，不能互相干扰。
- 持久性(Durability)：事务的持久性是指事务一旦提交，对数据的状态变更应该被永久保存。

Spring 事务管理的本质其实就是依靠数据库本身对事务的支持，如果数据库引擎不支持事务，Spring 本身也是不能提供事务功能的。在 JDBC 操作数据库时，如果需要用到事务，则操作步骤如下：

```
// 获取连接
Connection conn = DriverManager.getConnection();
// 开启事务
// 执行语句
// 提交事务、回滚事务
// 关闭连接
```

使用 Spring 事务管理功能之后，开发者可以不再需要手动在每个地方去处理事务的开启和关闭。在 Spring 中，通过注解@Transaction 实现事务驱动：提交事务、异常回滚事务。Spring 在启动的时候会去解析生成相关的 Bean，这时会查看拥有相关注解的类和方法，并且为这些类和方法生成动态代理，再根据@Transaction 的相关参数进行配置注入，这样 Spring 就在代理中把相关的事务处理完成了。

2. 事务控制参数

针对数据库事务的不同控制策略，如事务的传播、事务的隔离和事务的嵌套等，Spring 框架提供了相应的控制参数。

(1) 事务的传播。当多个事务同时存在的时候，Spring 应该如何处理这些事务的行为呢？这里涉及事务传播属性这一部分，这些属性在 TransactionDefinition 中定义，具体常量值如下。

- TransactionDefinition.PROPAGATION_REQUIRED：如果当前存在事务，则加入该事务；如果当前没有事务，则创建一个新的事务，这是其默认值。
- TransactionDefinition.PROPAGATION_REQUIRES_NEW：创建一个新的事务，如果当前存在事务，则把当前事务挂起。
- TransactionDefinition.PROPAGATION_SUPPORTS：如果当前存在事务，则加入该事务；如果当前没有事务，则以非事务的方式继续运行。
- TransactionDefinition.PROPAGATION_NOT_SUPPORTED：以非事务方式运行，如果当前存在事务，则把当前事务挂起。
- TransactionDefinition.PROPAGATION_NEVER：以非事务方式运行，如果当前存在事务，则抛出异常。
- TransactionDefinition.PROPAGATION_MANDATORY：如果当前存在事务，则加入该事务；如果当前没有事务，则抛出异常。
- TransactionDefinition.PROPAGATION_NESTED：如果当前存在事务，则创建一个事务作为当前事务的嵌套事务来运行；如果当前没有事务，则该取值等价于 TransactionDefinition.PROPAGATION_REQUIRED。

(2) 事务的隔离级别。隔离级别是指若干个并发的事务之间的隔离程度。TransactionDefinition 接口中定义了五个表示隔离级别的常量。

- TransactionDefinition.ISOLATION_DEFAULT：这是默认值，表示使用底层数据库的默认隔离级别。对大部分数据库而言，通常该值是 TransactionDefinition.ISOLATION_READ_COMMITTED。
- TransactionDefinition.ISOLATION_READ_UNCOMMITTED：该隔离级别表示一个事务可以读取另一个事务修改但还没有提交的数据。该级别不能防止脏读，不可重复读和幻读，因此很少使用该隔离级别。比如 PostgreSQL 实际上并没有此级别。
- TransactionDefinition.ISOLATION_READ_COMMITTED：该隔离级别表示一个事务只能读取另一个事务已经提交的数据。该级别可以防止脏读，这也是大多数情况下的推荐值。
- TransactionDefinition.ISOLATION_REPEATABLE_READ：该隔离级别表示一个事务在整个过程中可以多次重复执行某个查询，并且每次返回的记录都相同。该级别可以防止脏读和不可重复读。
- TransactionDefinition.ISOLATION_SERIALIZABLE：所有的事务依次逐个执行，这样事务之间就完全不可能产生干扰，也就是说，该级别可以防止脏读、不可重复读以及幻读。但是这将严重影响程序的性能，通常情况下也不会用到该级别。

(3) 事务嵌套。与事务嵌套相关的常量如下。

- PROPAGATION_REQUIRED：支持当前事务，如果当前没有事务，就新建一个事务。这是最常见的选择。

- PROPAGATION_SUPPORTS：支持当前事务，如果当前没有事务，就以非事务方式执行。
- PROPAGATION_MANDATORY：支持当前事务，如果当前没有事务，就抛出异常。
- PROPAGATION_REQUIRES_NEW：新建事务，如果当前存在事务，就把当前事务挂起。
- PROPAGATION_NOT_SUPPORTED：以非事务方式执行操作，如果当前存在事务，就把当前事务挂起。
- PROPAGATION_NEVER：以非事务方式执行，如果当前存在事务，则抛出异常。
- PROPAGATION_NESTED：如果当前存在事务，则在嵌套事务内执行。如果当前没有事务，则进行与 PROPAGATION_REQUIRED 类似的操作。

上述前六个策略类似于 EJB CMT，最后一个(PROPAGATION_NESTED)是 Spring 所提供的一个特殊变量，它要求事务管理器或者使用 JDBC 3.0 Savepoint API 提供嵌套事务行为(如 Spring 的 DataSourceTransactionManager)。

3. 事务类型

作为企业级应用程序框架，Spring 在不同的事务管理 API 之上又定义了一个抽象层。业务开发人员不必关注底层驱动事务管理的框架实现，就可以使用 Spring 的事务管理功能。Spring 同时支持编程式事务管理和声明式事务管理两种事务管理方式。

(1) 编程式事务管理：直接在业务方法逻辑中嵌入事务管理的代码，显式控制事务的提交和回滚。

(2) 声明式事务管理：将通用的事务管理代码从业务代码中抽离出来，以声明方式来实现事务管理。

事务管理作为一种横切关注点，可以通过 AOP 方法模块化。Spring 通过 Spring AOP 框架支持声明式事务，并从不同的事务管理 API 中抽象出一整套的事务机制。因此，开发人员不必了解底层事务 API，就可以利用这些事务机制。有了这些事务机制，事务管理代码就能独立于特定的事务技术。

Spring 允许简单地通过使用@Transactional 注解来标注事务方法。为了将方法定义为支持事务处理，可以为方法添加@Transactional 注解，根据 Spring AOP 基于代理机制，只能标注 public 方法。同时也可以在方法或者类级别上添加@Transactional 注解，当把这个注解应用到类上时，这个类中的所有 public 方法都会被定义为支持事务处理。

```
@Transactional
public void testTransaction(User user) {
    // 增加用户
    int rowNum = userMapper.addUser(user);
    // 查询用户
    List<User> userList = userMapper.selectUsers();
}
```

默认情况下，如果被注解的数据库操作方法发生了 Unchecked Exception 或 Error，所有的数据库操作将回滚；如果发生的是 Checked Exception，默认情况下数据库操作还是会提交的。这里主要取决于注解实现方式。这个事务是依赖数据库层的数据库表类型，需要时刻本身支持事务，回滚的操作也是数据库层控制的。

3.3.5 Spring 的事件机制

事件机制作为程序模块间通讯的重要方式，是程序设计必可不少的组成部分。在 Java SE 提供的事件机制基础之上，Spring 框架又有属于自己的事件处理机制。

1. 概述

一般来说，要实现完整的事件机制需要以下三个主要元素。

- 事件源。
- 事件监听器。
- 事件。

Java SE 提供了一系列自定义事件的标准，EventObject 为 Java SE 提供了事件类型基类，任何自定义事件都必须继承它。EventListener 是事件监听器的基类，Java SE 未提供事件源，应当由应用程序自行实现事件源角色。

Spring 提供 ApplicationEventPublisher 接口作为事件源，ApplicationContext 接口继承了该接口，担当事件源角色。ApplicationEventMulticaster 接口负责管理 ApplicationListener 和发布 ApplicationEvent，ApplicationContext 接口把事件的相关工作委托给 ApplicationEventMulticaster 的实现类来完成。

使用事件机制能帮助开发者显著减少不同业务间代码的耦合度，使代码结构更清晰。同时，事件可以配置异步，在部分情况下可以提高反馈效率。

2. 事件实现流程

相应地，Spring 的事件机制也是由对应的三个部分组成。

- ApplicationEvent：表示事件本身，自定义事件需要继承该类，可以用来传递数据。
- ApplicationEventPublisherAware：事件发送器，通过实现这个接口来触发事件。
- ApplicationListener：事件监听器接口，事件的业务逻辑封装在监听器里面。

下面通过实例来学习 Spring 的事件的使用流程。

(1) 首先创建事件类，继承自 ApplicationContextEvent 类。

```
import org.springframework.context.ApplicationContext;
import org.springframework.context.event.ApplicationContextEvent;
public class UnlockRecordEvent extends ApplicationContextEvent {
    private static final long serialVersionUID = 1L;
    public UnlockRecordEvent(ApplicationContext source) {
        super(source);
        System.out.println("开了个锁， 新增一条记录");
    }
}
```

(2) Application 发布事件。在成员变量处引入 ApplicationContext 类型变量，并通过该变量发布事件。

```
@Resource
ApplicationContext context;
```

方法业务逻辑中使用事件发布功能：

```
// 通过事件机制发送邮件
context.publishEvent(new UnlockRecordEvent(context));
```

(3) 通过注解监听事件触发，根据注解所在参数中的事件引用确定监听事件对象。

```
import org.springframework.context.event.EventListener;
import org.springframework.scheduling.annotation.Async;
import org.springframework.scheduling.annotation.EnableAsync;
import org.springframework.stereotype.Component;
@Component
@EnableAsync
public class MailListener {
    @Async
    @EventListener
    public void onApplicationEvent(UnlockRecordEvent event) {
        System.out.println("我监听到了一条开锁时间， 我想发个邮件通知下");
    }
}
```

上述代码中，注释@ EnableAsync 表示开启异步操作。上述实例可以看出，Spring 框架提供的事件机制功能强大，并且使用流程也较为简单。

3.4 本章小结

本章首先介绍了 Spring 框架的基本概念，包括其组成结构和使用优势；其次，通过示例介绍了 Spring 框架的基本使用流程，包括配置文件、依赖注入和注释配置等相关知识；最后，对 Spring 框架的一些高级特性进行了介绍，包括后处理器、资源访问、AOP 机制、事务管理和事件机制等，并有大量的示例程序辅助学习。

学习 Spring 框架之后，开发者可能觉得它的一些理念和传统程序设计完全不一样。这实际是软件开发的理念不断发展的结果，也是代码解耦方式的全新展现方式。对于 Spring 框架的设计理念，需要开发者在大量的实践后，才能有更深刻的理解和共鸣。

3.5 习题

3.5.1 单选题

1. 下面关于 Spring 的说法正确的是(　　)。

   A. Spring 是一个重量级的框架

   B. Spring 是一个轻量级的框架

   C. Spring 是一个入侵式的框架

   D. Spring 是仅仅是一个 IOC 容器

2. 下面是 Spring 依赖注入方式的是(　　)。

A. set 方法注入　　B. 构造方法注入

C. get 方法注入　　D. A，B 都是

3. 下面关于在 Spring 中配置 Bean 的 id 属性说法正确的是(　　)。

A. id 属性是必需的，没有 id 属性就会报错

B. id 属性不是必需的，可以没有

C. id 属性的值不可以重复

D. B，C 都正确

4. 下面关于在 Spring 中配置 Bean 的 name 属性的说法正确的是(　　)。

A. name 属性是必需的，没有 id 属性就会报错

B. name 属性不是必需的，可以没有

C. name 属性的值不可以重复

D. B，C 都正确

5. 下列关于设置注入的优点说法正确的是(　　)。

A. 构造期即创建一个完整、合法的对象

B. 需要写烦琐的 setter 方法

C. 对于复杂的依赖关系，设置注入更加简洁、直观

D. 以上说法都不正确

6. 下列关于构造注入的优点说法错误的是(　　)。

A. 构造期即创建一个完整、合法的对象

B. 不需要写烦琐的 setter 方法

C. 对于复杂的依赖关系，设置注入更加简洁、直观

D. 在构造函数中决定依赖关系的注入顺序

7. 在执行相应操作之前，会通过 AOP 来判断用户的用户名，下列哪一个判断规则不正确(　　)。

A. 如果用户名为 register，则只能执行 write 操作

B. 如果用户名为 admin，则 read 和 write 操作均可执行

C. 如果是其他用户名，则没有任何操作权限

D. 以上全部

8. 下列关于 AOP 的理解，正确的是(　　)。

A. 面向纵向开发　　B. 面向横向开发

C. AOP 关注的是空间　　D. AOP 关注的是点

9. 下列关于事务特性的叙述不正确的是(　　)。

A. 原子性：事务的原子性是指事务中的操作不可拆分，只允许全部执行

B. 一致性：事务的一致性是指事务的执行不能破坏数据库的一致性，一致性也称为完整性

C. 隔离性：事务的隔离性是指并发的事务相互隔离，不能互相干扰

D. 持久性：事务的持久性是指事务一旦提交，对数据的状态变更应该被永久保存

10. 下列关于 Bean 管理的阐述中，不正确的一项是(　　)。

A. Spring 自动注入有两种方式，分别为：按名称注入和按类型注入

B. @Autowired 是属于 JSR-250 标准，是属于 J2EE 的

C. @Autowired 默认按类型装配，默认情况下要求依赖对象必须存在

D. @Resource 默认按名称进行装配

3.5.2 填空题

1. ________框架由 Rod Johnson 开发，并将各组件要使用的服务等通过配置文件注入，减少了________________，降低了各部分之间的________程度，便于开发者进行________和________。

2. Spring 的两种常用后处理器分别为____________、____________。

3. Bean 后处理器会对________ ______进行定制；容器后处理器对____________进行特定的后处理。

4. 面向对象编程是从_______角度考虑程序结构，面向切面编程是从_______角度考虑程序运行过程。

5. AOP 将应用系统分为两部分,分别是_____________、________________。

6. 通过 AOP，实现了____________和____________的代码解耦，简化了________的代码逻辑，更有利于____________和____________。

7. Spring 框架的核心功能之一就是通过____________来管理 Bean 之间的依赖关系，___________有两种方式：______________、______________。

8. 要实现完整的事件机制需要三个主要元素：_________、________、______。

9. Spring 框架的功能是综合性的，所以又称其为_____________解决方法。

10. 通常来说，事务需要遵守ACID 原则，分别是_________、________、_________、________这四个原则。

3.5.3 简答题

1. 请简述 Spring 框架结构以及各部分功能。
2. 请简述 Spring 框架的优点。
3. 请简述 Spring 的两种后处理器的作用。
4. 什么是 AOP？AOP 的作用是什么？
5. 什么是依赖注入？依赖注入的意义是什么？依赖注入的方式都有哪些？
6. 事物的 ACID 特性是什么？
7. 请简述 Spring 同时支持的编程式事务管理和声明式事务管理两种事务管理方式。
8. 请简述 Spring 事件的实现流程。

3.6 实践环节

1. 使用 Spring 的依赖注入完成模拟砍柴操作。

【实验题目】

须完成的内容如下：

(1) 定义一个 IPerson 接口，并且定义若干个实现类。

(2) 定义一个 IAxe 接口，并且定义若干个实现类。

(3) 使用 Spring 的依赖注入完成模拟砍柴操作。

【实验目的】

(1) 掌握 Spring 框架的基本流程。

(2) 掌握 Spring 框架的依赖注入。

2. Spring 后处理器练习。

【实验题目】

须完成的内容如下：

(1) 定义一个 Bean，并且做好配置。

(2) 定义一个 Bean 后处理器，对上述 Bean 的功能进行增强。

(3) 定义一个容器后处理器，练习其功能。

【实验目的】

(1) 掌握 Bean 后处理器的定义和使用。

(2) 掌握容器后处理器的定义和使用。

第 4 章

Spring Boot框架

Spring Boot 是由 Pivotal 团队提供的全新框架，其设计目的是用来简化新 Spring 框架的初始搭建以及开发过程。利用 Spring Boot 框架，开发者通过少量的代码就能创建一个独立的、产品级别的 Spring 应用。在目前的 Java Web 开发中，Spring Boot 已经成为最重要的开发框架之一。本章主要对 Spring Boot 框架的使用方法进行简要介绍，包括 Spring Boot 框架和 Spring 框架的关系、Spring Boot 框架的基本用法和高级用法。为了使开发者更深入理解 Spring Boot 框架的原理，本章最后介绍了一个自定义 Spring Boot 框架的开发流程。通过本章的学习，读者可以对 Spring Boot 框架的基本使用流程有初步的了解，并且初步具备使用 Spring Boot 框架进行实际项目开发的能力。

本章学习目标

- ◎ 了解 Spring Boot 框架和 Spring 框架的关系
- ◎ 掌握 Spring Boot 框架的使用流程
- ◎ 掌握 Spring Boot 框架的基本用法
- ◎ 了解 Spring Boot 框架的高级用法
- ◎ 了解自定义 Spring Boot 框架的过程和方法

【内容结构】 ★为重点掌握

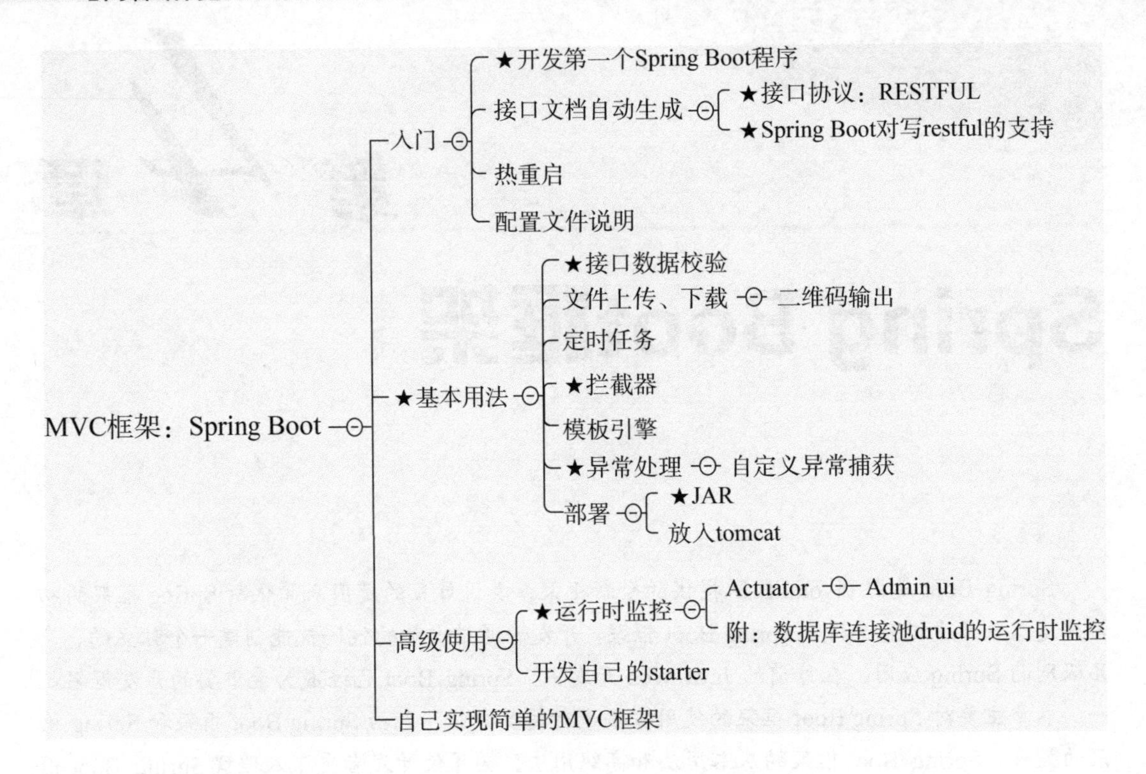

4.1 概述

Spring 框架简化了 Java Web 开发，并以轻量级的特点逐渐取代 EJB 成为 Java 企业级开发的主流框架。通过使用 XML 的配置方式，Spring 框架为 Java 企业级开发在解耦合方面做出了重大贡献，在逐渐构建自己生态的过程中也大大丰富了 Java 生态。但是在使用过程中，Spring 框架引入了大量配置文件，随着业务规模的增长，配置文件也开始越来越烦琐。一些开发者尝试简化 Spring 框架和其配置，Spring Boot 框架因此应运而生。

Spring Boot 框架是在 Spring4.0 基础之上进一步封装扩展而成的一个框架，其核心依然是 Spring 框架。在 Spring Boot 框架中，最重要的功能在于自动配置，最核心的注解就是 @EnableAutoConfiguration。它能根据类路径下的 jar 包和配置动态加载配置和注入 bean，深入贯彻了约定优于配置的原则。Spring Boot 一经推出，大受欢迎。Spring Boot 框架的处理流程如图 4.1 所示。

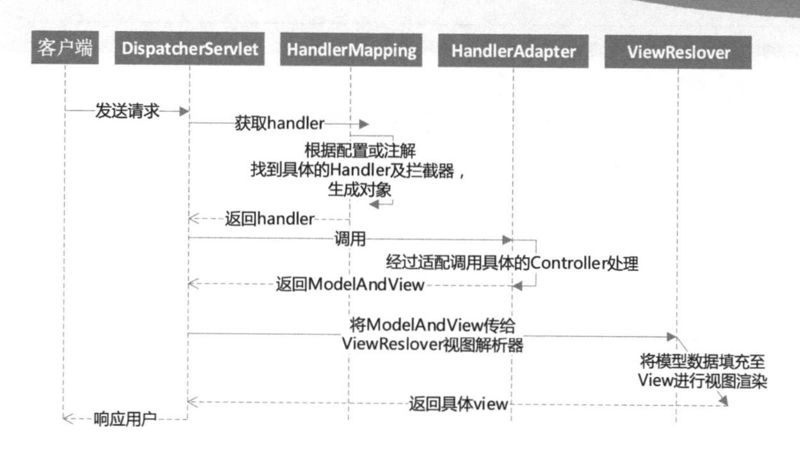

图 4.1　Spring Boot 框架的处理流程

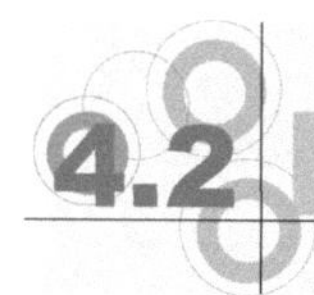

4.2 Spring Boot 初探

4.2.1 第一个 Spring Boot 程序

在 Maven 的基础上，搭建一个基本的 Spring Boot 程序是非常简单的，以下介绍两种方法。

方法 1：根据在线模板创建。

开发者可以根据在线模板生成项目，网址如下：https://start.spring.io/。通过在线模板，开发者可以便捷选择所学功能，快速生成 Spring Boot 项目。在线模板页面如图 4.2 所示。

方法 2：自定义创建。

(1) 在本地建立一个空的 Maven 项目。

(2) 修改 pom.xml 文件，在 Project 节点下添加 parent，代码如下：

```
<parent>
    <groupId>org.springframework.boot</groupId>
    <artifactId> </artifactId>
    <version>2.0.4.RELEASE</version>
</parent>
```

在 Denpendencies 下添加依赖 spring-boot-starter-web，代码如下：

```
<dependency>
   <groupId>org.springframework.boot</groupId>
   <artifactId>spring-boot-starter-web</artifactId>
</dependency>
```

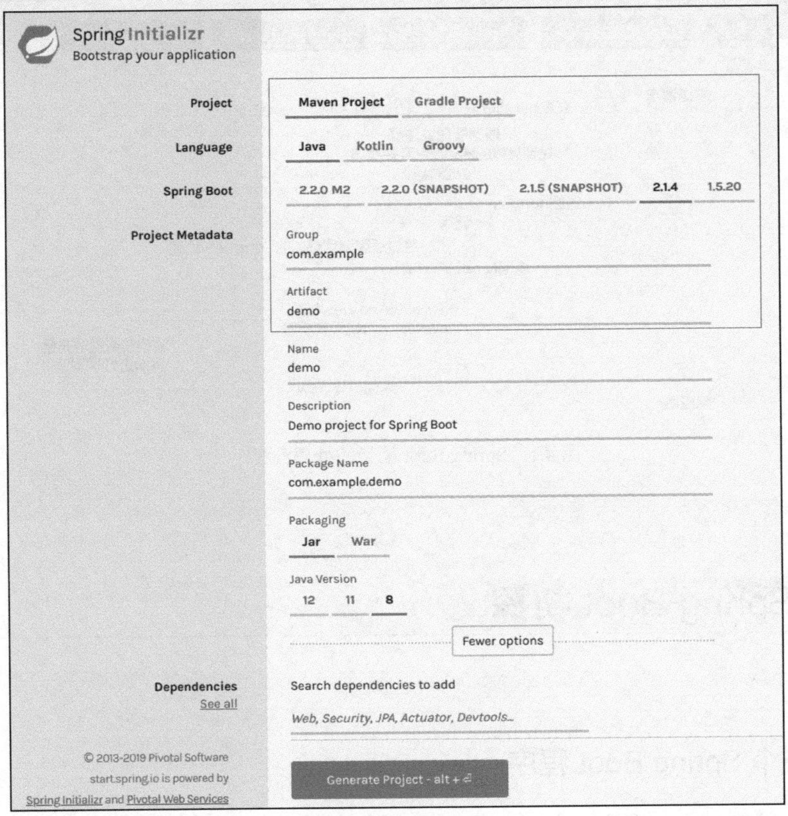

图 4.2　在线模板页面

添加后 pom.xml 整体代码如下：

```
<?xml version="1.0"?>
<project
    xsi:schemaLocation="http://maven.apache.org/POM/4.0.0
    http://maven.apache.org/xsd/maven-4.0.0.xsd"
    xmlns="http://maven.apache.org/POM/4.0.0"
    xmlns:xsi="http://www.w3.org/2001/XMLSchema-instance">
    <modelVersion>4.0.0</modelVersion>
    <groupId>com.demo.ssm</groupId>
    <artifactId>springboot-first</artifactId>
    <version>0.0.1-SNAPSHOT</version>
    <packaging>war</packaging>
    <name>springboot-first</name>
    <url>http://maven.apache.org</url>
    <properties>
        <project.build.sourceEncoding>UTF-8</project.build.sourceEncoding>
    </properties>
    <parent>
        <groupId>org.springframework.boot</groupId>
        <artifactId>spring-boot-starter-parent</artifactId>
        <version>2.0.4.RELEASE</version>
    </parent>
    <dependencies>
        <dependency>
            <groupId>org.springframework.boot</groupId>
            <artifactId>spring-boot-starter-web</artifactId>
        </dependency>
```

```
        <dependency>
            <groupId>junit</groupId>
            <artifactId>junit</artifactId>
            <scope>test</scope>
        </dependency>
    </dependencies>
</project>
```

(3) 增加接口层控制器类，代码如下：

```
import org.springframework.web.bind.annotation.GetMapping;
import org.springframework.web.bind.annotation.RequestMapping;
import org.springframework.web.bind.annotation.RestController;

@RestController
@RequestMapping("/hello")
public class HelloController {
    @GetMapping("/welcome")
    public String welcome() {
        return "hello, Welcome";
    }
}
```

(4) 增加启动类，代码如下：

```
import org.springframework.boot.SpringApplication;
import org.springframework.boot.autoconfigure.SpringBootApplication;

@SpringBootApplication
public class App {
    public static void main(String[] args) {
        SpringApplication.run(App.class, args);
    }
}
```

到此，第一个 Spring Boot 程序已经搭建完成了，整个过程非常简单。

由于 Spring Boot 已经内置了 tomcat 服务器，所以不需要再额外地引入 tomcat，直接启动这个启动类的 main 方法即可。

内置 tomcat 的默认端口也是 8080，这个在控制台输出的日志中可以看到，如图 4.3 所示。

```
2019-05-26 18:38:24.264  INFO 11740 --- [           main] o.s.b.w.embedded.tomcat.TomcatWebServer
Tomcat started on port(s): 8080 (http) with context path ''
2019-05-26 18:38:24.267  INFO 11740 --- [           main] org.springboot.first.App
Started App in 1.856 seconds (JVM running for 2.2)
```

图 4.3　端口号

在浏览器访问 http://localhost:8080/hello/welcome，实际就是由上面定义的控制器 HelloController 中的 welcome 方法进行处理，路径地址由类上的@RequestMapping("/hello")和方法上的@GetMapping("/welcome")的注解值组合而成。这里的@GetMapping 其实就等同于@RequestMapping(method = RequestMethod.GET)。页面访问的效果如图 4.4 所示。

```
← → C ⓘ localhost:8080/hello/welcome
hello, Welcome
```

图 4.4　运行结果

4.2.2 接口协议：RESTFUL

REST(Representational State Transfer)描述了一个架构样式的网络系统。RESTFUL 是一种设计风格，提供了一组设计原则和约束条件。如果一个架构符合 REST 原则，就称它为 RESTFUL 架构。

RESTFUL 是面向资源的，就是用 RUL 定位资源，用 HTTP METHOD 描述操作。REST 很好地利用了 HTTP 本身就有的一些特征，如 HTTP 动词、HTTP 状态码、HTTP 报头等。REST API 是基于 HTTP 的，所以开发者的 API 应该去使用 HTTP 的一些标准，这样所有的 HTTP 客户端(如浏览器)才能够直接理解开发者的 API。REST 实际上推荐利用好 HTTP 本来就有的特征，而不是只把 HTTP 当成一个传输层。常用的 HTTP 动词如下。

- GET：获取资源。
- POST：添加资源。
- PUT：修改资源。
- DELETE：删除资源。

实际上，上述四个动词实际上对应着增、删、改、查四个操作，利用了 HTTP 动词来表示对资源的操作。常用的 HTTP 状态码如下。

- 200：OK。
- 400：Bad Request。
- 500：Internal Server Error。

在程序与 API 的交互中，其结果有以下三种状态。

- 所有事情都按预期正确执行完毕：成功。
- APP 发生了一些错误：客户端错误。
- API 发生了一些错误：服务器端错误。

这三种状态与上面的状态码是一一对应的。常用的 HTTP 报头如下。

- Authorization：认证报头。
- Cache-Control：缓存报头。
- Content-Type：消息体类型报头。
- ......

报头还有很多，此处不一一列举。HTTP 报头是描述 HTTP 请求或响应的元数据，它的作用是客户端与服务器端进行相互通信时，告诉对方应该如何处理本次请求。以下是典型的 RESTFUL 接口使用示例。

- 查询列表：GET: http://localhost/users。
- 新增用户：POST: http://localhost/user。
- 更新用户信息：PUT：http://localhost/user。
- 删除用户：DELETE: http://localhost/user。

Spring Boot 提供了注解的方式来实现对 restful 接口的支持，简要介绍如下。

- @Controller：将当前控制器注入 Spring 的上下文环境中，一般只用在控制器层。类似的会有业务逻辑层的@service 和其他组件的@Component，表示将当前类加入 Spring 上下文中。

- @RequestBody 和@ResponseBody：分别表示请求体和响应体，使用@RequestBody 注解用在方法参数变量前，表示接收使用 payload 方式上传的数据项，一个方法只能有一个使用@RequestBody 注解的参数；使用@ResponseBody 注解在方法体或类前，表示将 return 的值作为响应体直接返回。
- @RestController：相当于同时使用了@Controller 和@ResponseBody，简化书写。
- @RequestMapping：用来指定接口提供给客户端访问的 action 路径，通过注解的 value 属性制定路径，还可以通过 method 属性制定 http method。
- @GetMapping：是一个组合注解，是@RequestMapping(method = RequestMethod.GET)的缩写。
- @PutMapping：是一个组合注解，是@RequestMapping(method = RequestMethod.PUT)的缩写。
- @DeleteMapping：是一个组合注解，是@RequestMapping(method = RequestMethod.DELETE)的缩写。
- @PostMapping：是一个组合注解，是@RequestMapping(method = RequestMethod.POST)的缩写。

4.2.3 接口文档自动生成

Swagger 是一个规范和完整的框架，用于生成、描述、调用和可视化 RESTFUL 风格的 Web 服务，其让部署管理和使用 API 接口文档变得非常简单。用户只需要简单的几行配置，使用注解就可以使用强大的 API 接口文档展示和接口测试功能，并使 API 保持高度同步。

1. 使用方式

(1) 添加 maven 依赖，代码如下：

```
<!-- swagger 构建 API 文档必须 -->
<dependency>
    <groupId>io.springfox</groupId>
    <artifactId>springfox-swagger-ui</artifactId>
    <version>2.9.2</version>
</dependency>
<dependency>
    <groupId>io.springfox</groupId>
    <artifactId>springfox-swagger2</artifactId>
    <version>2.9.2</version>
</dependency>
```

(2) 配置参数，代码如下：

```
import org.springframework.context.annotation.Bean;
import org.springframework.context.annotation.Configuration;
import org.springframework.web.context.request.async.DeferredResult;
import springfox.documentation.builders.ApiInfoBuilder;
import springfox.documentation.service.ApiInfo;
import springfox.documentation.spi.DocumentationType;
import springfox.documentation.spring.web.plugins.Docket;
@Configuration
public class Swagger2Config {
    @Bean
```

```
    public Docket ProductApi() {
        return new Docket(DocumentationType.SWAGGER_2)
                .genericModelSubstitutes(DeferredResult.class)
                .useDefaultResponseMessages(false)
                .forCodeGeneration(false)
                .pathMapping("/")
                .select()
                .build()
                .apiInfo(productApiInfo());
    }

    private ApiInfo productApiInfo() {
        return new ApiInfoBuilder()
                .title("springboot 利用 swagger 构建 API document")
                .description("简单优雅的 restfun 风格")
                .termsOfServiceUrl("https://github.com")
                .version("1.1")
                .build();
    }
}
```

(3) 在启动类上添加@EnableSwagger2 注解，代码如下：

```
@EnableSwagger2
@SpringBootApplication
public class App {
    public static void main(String[] args) {
        SpringApplication.run(App.class, args);
    }
}
```

(4) 改造控制器中的接口，增加参数接收，代码如下：

```
@RestController
@RequestMapping("/hello")
public class HelloController {
    @GetMapping("/welcome")
    public String welcome(String name) {
        return "hello, Welcome, " + name;
    }
}
```

(5) 访问接口，默认地址为

```
http://localhost:8080/swagger-ui.html#/
```

2. 使用效果

配置完成后，刷新页面就可以实时查看最新的文档接口列表，如图 4.5 所示。在图 4.5 中，选择一个接口展开，可以看到接口所需的详细参数信息，如图 4.6 所示。

单击 Try it out 按钮，可以在线测试接口 API，如图 4.7 所示，该功能对开发者来说非常适用。

单击 Execute 按钮，测试接口是否可用，可以看到返回的响应体数据符合预期，响应结果如图 4.8 所示。

图 4.5　接口文档

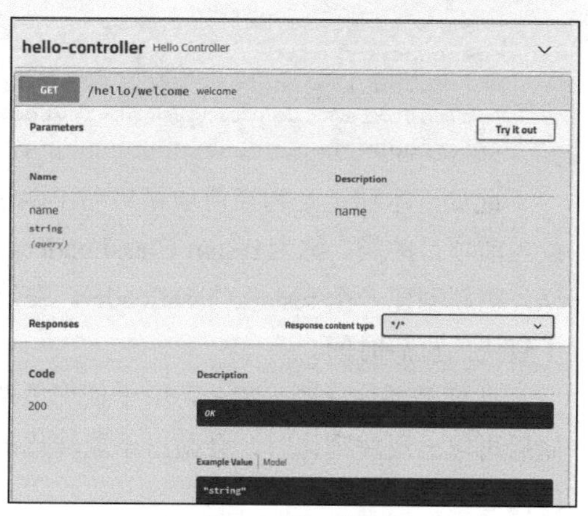

图 4.6　接口详情

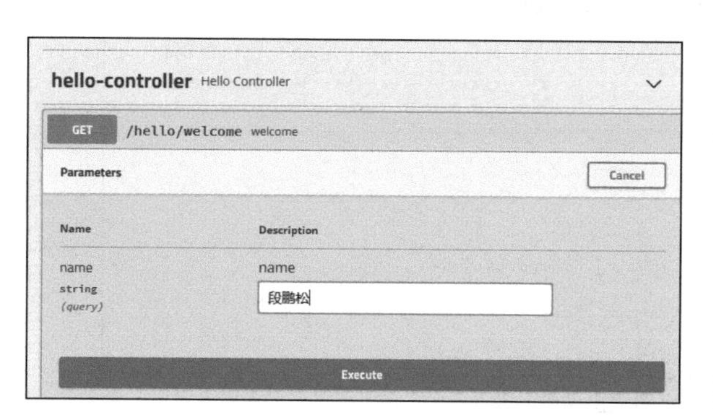

图 4.7　接口测试

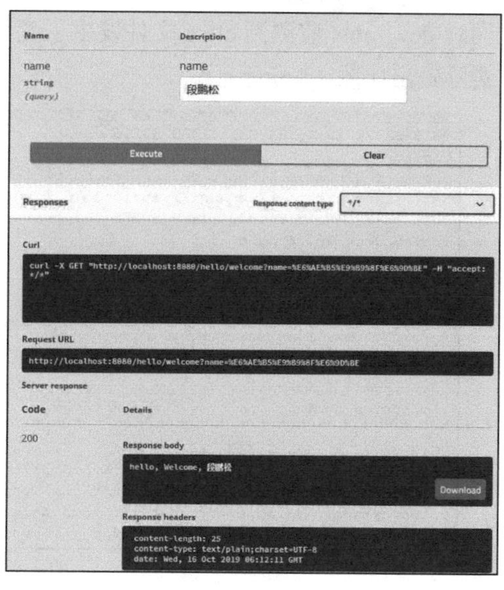

图 4.8　接口测试结果

4.2.4　热重启

热重启又可以理解为热加载，主要用于开发过程中提高开发效率。在开发过程中，代码不可能一次写好，经常需要反复调试和修改。然而，通过前面的介绍可以知道，Spring 和 Springmvc 容器是在项目启动的过程中已经生成上下文环境，在运行状态下修改代码并不能立即生效，需要对项目进行重新部署和启动，极大浪费开发时间。此时，热加载就会派上大用场，它可以自动将修改的代码部署到当前容器中去，并且会立即生效，不需要开发者重新部署和启动，可以极大提高开发效率。

借助于 Spring Boot 提供的强大功能及插件支持，开发者要使用热加载功能非常简单，只需要在 Maven 项目 pom.xml 中引入相关依赖即可。下面以使用 dev tools 的配置为例介绍热重启的使用。

```
<!-- hot reload -->
<dependency>
    <groupId>org.springframework.boot</groupId>
    <artifactId>spring-boot-devtools</artifactId>
</dependency>
```

此处，本质上是为当前项目启动了两个类加载器，一个加载第三方 jar 包的类，另一个加载当前项目的类，称为 restart ClassLoader。这样当代码更改时，原来的 restart ClassLoader 被丢弃，重新创建一个 restart ClassLoader。在这种方式下，由于需要加载的类相比较少，所以实现了较快的重启时间。

此处需要注意的一点是，由于使用了两个类加载器，所以假如开发者要将某个类序列化存储后再取出反序列化时，会抛出不能转化的异常。所以一般情况下，这里可以只存储基本类型的信息。

如果开启了热部署，那么更新文件内容保存后，IDE 会自动将 class 文件同步到运行环境，同时 dev tools 监测到 class 文件发生了变化，于是进行部分类文件的重新加载初始化等操作，实际输出如图 4.9 所示。

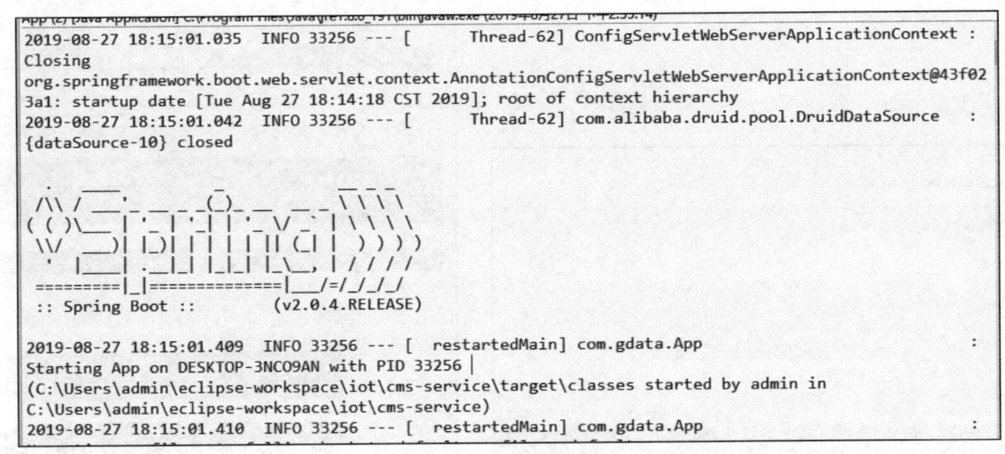

图 4.9　热启动输出结果

从这里可以看到程序对部分操作的重启过程详情。另外，在再次启动前，容器会将一些需要重启的连接关闭或卸载，所以在重启过程中程序会不可访问。

4.2.5　配置文件说明

Spring Boot 依然使用约定优于配置的原则，旨在使用户快速启动和运行。在最简单的情况下，利用框架本身已经提供的一些默认配置，即使不配置文件也可以运行项目。

在程序开发扩展的过程中，可能需要修改一些默认配置的属性值，或者自定义一些新的属性。配置文件有 properties 和 yml 两种格式，分别对应 application.properties 和 application.yml 两个文件。两者选择其中一种即可，当然也可以并存。本书推荐使用 yml 形式的配置，虽然对缩进格式有一定要求，但是层次感更明确，可读性更强。

4.3 基本用法

4.3.1 接口数据校验

接口数据校验使用的是 hibernate validator，已经在 Spring Boot 的 webmvc 依赖包中自动依赖。hibernate validator 采用非侵入式校验，通过注解面向切面管理，不需要耦合到代码中。

由于 spring-boot-starter-web 包中已经包含了 hibernate-validator 的依赖，根据 Maven 依赖的传递特性，在 Spring Boot 的 web 项目中可以不再显示配置此依赖。接口数据校验的步骤共有两步，下面将分别进行介绍。

(1) 创建 bean 类，配置校验规则，代码如下：

```
@Data
public class UserBean {
    @NotBlank(message = "用户名不能为空")
    private String name;
    @Min(0)
    @Max(9999)
    private int age;
}
```

(2) 增加测试接口，代码如下：

```
@PostMapping("/user")
public String createUser(@RequestBody @Valid UserBean u, @AssertTrue @Valid
Boolean checked) {
    return "请求成功";
}
```

当参数不符合规则时，会直接进行返回，比如测试数据 UserBean 的值为：

```
{
  "age": -1,
  "name": "string"
}
```

那么默认的响应格式为：

```
{
  "timestamp": "2019-10-16T15:53:04.914+0000",
  "status": 400,
  "error": "Bad Request",
  "errors": [
    {
      "codes": [
        "Min.userBean.age",
        "Min.age",
        "Min.int",
        "Min"
      ],
      "arguments": [
        {
          "codes": [
```

```
          "userBean.age",
          "age"
        ],
        "arguments": null,
        "defaultMessage": "age",
        "code": "age"
      },
      0
    ],
    "defaultMessage": "最小不能小于 0",
    "objectName": "userBean",
    "field": "age",
    "rejectedValue": -1,
    "bindingFailure": false,
    "code": "Min"
  }
 ],
 "message": "Validation failed for object='userBean'. Error count: 1",
 "path": "/hello/user"
}
```

这里再对上述测试接口进行改造，将返回的信息绑定到一个接口参数中，代码如下：

```
@PostMapping("/user2")
public String createUser2(@RequestBody @Valid UserBean u,
        @AssertTrue @Valid Boolean checked,
        BindingResult ret) {
    if(ret.hasErrors()){
        for (ObjectError error : ret.getAllErrors()) {
            System.out.println(error.getDefaultMessage());
        }
        return "参数校验未通过";
    } else {
    return "请求成功";
    }
}
```

可以看到参数校验默认对所有参数都进行了校验，即使前面的校验失败了，后面的依然会执行。在校验时，尽量采取非侵入式校验。一般来说，非侵入式校验有两种返回模式。

(1) 普通模式：校验所有配置，返回所有验证失败信息。

(2) 短路模式：按顺序进行校验，只要有一个验证不通过，则直接返回验证失败。

如果要配置 hibernate validator 为短路模式，bean 代码如下：

```
@Configuration
public class ValidatorConfiguration {
    @Bean
    public Validator validator(){
        ValidatorFactory validatorFactory =
        Validation.byProvider( HibernateValidator.class )
                .configure()
                .addProperty( "hibernate.validator.fail_fast", "true" )
                .buildValidatorFactory();
        Validator validator = validatorFactory.getValidator();
        return validator;
    }
}
```

另外，还可以采用注解的方式进行校验。常见注解校验如下。

- @Null：被注释的元素必须为 null。
- @NotNull：被注释的元素必须不为 null。
- @AssertTrue： 被注释的元素必须为 true。
- @AssertFalse：被注释的元素必须为 false。
- @Min(value)：被注释的元素必须是一个数字，其值必须大于等于指定的最小值。
- @Max(value)：被注释的元素必须是一个数字，其值必须小于等于指定的最大值。
- @DecimalMin(value)：被注释的元素必须是一个数字，其值必须大于等于指定的最小值。
- @DecimalMax(value)：被注释的元素必须是一个数字，其值必须小于等于指定的最大值。
- @Size(max=, min=)：被注释的元素的大小必须在指定的范围内。
- @Digits(integer, fraction)：被注释的元素必须是一个数字，其值必须在可接受范围内。
- @Past：被注释的元素必须是一个过去的日期。
- @Future：被注释的元素必须是一个将来的日期。
- @Pattern(regex=,flag=)：被注释的元素必须符合指定的正则表达式。
- @NotBlank(message =)：验证字符串非 null，且长度必须大于 0。
- @Email：被注释的元素必须是电子邮箱地址。
- @Length(min=,max=)：被注释的字符串的大小必须在指定的范围内。
- @NotEmpty：被注释的字符串必须非空。
- @Range(min=,max=,message=)：被注释的元素必须在合适的范围内。

4.3.2 文件上传和下载

1. 文件上传

文件上传需要指定特殊的头信息，客户端需要设置 content-type 的值为 form-data，服务器以流的方式接收。上传代码示例：

```
private static final String[] IMGTYPE = {
            ".jpg",".icon",".png",".jpeg",".gif"
    };
    static String domain = "";
    @Resource
    CommonFileService commonFileService;
    @ApiOperation("图片文件上传")
    @PostMapping("/img")
    public R<String> imgUpload(MultipartFile file,HttpServletRequest request
            , Long fId, Integer type) throws IllegalStateException, IOException {
            if(file == null) {
                return R.error("上传文件为空");
            }
            if(file.getSize() > 1024 * 1024 * 10) {
                return R.error("上传文件限定 10M");
            }
            String fileName = file.getOriginalFilename();
            String fileNameNoSuffix = UUID.randomUUID().toString().replaceAll("-", "");
          // 文件后缀
          String suffix = fileName.substring(fileName.lastIndexOf("."));
          for (String string : IMGTYPE) {
                if(string.equals(suffix.toLowerCase())) {
```

```
                    String realPath = request.getServletContext().getRealPath
                    ("/imgupload");
                    // 存储路径
                    File fileUploadPath = new File(realPath);
                    if(!fileUploadPath.exists()) {
                      fileUploadPath.mkdirs();
                    }
                    File targetFile = new File(fileUploadPath + "/" + fileNameNoSuffix
                    + suffix);
                    file.transferTo(targetFile);
                    CommonFile f = new CommonFile();
                    f.setImgName(fileName);
                    f.setImgPath(domain + "imgupload/" + targetFile.getName());
                    f.setType(type);
                    f.setFId(fId);
                    commonFileService.save(f);
                    return R.ok(domain + "imgupload/" + targetFile.getName());
                }
            }
        return R.error("文件类型限定为.jpg,.icon,.png,.jpeg,.gif");
    }
```

2. 文件下载

在正式项目中，并非所有的文件都是可以公开被用户访问的，有些也需要进行加密，通过权限控制使只具有相关授权的人才可以访问，这时就需要在程序内部进行文件下载的控制。

```
@GetMapping("/downloadFile/{fileName:.*}")
public ResponseEntity<org.springframework.core.io.Resource>
downloadCacheFile(@PathVariable("fileName") String fileName) {
    try {
        // 下载文件所在的目录
        String savePath = this.getClass().getResource("/").getPath();
        // 获取要下载的文件名称，并进行 utf8 编码
        fileName = URLDecoder.decode(fileName, "UTF-8");
        // 获取本地文件系统中的文件资源
        FileSystemResource resource = new FileSystemResource(savePath + fileName);
        // 解析文件的 mime 类型
        String mediaTypeStr = URLConnection.getFileNameMap().getContentTypeFor
        (fileName);
        // 无法判断 MIME 类型时，作为流类型
        mediaTypeStr = (mediaTypeStr == null) ?
        MediaType.APPLICATION_OCTET_STREAM_VALUE : mediaTypeStr;
        // 实例化 MIME
        MediaType mediaType = MediaType.parseMediaType(mediaTypeStr);
        // 构造下载文件所需的响应头信息
        HttpHeaders headers = new HttpHeaders();
        // 下载之后需要在请求头中放置文件名，该文件名按照 ISO_8859_1 编码
        String filenames = new String(fileName.getBytes(StandardCharsets.UTF_8),
        StandardCharsets.ISO_8859_1);
        headers.setContentDispositionFormData("attachment", filenames);
        headers.setContentType(mediaType);
        // 返回资源流
        return ResponseEntity.ok()
                .headers(headers)
                .contentLength(resource.getInputStream().available())
                .body(resource);
    } catch (IOException e) {
        log.error("文件访问失败", e);
        return null;
    }
}
```

3. 二维码直接输出

查看或下载的图片信息并不需要在本地文件系统长期存储，可在内存中处理完后直接向客户端输出流直接输出，那么这里需要通过 response 对象的输出流直接输出。注意在这种情况下，在 action 中不要再有返回值，使用 void 即可。

下面定义二维码操作工具类，需要使用开源的 Google Zxing 库。ZXing 是一个开放源码，用 Java 实现的多种格式的 1D/2D 条码图像处理库，它包含了联系到其他语言的端口，其使用步骤如下。

(1) 在 pom 中引入依赖，代码如下：

```
<!-- 二维码生成 -->
<!-- https://mvnrepository.com/artifact/com.google.zxing/core -->
<dependency>
    <groupId>com.google.zxing</groupId>
    <artifactId>core</artifactId>
    <version>3.3.0</version>
</dependency>
<dependency>
    <groupId>com.google.zxing</groupId>
    <artifactId>javase</artifactId>
    <version>3.3.0</version>
</dependency>
```

(2) 创建工具类和方法，代码如下：

```
/**
    * 生成二维码
    * @param response
    * @param width 宽
    * @param height 高
    * @param format 格式
    * @param content 内容
    * @throws WriterException
    * @throws IOException
    */
public static void createZxing(HttpServletResponse response,int width,int height,int
margin,String level,String format,String content)
throws WriterException, IOException {
    ServletOutputStream stream = null;
    try {
        QRCodeWriter writer = new QRCodeWriter();
        Hashtable hints = new Hashtable();
        hints.put(EncodeHintType.CHARACTER_SET, "UTF-8");
        hints.put(EncodeHintType.ERROR_CORRECTION,
        ErrorCorrectionLevel.valueOf(level));// 纠错等级 L,M,Q,H
        hints.put(EncodeHintType.MARGIN, margin); // 边距
        BitMatrix bitMatrix = writer.encode(content, BarcodeFormat.QR_CODE,height,
        width, hints);
        stream = response.getOutputStream();
        MatrixToImageWriter.writeToStream(bitMatrix, format, stream);
    } catch (WriterException e) {
        e.printStackTrace();
    } finally {
        if (stream != null) {
            stream.flush();
            stream.close();
        }
    }
```

```
}
```

(3) 在接口方法中调用，代码如下：

```
@GetMapping("/qrCode")
public void qrCode(HttpServletResponse response, String content) throws
WriterException, IOException {
    QrKit.createZxing(response, 90, 90, 0, "L", "gif",
          "http://xxxxx.xxxxxx.com/api/light/f/" + content);
}
```

4.3.3 定时任务

定时任务，又叫任务调度，使程序在运行过程中自动按指定间隔和次数进行某些任务的执行。比如人们需要在每天凌晨两点的时候自动进行数据备份，或者自动进行前一天的数据统计等工作，这个时候定时任务的使用将大大减少人力投入。

1. 基本用法

(1) 明确所需要执行的定时任务目标，比如每分钟输出一次时间，执行结果如图 4.10 所示。

```
现在时间：17:18:25
现在时间：17:19:25
现在时间：17:20:25
现在时间：17:21:25
现在时间：17:22:25
```

图 4.10　定时任务执行结果

(2) 在启动类上添加注解@EnableScheduling，即可开启定时任务功能。

(3) 创建要调度的任务，代码如下：

```
@Component
public class SchedulerTask {
    private int count=0;
    private static final SimpleDateFormat dateFormat = new SimpleDateFormat
   ("HH:mm:ss");

    @Scheduled(fixedRate = 60000)
    public void reportCurrentTime() {
        System.out.println("现在时间：" + dateFormat.format(new Date()));
    }

    @Scheduled(cron="*/0 3 * * * ?")
    private void process(){
        System.out.println("this is scheduler task runing  "+(count++));
    }
}
```

另外，定时任务支持定期执行和 cron 表达式两种，其中注解 Scheduled 的属性列表如图 4.11 所示。

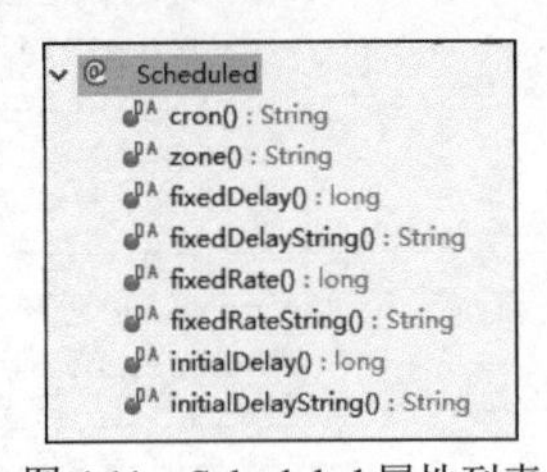

图 4.11　Scheduled 属性列表

下面对其中的几个属性进行简单介绍。

- @Scheduled(fixedRate = 6000)：上一次开始执行时间点之后 6 秒再执行。
- @Scheduled(fixedDelay = 6000)：上一次执行完毕时间点之后 6 秒再执行。
- @Scheduled(initialDelay=1000, fixedRate=6000)：第一次延迟 1 秒后执行，之后按 fixedRate 的规则每 6 秒执行一次。

➢ @Scheduled(cron="*/0 3 * * * ?")对应 cron 表达式。

2. cron 表达式

在 Linux 中，经常用 cron 服务器来完成这项工作。cron 服务器可以根据配置文件约定的时间来执行特定的任务。

cron 表达式定义了一套规则，用比较直观的方式通过年月日时分秒和星期、结合通配符的使用，实现复杂的定时任务调度表达式。cron 表达式是一个字符串，划分为 6 个或 7 个段，格式如下：

```
Seconds Minutes Hours DayofMonth Month DayofWeek Year
秒 分 时 日 月 星期 年(可选)
```

其中，各字段的详细情况如表 4.1 所示。

表 4.1 Corn 表达式字段详情

字段	允许值	允许的特殊字符
秒(Seconds)	0~59 的整数	, - * /　四个字符
分(Minutes)	0~59 的整数	, - * /　四个字符
小时(Hours)	0~23 的整数	, - * /　四个字符
日期(DayofMonth)	1~31 的整数(但是你需要考虑你月的天数)	,- * ? / L W C　八个字符
月份(Month)	1~12 的整数或者 JAN-DEC	, - * /　四个字符
星期(DayofWeek)	1~7 的整数或者 SUN-SAT (1=SUN)	, - * ? / L C #　八个字符
年(可选，留空)(Year)	1970~2099	, - * /　四个字符

Cron 表达式特殊字符介绍如下。

➢ *：表示匹配该域的任意值。假如在 Minutes 域使用*, 即表示每分钟都会触发事件。

➢ ?：只能用在 DayofMonth 和 DayofWeek 两个域。它理论上可以匹配域的任意值，但实际并非如此，因为 DayofMonth 和 DayofWeek 会相互影响。例如想在每月的 20 日触发调度，不管 20 日到底是星期几，则只能使用如下写法： 13 13 15 20 * ?, 其中最后一位只能用？，而不能使用*，如果使用*表示不管星期几都会触发，实际上并不是这样。

➢ -：表示范围。例如在 Minutes 域使用 5-20，表示从 5 分钟到 20 分钟每分钟触发一次。

➢ /：实例格式为 3/15 ，以/分为两段，第一段表示初始执行时间，第二段表示以起始时间开始后每隔固定时间执行一次。例如在 Minutes 域使用 5/20，则意味着在指定小时的第 5 分钟触发一次，然后第 25 分钟、第 45 分钟都分别触发执行一次。

➢ ,：表示列出枚举值。例如：在 Minutes 域使用 5,20，则意味着在 5 分和 20 分均触发一次。

➢ L：表示最后，只能出现在 DayofWeek 和 DayofMonth 域。如果在 DayofWeek 域使用 5L，意味着在最后的一个星期四触发。

➢ W：表示有效工作日(周一到周五)，只能出现在 DayofMonth 域，系统将在离指定日期最近的有效工作日触发事件。例如：在 DayofMonth 使用 5W，如果 5 日是星期六，则将在最近的工作日：星期五，即 4 日触发。如果 5 日是星期天，则在 6 日(周一)触发；如果 5 日在星期一到星期五中的一天，则就在 5 日触发。另外注意，W 的最近寻找不会跨过月份。

➢ LW：这两个字符可以连用，表示在某个月最后一个工作日，即最后一个星期五。

➢ #：用于确定每个月第几个星期几，只能出现在 DayofMonth 域。以#分割，第一段表示星期的索引(2 表示星期一，3 表示星期二，依次类推)，第二段表示在当月第几个星期。例如在 3#1，表示某月的第 1 个星期二。

4.3.4 拦截器

Spring Boot 的拦截器需要实现 Handler Interceptor 接口。下面写一个请求记录的拦截器：每一次请求中在控制台输出如下日志信息，以方便开发过程中控制器 action 的定位。

(此调试信息的格式参照了国内的一个极速 Web 开发框架 jFinal 的输出功能，在调试阶段对于接口调用情况能及时查看。)

```
User 1 act log -------- 2019-07-20 08:33:37 --------------------------
Controller  :
com.gdata.biz.user.controller.UserDepartmentController.(UserDepartmentController.
java:1)
GET         : /user/userDepartment -------- getList---------------
```

在 Eclipse 和 IDEA 中都可以通过在控制台输出的全路径限定类名:行号，代码如下：

```
com.gdata.biz.user.controller.UserDepartmentController.(UserDepartmentController
.java:1)
```

单击括号内的文件名:行号，可快速定位到指定文件。然后再搜索调用的方法名或者 uri 快速定位到方法。

在同时开启 mybatis 语句输出的情况下，输出实例如图 4.12 所示。

```
User 1 act log -------- 2019-07-31 11:54:52 --------------------------
Controller   : com.gdata.biz.device.controller.StatisController.(StatisController.java:1)
GET          : /device/statistics/UntreatedCount -------- UntreatedCount---------------

 Time: 2ms - ID: com.gdata.biz.device.mapper.StatisMapper.selGroupSomeOne
Execute SQL: select count(*) as value, type from g_logs_push_history WHERE user_id = 1 and status=0 group by type

User 1 act log -------- 2019-07-31 11:54:52 --------------------------
Controller   : com.gdata.biz.logs.controller.PushHistoryController.(PushHistoryController.java:1)
GET          : /logs/pushHistory/queryPushPage -------- getPersonalPushList---------------

 Time: 2ms - ID: com.gdata.biz.logs.mapper.PushHistoryMapper.getPushHistoryIPage
Execute SQL: select * from g_logs_push_history WHERE user_id=1 and status = 0 order by id desc LIMIT 0,10

User 1 act log -------- 2019-07-31 11:54:55 --------------------------
Controller   : com.gdata.biz.logs.controller.PushHistoryController.(PushHistoryController.java:1)
GET          : /logs/pushHistory/queryPushPage -------- getPersonalPushList---------------

 Time: 2ms - ID: com.gdata.biz.logs.mapper.PushHistoryMapper.getPushHistoryIPage
Execute SQL: select * from g_logs_push_history WHERE user_id=1 and status = 0 order by id desc LIMIT 0,10
```

图 4.12　Spring Boot 处理流程

要实现 Spring Boot 的拦截器，需要创建实现 HandlerInterceptor 的类：

```
public class LogInterceptor implements HandlerInterceptor {
}
```

且需要实现 HandlerInterceptor 接口的三个方法，如图 4.13 所示。

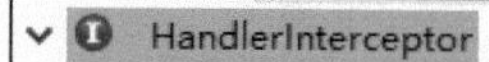

图 4.13　HandlerInterceptor 接口的三个方法

这里实现的重点是 preHandle 方法。因为开发环境下需要在请求到来时先输出请求地址等信息，以便问题定位，再执行实际的业务逻辑。否则如果放在后置处理，当业务出错时，将会影响此处调试信息的输出。详细代码如下所示：

```
/**
* 首先定义日期时间格式化
*/
private static final ThreadLocal<SimpleDateFormat> sdf = new
ThreadLocal<SimpleDateFormat>() {
    protected SimpleDateFormat initialValue() {
        return new SimpleDateFormat("yyyy-MM-dd HH:mm:ss");
    }
};

/**
* 前置处理。处理完后返回 true 表示可以往后继续执行
*/
@Override
public boolean preHandle(HttpServletRequest request, HttpServletResponse response,
Object handler)
        throws Exception {
    StringBuilder sb = new StringBuilder("\nUser ").append(" act log").append("
    -------- ");
    sb.append(sdf.get().format(new Date())).append(" --------------------------\
    n");
    if (handler instanceof ResourceHttpRequestHandler) {
        return true;
    }
    HandlerMethod h = (HandlerMethod) handler;
    String clazz = h.getBeanType().getName();
    Method method = h.getMethod();
    Class<?> cc = h.getBeanType();
    sb.append("Controller  : ").append(cc.getName()).append(".(").append(cc.
   getSimpleName()).append(".java:1) \n");
    sb.append(request.getMethod())
        .append("        : ")
        .append(request.getRequestURI())
        .append(" -------- ")
        .append(method.getName())
        .append("----------------\n");

    String urlParas = request.getQueryString();
    if (urlParas != null) {
        sb.append("UrlPara     : ").append(urlParas).append("\n");
    }
    System.out.println(sb);
    return true;
}
```

创建配置类，实现 WebMvcConfigurer 接口中的 addInterceptors 方法，以下内容表示将符合 /**规则的 url，即所有 url 都交由这个拦截器进行拦截处理。

```
import org.springframework.context.annotation.Configuration;
import org.springframework.web.servlet.config.annotation.InterceptorRegistry;
import org.springframework.web.servlet.config.annotation.WebMvcConfigurer;
/**
 * webmvc 配置类
 */
@Configuration
public class WebConfig implements WebMvcConfigurer {
    @Override
    public void addInterceptors(InterceptorRegistry registry) {
        registry.addInterceptor(new LogInterceptor())
                .addPathPatterns("/**");
    }
}
```

4.3.5 缓存技术

Spring 缓存引入了基于注解的缓存技术，它本质上不是一个具体的缓存实现，而是提供一套规范接口，通过很少的配置即可使用强大的缓存功能。

传统的缓存方案中缓存代码和业务代码耦合度很高。比如定义了一个 CacheKit 工具类，可以对 cache 根据键进行读取和写入，可是需要先手动判断缓存是否存在，再决定是从缓存中取还是从其他数据源取。由于需要将操作缓存的逻辑写在每个业务方法中，因此缓存代码和业务耦合度比较高。

Spring 的缓存技术非常灵活，通过注解的方式，不仅能够使用 SpEL(Spring 表达式语言)来定义缓存的 key 和各种条件，还提供开箱急用的缓存临时存储方案，可与主流的缓存实现(如 EHCache)很方便的集成。

那么，Spring 的缓存功能如何使用呢？

只需要在需要缓存的方法上添加注解@Cacheable，比如@Cacheable("abc")，Spring 启动的时候会将其放入 Spring 容器之中，当执行此方法时，会自动先从一个名叫 abc 的缓存中查询，如果这个缓存对象存在，那么直接返回缓存对象，如果此缓存对象不存在，那么才会再去从数据库中查询，并自动将查询的结果再次写入缓存。相应的，使用@CacheEvict 标记的方法会在方法执行前或者执行后移除 Spring Cache 中的指定元素。

下面将详细介绍 Spring Boot 中缓存的使用步骤。

(1) 引入 cache 起步依赖，代码如下：

```
<dependency>
    <groupId>org.springframework.boot</groupId>
    <artifactId>spring-boot-starter-cache</artifactId>
</dependency>
```

(2) 在启动类上添加注解@EnableCaching，启用缓存功能，代码如下：

```
@SpringBootApplication
@EnableCaching
public class Application {
    public static void main(String[] args) {
        SpringApplication.run(Application.class, args);
    }
}
```

(3) 在数据访问接口增加缓存注解@Cacheable，代码如下：

```
@CacheConfig(cacheNames = "users")
public interface UserRepository extends JpaRepository<User, Long> {
    @Cacheable
    User findByName(String name);
}
```

@Cacheable 既可以注解在方法上，也可以注解在类上，当标记在方法上表示当前方法需要使用缓存，当标记在类上表示当前类的所有方法都需要使用缓存。对于使用@Cacheable 支持缓存的方法，Spring 会在方法数据返回后将结果缓存下来，以便在后续的方法调用中利用同样参数执行该方法时可以先从缓存中取值，减少数据库的并发压力。Spring 管理缓存是以对象方式管理，以键值对方式存储，其中对于键有不同的策略：默认策略和自定义策略。

@Cacheable 注解可以指定的属性包括：

```
@AliasFor("cacheNames")
String[] value() default {};
@AliasFor("value")
String[] cacheNames() default {};
String key() default "";
String keyGenerator() default "";
String cacheManager() default "";
String cacheResolver() default "";
String condition() default "";
String unless() default "";
boolean sync() default false;
```

(4) 在类路径创建 ehcache 的配置文件，代码如下：

```
<?xml version="1.0" encoding="UTF-8"?>
<ehcache>
    <diskStore path="java.io.tmpdir" />
    <defaultCache maxElementsInMemory="10" eternal="false" timeToIdleSeconds="120"
   timeToLiveSeconds="120" overflowToDisk="true" />
    <cache name="findByName" maxElementsInMemory="50" eternal="false"
    overflowToDisk="true"
   timeToIdleSeconds="0" timeToLiveSeconds="86400" />
</ehcache>
```

4.3.6 模板引擎

在 Web 应用开发中，如果后端要返回的数据是一个完整的 html 页面，使用模板引擎可以使业务与显示模板分离。JSP 本身也是模板引擎的一种，JSP 的出现解决了 servlet 输出页面时大量重复代码编写的问题。JSP 功能非常强大，但是由于可以在 JSP 中编写 Java 代码，如果使用不当容易破坏项目的分层架构，因此市面上又出现了其他的模板引擎来替代 JSP。

1. 基本使用

Spring Boot 的模板引擎就是在当前 Java Web 项目内部编写 html 等前端代码，经过 Spring Boot 的处理，可以在后端经过模板编译和变量替换后输出到前端。后端编译有利于搜索引擎抓取内容，适合于门户等需要第三方搜索开发。

在 Spring Boot 中，要引入 freemarker 模板引擎，首先在 pom.xml 中引入 starter。

```
<!-- https://mvnrepository.com/artifact/org.springframework.boot/spring-boot-
starter-freemarker -->
<dependency>
    <groupId>org.springframework.boot</groupId>
    <artifactId>spring-boot-starter-freemarker</artifactId>
</dependency>
```

可以在 application.yml 中配置如下，指定模板文件后缀名为 ftl，模板从类路径下的 templates 文件夹下加载。

```
spring:
  freemarker:
    suffix: .ftl
    content-type: text/html; charset=utf-8
    cache: false
    template-loader-path:
- classpath:/templates
```

上面的配置表示模板文件放在类路径的 templates，实际上一般放置在项目 src/main/resources 目录下创建 templates 目录，将模板文件放在这下面即可，如图 4.14 所示。

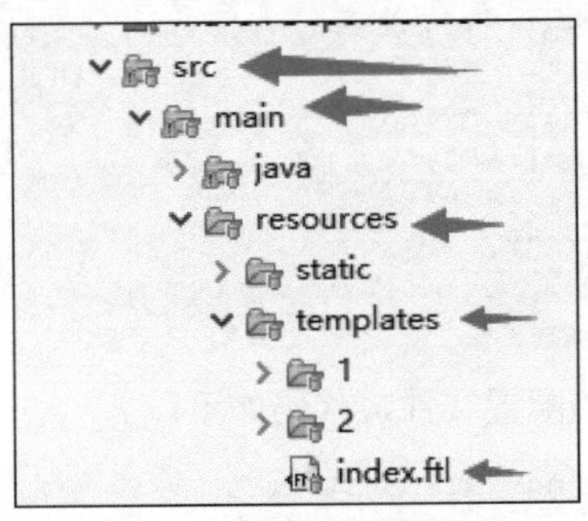

图 4.14　配置文件位置

通过上面的配置后，就可以在控制器的 action 之中进行页面的反馈显示。通过 return 字符串的方式定位 templates 目录下的文件，如 return "index"即表示渲染 templates 文件夹下的 index.ftl 文件给客户端显示。

```
@Controller
@RequestMapping("/")
public class IndexController {
    @GetMapping
    public String index() {
        return "index";
    }
}
```

2. 自定义标签

自定义标签常用在 cms 建站之中，可以在不改变 Java 代码的情况下改变页面显示。自定义标签是通过 Java 代码实现，然后通过页面应用标签实现，而数据权限的控制权还是掌握在自己手中。例如，在 freemarker 中自定义标签默认的语法格式为：

```
<@column ;item>
    这里会显示的
    ${item.k}
</@column>
```

自定义标签需要实现 TemplateDirectiveModel 接口的 execute(Environment env, Map params, TemplateModel[] loopVars, TemplateDirectiveBody body)方法，然后需要调用如下代码进行标签注册才可以在模板中使用。

```
configuration.setSharedVariable(ColumnTag.tagName, columnTag);
```

定义自定义标签，有以下几个步骤。

(1) 自定义标签类，代码如下：

```
@Component
public class ITag extends BaseTag {
    static final String tagName = "i";
    @Override
    public void onRender() {
        Long id = getParamToLong("id");
        Map<String, Object> m = new HashMap<String, Object>();
        m.put("title", "标题");
        setVariable("item", m);
        renderBody();
    }
}
```

(2) 配置标签类，代码如下：

```
@Component
public class CustomFreeMarkerConfigurer implements ApplicationContextAware {
    @Autowired
    ApplicationContext applicationContext;
    @Autowired
    Configuration configuration;
    @Autowired
    ITag iTag;
    @PostConstruct // 在项目启动时执行方法
    public void setSharedVariable() throws IOException, TemplateException {
        // 将标签 perm 注册到配置文件
      configuration.setSharedVariable(ITag.tagName, iTag);
    }
    @Override
    public void setApplicationContext(ApplicationContext applicationContext) throws
    BeansException {
    }
}
```

(3) 使用自定义标签。配置标签类后，即可在页面模板中使用上面注册的标签。这里可以根据自己的业务情况从数据库中获取数据进行渲染。

```
<@i id="1">
    content：${item.title}
</@i>
```

4.3.7 异常处理

程序在运行过程中，不可避免地会遇到各种异常情况。默认的异常提示信息或页面常会因为格式的问题而显得对用户不友好。异常如果不被捕获，会影响程序的正常运行；如果在每个地方都处理又显得很烦琐。所以，一个全局的异常拦截和处理器就显得非常有必要。

和使用@RestController 注解一样，实现异常拦截的方式也非常简单，这里通过

@RestControllerAdvice 注解的类及其中的@ExceptionHandler 注解来处理运行时异常。

如下代码中，捕获了 DuplicateKeyException 异常，那么程序中所有地方抛出的 DuplicateKeyException 异常都会由这里截获处理，然后根据异常处理函数中的内容返回给客户端。

```
@RestControllerAdvice
public class RRExceptionHandler {
    private Logger logger = LoggerFactory.getLogger(getClass());
    @ExceptionHandler(DuplicateKeyException.class)
    public R<String> handleDuplicateKeyException(DuplicateKeyException e) {
        logger.error(e.getMessage(), e);
        return R.error("数据库中已存在该记录");
    }
}
```

1. 常用异常捕获

(1) 登录验证，代码如下：

```
@ExceptionHandler(AuthorizationException.class)
    public R<String> handleAuthorizationException(AuthorizationException e) {
        logger.error(e.getMessage(), e);
        return R.error("没有权限，请联系管理员授权");
    }
```

(2) 请求体解析时的异常，代码如下：

```
@ExceptionHandler(HttpMessageNotReadableException.class)
public R<String> handleException(HttpMessageNotReadableException e) {
    logger.error(e.getMessage(), e);
    return R.error("请求体格式不对，请检查");
}
```

(3) json 转换过程抛出异常，代码如下：

```
@ExceptionHandler(JsonMappingException.class)
public R<String> handleException(JsonMappingException e) {
    logger.error(e.getMessage(), e);
    return R.error("json 解析异常，请检查数据格式");
}
```

(4) 参数转换时抛出异常，代码如下：

```
@ExceptionHandler(BindException.class)
public R<String> handleException(BindException e) {
    logger.error(e.getMessage(), e.getCause().getMessage());
    return R.error("参数的数据类型异常，");
}
```

(5) 参数解析时抛出异常，代码如下：

```
@ExceptionHandler(MethodArgumentTypeMismatchException.class)
public R<String> handleException(MethodArgumentTypeMismatchException e) {
    logger.error(e.getMessage(), e.getCause().getMessage());
    return R.error("参数的数据类型异常，" + e.getName() + "不能为" + e.getValue());
}

// 方法参数不符合预期
@ExceptionHandler(MethodArgumentNotValidException.class)
public R<String> argumentValidException(MethodArgumentNotValidException e) {
    logger.error(e.getMessage(), e);
    return R.error(e.getMessage());
}
```

(6) 数据类型转换异常，代码如下：

```
@ExceptionHandler(NumberFormatException.class)
public R<String> handleException(NumberFormatException e) {
    logger.error(e.getMessage(), e);
    return R.error("数据类型异常");
}
```

(7) http 动词不符合预期时的异常，代码如下：

```
@ExceptionHandler(HttpRequestMethodNotSupportedException.class)
public R<String> handleException(HttpRequestMethodNotSupportedException e) {
    logger.error(e.getMessage(), e);
    return R.error("http 动词不合法：" + e.getMessage());
}
```

(8) 数据源异常，代码如下：

```
@ExceptionHandler(DataSourceClosedException.class)
public R<String> handleException(DataSourceClosedException e) {
    logger.error(e.getMessage(), e);
    return R.error("数据源异常，请联系管理员");
}
```

(9) 通用异常处理，代码如下：

```
@ExceptionHandler(Exception.class)
public R<String> handleException(Exception e) {
    logger.error(e.getMessage(), e);
    return R.error("服务器异常，请稍后再试");
}
```

(10) 主键重复异常，代码如下：

```
/**
 * 可能主键插入重复或者其他 SQL 错误
 * @param e
 * @param request
 * @return
 */
@ExceptionHandler(MySQLIntegrityConstraintViolationException.class)
public R<String>
handleMySQLIntegrityConstraintViolationException(MySQLIntegrityConstraintViol
ationException e , HttpServletRequest request) {
    //String uri = request.getRequestURI();
    Map<String, Object> content = new HashMap<>();
    //content.put("uri", uri);
    String message = e.iterator().next().getMessage();
    content.put("content", message);
    logger.error(e.getMessage(), e);
    return R.error(content.toString());
}
```

2. 自定义异常类

在业务实现的过程中，有时候需要开发者定义自己的异常处理类，以便对于异常的特殊处理及返回值构造。自定义异常类需要继承 RuntimeException，示例如下：

```
@Data
public class RRException extends RuntimeException {
    private static final long serialVersionUID = 1L;
    private String msg;
    private int code = 3;

    public RRException(String msg) {
        super(msg);
        this.msg = msg;
    }

    public RRException(String msg, Throwable e) {
        super(msg, e);
        this.msg = msg;
    }

    public RRException(String msg, int code) {
        super(msg);
        this.msg = msg;
        this.code = code;
    }

    public RRException(String msg, int code, Throwable e) {
        super(msg, e);
        this.msg = msg;
        this.code = code;
    }
}
```

将自定义异常类加入异常处理，如下代码所示：

```
/**
 * 处理自定义异常
 */
@ExceptionHandler(RRException.class)
public R<String> handleRRException(RRException e) {
    R<String> r = new R<String>(3, e.getMessage());
    return r;
}
```

通过上面的注解配置@ExceptionHandler(RRException.class)，将异常捕获加入到当前的 Spring 容器之中。当程序通过 throw RRException()抛出异常时，程序将会执行到此方法，那么客户端接收到的返回值就是这里返回的 r 值。

```
{
    "code": 3,
    "content": "异常信息"
}
```

4.3.8 多环境配置

由于开发、测试与部署需要使用不同的底层环境支持，比如数据库连接、文件存储路径、日志路径等，为了减少测试与部署过程的工作量，此处可以考虑准备多个配置文件以便在不同环境中使用。

在 Spring Boot 中，多环境配置首先需要满足 application-{profile}.yml 格式。其中，{profile}对应启动运行环境的标识，如果常用的有开发、测试、线上环境，那么在此处可以放置三个文件分别如下。

- application-dev.yml：开发环境。
- application-test.yml：测试环境。
- application-prod.yml：生产环境。

然后在主文件 application.yml 中配置指定当前环境。

```
spring:
   profiles:
   active: dev
```

公共的配置可放在主配置文件中，其他依赖特殊环境的配置放在对应环境的文件中即可。

工程打成 jar 包后，可以在运行的时候对配置进行选择，而不需要每次打包前都手动去修改 spring.profiles.active 的值。

例如，在生产环境中，可以使用 prod 配置执行启动 jar 包，命令如下：

```
java -jar xxx.jar --spring.profiles.active=prod
```

表示当前程序启动时，传入的 spring.profiles.active 值为 release，将选用 application-prod.yml 文件中配置的参数来启动项目。比如，在 application-dev.yml 中，指定启动端口为 8080，在 application-prod.yml 中指定启动端口为 8888，那么如果不传入 spring.profiles.active 参数，系统将会使用默认的配置值 dev，启动程序占用的端口就是 8080，而通过--spring.profiles.active=prod 参数指定后，启动的端口就是 8888。

4.3.9 项目部署

对于 Java Web 项目来说，一般有两种部署方式，分别是打包部署和使用 tomcat 部署，本节介绍这两种部署方式。

1. 打包部署

通过 Maven 打成 war 包，然后通过 java -jar 项目名.war 启动即可。

以下为 Maven 插件的配置：

```
<build>
    <defaultGoal>compile</defaultGoal>
    <plugins>
        <plugin>
            <!-- https://mvnrepository.com/artifact/org.apache.maven.plugins/
            maven-compiler-plugin -->
            <groupId>org.apache.maven.plugins</groupId>
            <artifactId>maven-compiler-plugin</artifactId>
            <version>3.6.0</version>
            <configuration>
                <source>1.8</source>
                <target>1.8</target>
                <encoding>UTF-8</encoding>
```

```
                </configuration>
            </plugin>
            <plugin>
                <groupId>org.apache.maven.plugins</groupId>
                <artifactId>maven-war-plugin</artifactId>
                <version>3.0.0</version>
                <configuration>
                    <!--如果想在没有 web.xml 文件的情况下构建 WAR，请设置为 false -->
                    <failOnMissingWebXml>false</failOnMissingWebXml>
                    <!--设置 war 包的名字 -->
                    <warName>lock</warName>
                </configuration>
            </plugin>
            <plugin>
                <groupId>org.springframework.boot</groupId>
                <artifactId>spring-boot-maven-plugin</artifactId>

            </plugin>
        </plugins>
        <resources>
            <resource>
                <directory>src/main/java</directory>
                <includes>
                    <include>**/*.xml</include>
                </includes>
            </resource>
            <resource>
                <directory>src/main/resources</directory>
            </resource>
        </resources>
    </build>
```

2. 使用 tomcat 部署

要想把项目放入 tomcat 容器中启动，需要对项目配置进行以下修改。

(1) 修改启动类，使其继承 SpringBootServletInitializer，并重写 configure(SpringApplicationBuilder application)方法。代码如下：

```
@SpringBootApplication
public class App extends SpringBootServletInitializer {
    public static void main(String[] args) {
        SpringApplication.run(App.class, args);
    }
    @Override
    protected SpringApplicationBuilder configure(SpringApplicationBuilder
    application) {
        return application.sources(App.class);
    }
}
```

(2) 确认 packaging 值为 war。配置 pom 中 packaging 的值为 war，代码如下：

```
<version>0.0.1-SNAPSHOT</version>
<packaging>war</packaging>
```

如果创建项目时类型已经选择为 maven-archetype-webapp，如图 4.15 所示，则此处值已经默认是 war。

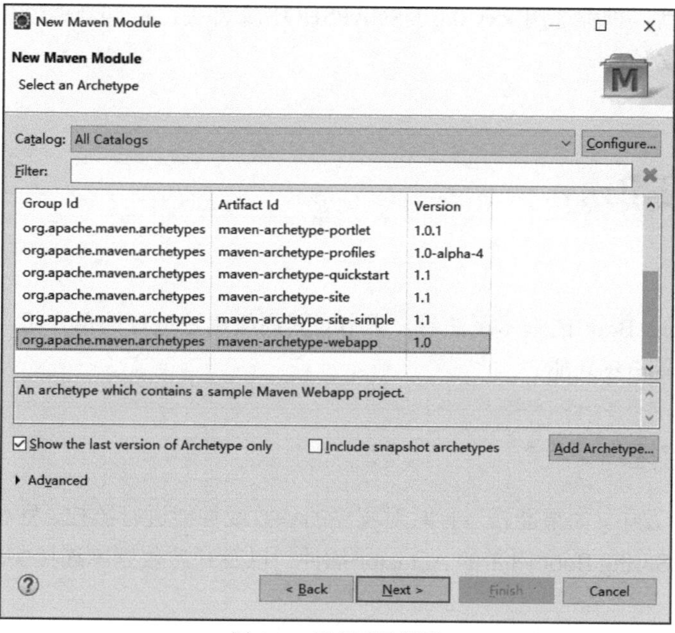

图 4.15　选择项目类型

(3) 生成安装包。在项目根目录运行 mvn install，或者在 Eclipse 中项目上右击出现的菜单中选择 Run as > Mvn install，如果控制台提示[INFO] BUILD SUCCESS，则表示构建成功。

(4) 打开项目目录，可以在项目右击的菜单中选择 Show In > System Explorer，打开项目目录，如图 4.16 所示。

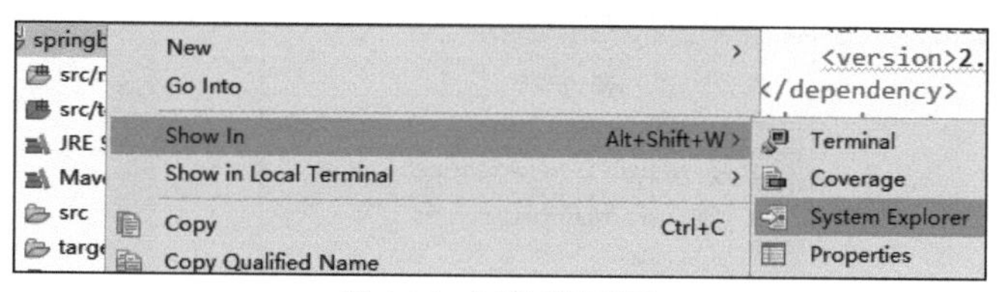

图 4.16　打开项目目录

在项目根目录下有 target 文件夹，包含目录结构如图 4.17 所示。

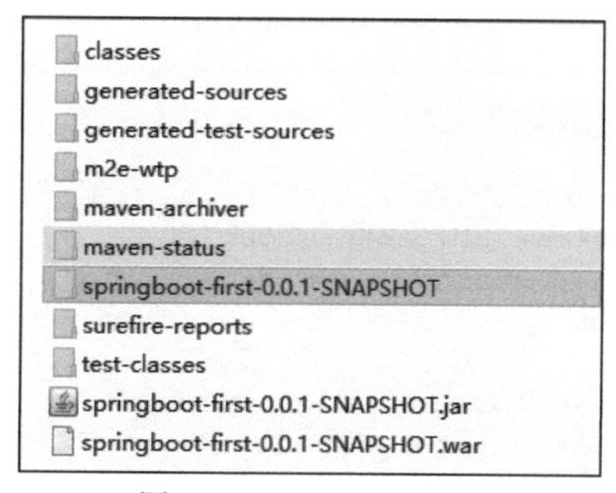

图 4.17　target 目录结构

可以直接把 war 文件放到 tomcat 的 webapps 下运行。但是对于一般的单机开发手动部署来说，因为这个包包含了项目所有的文件及依赖的 jar 包，所以体积相对来说会大一些。假如采用此种方式部署的话，推荐选用 xxx-0.0.1-SNAPSHOT 文件夹，这样当修改文件量比较少的时候可以只复制个别文件。

4.4 高级用法

在了解了 Spring Boot 的基本用法后，本节对其高级用法进行简单介绍，主要包括运行时监控功能和自定义 starter 功能。

4.4.1 运行时监控

在 Web 项目开发中，如果能在运行时对程序的参数或性能进行监控，将对开发的效率有较大提升。本节介绍 Spring Boot 附带的 Actuator 插件，以及开源数据库连接实现插件 druid 的基本使用方法。

1. Actuator 插件

Actuator 是 Spring Boot 的一个附加功能，可以帮助应用程序在生产环境运行时的监控和管理，可以使用 HTTP 的各个请求路径来监管、审计、收集引用的运行情况，特别对于微服务管理十分有意义。以下对 Actuator 插件的使用流程进行介绍。

(1) 创建监控项目 sba，其项目结构如图 4.18 所示。

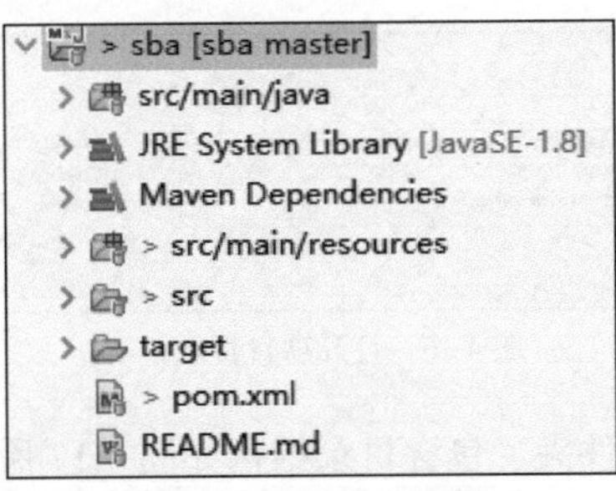

图 4.18　sba 项目结构

(2) 在 pom 中配置依赖，代码如下：

```
<dependency>
    <groupId>org.springframework.boot</groupId>
    <artifactId>spring-boot-starter-web</artifactId>
</dependency>
<dependency>
    <groupId>org.springframework.boot</groupId>
    <artifactId>spring-boot-starter-actuator</artifactId>
</dependency>
```

(3) 在 application.yml 中配置端口和项目基础路径。此处主要是为了和被监控项目端口配置有所区别，防止因为端口占用而使项目启动不了。

```
server:
  port: 64000
```

(4) 创建启动类并执行，代码如下：

```
@SpringBootApplication
public class MainApplication {
    public static void main(String[] args) throws Exception {
       SpringApplication.run(MainApplication.class, args);
    }
}
```

启动程序后，可以在控制台看到输出，表示启动成功，如图 4.19 所示。

```
s.b.a.e.w.s.WebMvcEndpointHandlerMapping : Mapped "{[/actuator/health],methods=[GET],produces=
[application/vnd.spring-boot.actuator.v2+json || application/json]}" onto public java.lang.Object
org.springframework.boot.actuate.endpoint.web.servlet.AbstractWebMvcEndpointHandlerMapping$Operat
ionHandler.handle(javax.servlet.http.HttpServletRequest,java.util.Map<java.lang.String,
java.lang.String>)
2019-05-26 20:21:38.111  INFO 36564 --- [           main]
s.b.a.e.w.s.WebMvcEndpointHandlerMapping : Mapped "{[/actuator/info],methods=[GET],produces=
[application/vnd.spring-boot.actuator.v2+json || application/json]}" onto public java.lang.Object
org.springframework.boot.actuate.endpoint.web.servlet.AbstractWebMvcEndpointHandlerMapping$Operat
ionHandler.handle(javax.servlet.http.HttpServletRequest,java.util.Map<java.lang.String,
java.lang.String>)
```

图 4.19　启动成功信息

(5) 访问接口。从控制台输出中也可以发现，程序提供了非常丰富的接口供用户查看，如图 4.20 所示。

```
public java.lang.String de.codecentric.boot.admin.server.ui.web.UiController.login()
2019-08-27 18:22:49.526  INFO 20476 --- [           main] o.s.b.a.e.web.EndpointLinksResolver      : Exposing 14 endpoint(s) beneath base path '/actuator'
2019-08-27 18:22:49.537  INFO 20476 --- [           main] s.b.a.e.w.s.WebMvcEndpointHandlerMapping : Mapped "{[/actuator/auditevents],methods=[GET],produces=
[application/vnd.spring-boot.actuator.v2+json || application/json]}" onto public java.lang.Object
org.springframework.boot.actuate.endpoint.web.servlet.AbstractWebMvcEndpointHandlerMapping$OperationHandler.handle(javax.servlet.http.HttpServletRequest,java.
<java.lang.String, java.lang.String>)
2019-08-27 18:22:49.537  INFO 20476 --- [           main] s.b.a.e.w.s.WebMvcEndpointHandlerMapping : Mapped "{[/actuator/beans],methods=[GET],produces=
[application/vnd.spring-boot.actuator.v2+json || application/json]}" onto public java.lang.Object
org.springframework.boot.actuate.endpoint.web.servlet.AbstractWebMvcEndpointHandlerMapping$OperationHandler.handle(javax.servlet.http.HttpServletRequest,java.
<java.lang.String, java.lang.String>)
2019-08-27 18:22:49.537  INFO 20476 --- [           main] s.b.a.e.w.s.WebMvcEndpointHandlerMapping : Mapped "{[/actuator/health],methods=[GET],produces=
[application/vnd.spring-boot.actuator.v2+json || application/json]}" onto public java.lang.Object
org.springframework.boot.actuate.endpoint.web.servlet.AbstractWebMvcEndpointHandlerMapping$OperationHandler.handle(javax.servlet.http.HttpServletRequest,java.
<java.lang.String, java.lang.String>)
2019-08-27 18:22:49.538  INFO 20476 --- [           main] s.b.a.e.w.s.WebMvcEndpointHandlerMapping : Mapped "{[/actuator/conditions],methods=[GET],produces=
[application/vnd.spring-boot.actuator.v2+json || application/json]}" onto public java.lang.Object
org.springframework.boot.actuate.endpoint.web.servlet.AbstractWebMvcEndpointHandlerMapping$OperationHandler.handle(javax.servlet.http.HttpServletRequest,java.
<java.lang.String, java.lang.String>)
2019-08-27 18:22:49.538  INFO 20476 --- [           main] s.b.a.e.w.s.WebMvcEndpointHandlerMapping : Mapped "{[/actuator/configprops],methods=[GET],produces=
```

图 4.20　接口信息查看

如果可以访问 http://localhost:64000/actuator/beans，则结果如图 4.21 所示。

localhost:64000/actuator/beans


```
{"contexts":{"svc-monitor":{"beans":{"endpointCachingOperationInvokerAdvisor":{"aliases":[],"scope":"singleton","type":"org.springframework.boot.actuate.endpoint.invoker.cache.CachingOperationInvokerAdvisor","reso
[org/springframework/boot/actuate/autoconfigure/endpoint/EndpointAutoConfiguration.class]","dependencies":["environment"]},"defaultServletHandlerMapping":{"aliases":
[],"scope":"singleton","type":"org.springframework.web.servlet.config.annotation.WebMvcConfigurationSupport$EmptyHandlerMapping","resource":"class path resource
[org/springframework/boot/autoconfigure/web/servlet/WebMvcAutoConfiguration$EnableWebMvcConfiguration.class]","dependencies":[]},"org.springframework.boot.autoconfigure.web.servlet.WebMvcAutoConfiguration$WebMvcAu
[],"scope":"singleton","type":"org.springframework.boot.autoconfigure.web.servlet.WebMvcAutoConfiguration$WebMvcAutoConfigurationAdapter$FaviconConfiguration$$EnhancerBySpringCGLIB$$8333137f","resource":null,"depe
org.springframework.boot.autoconfigure.web.ResourceProperties"]},"metricsRestTemplateCustomizer":{"aliases":[],"scope":"singleton","type":"org.springframework.boot.actuate.metrics.web.client.MetricsRestTemplateCus
[org/springframework/boot/actuate/autoconfigure/metrics/web/client/RestTemplateMetricsAutoConfiguration.class]","dependencies":["simpleMeterRegistry","restTemplateTagConfigurer","management.metrics-
org.springframework.boot.actuate.autoconfigure.metrics.MetricsProperties"]},"characterEncodingFilter":{"aliases":[],"scope":"singleton","type":"org.springframework.boot.web.servlet.filter.OrderedCharacterEncodingF
[org/springframework/boot/autoconfigure/web/servlet/HttpEncodingAutoConfiguration.class]","dependencies":[]},"instancesController":{"aliases":[],"scope":"singleton","type":"de.codecentric.boot.admin.server.web.Ins
[de/codecentric/boot/admin/server/config/AdminServerWebConfiguration.class]","dependencies":["instanceRegistry","eventStore"]},"endpointDetectionTrigger":{"aliases":
[],"scope":"singleton","type":"de.codecentric.boot.admin.server.services.EndpointDetectionTrigger","resource":"class path resource [de/codecentric/boot/admin/server/config/AdminServerAutoConfiguration.class]","dep
["endpointDetector","eventStore"]},"management.endpoint.health-org.springframework.boot.actuate.autoconfigure.health.HealthEndpointProperties":{"aliases":
[],"scope":"singleton","type":"org.springframework.boot.actuate.autoconfigure.health.HealthEndpointProperties","resource":null,"dependencies":[]},"webEndpointDiscoverer":{"aliases":
[],"scope":"singleton","type":"org.springframework.boot.actuate.endpoint.web.annotation.WebEndpointDiscoverer","resource":"class path resource [org/springframework/boot/actuate/autoconfigure/endpoint/web/WebEndpoi
["endpointOperationParameterMapper","endpointMediaTypes","webEndpointPathMapper"]},"org.springframework.boot.autoconfigure.web.servlet.MultipartAutoConfiguration":{"aliases":
[],"scope":"singleton","type":"org.springframework.boot.autoconfigure.web.servlet.MultipartAutoConfiguration$$EnhancerBySpringCGLIB$$fc4a2e83","resource":null,"dependencies":["spring.servlet.multipart-
org.springframework.boot.autoconfigure.web.servlet.MultipartProperties"]},"org.springframework.boot.autoconfigure.web.servlet.DispatcherServletAutoConfiguration$DispatcherServletRegistrationConfiguration":{"aliase
[],"scope":"singleton","type":"org.springframework.boot.autoconfigure.web.servlet.DispatcherServletAutoConfiguration$DispatcherServletRegistrationConfiguration$$EnhancerBySpringCGLIB$$6c0c1444","resource":null,"de
org.springframework.boot.autoconfigure.web.ServerProperties","spring.mvc-org.springframework.boot.autoconfigure.web.servlet.WebMvcProperties"]},"preserveErrorControllerTargetClassPostProcessor":{"aliases":
[],"scope":"singleton","type":"org.springframework.boot.autoconfigure.web.servlet.error.ErrorMvcAutoConfiguration$PreserveErrorControllerTargetClassPostProcessor","resource":"class path resource
[org/springframework/boot/autoconfigure/web/servlet/error/ErrorMvcAutoConfiguration.class]","dependencies":[]},"org.springframework.boot.autoconfigure.jackson.JacksonAutoConfiguration$JacksonObjectMapperBuilderCon
[],"scope":"singleton","type":"org.springframework.boot.autoconfigure.jackson.JacksonAutoConfiguration$JacksonObjectMapperBuilderConfiguration$$EnhancerBySpringCGLIB$$c7e5317e","resource":null,"dependencies":
["org.springframework.boot.web.servlet.context.AnnotationConfigServletWebServerApplicationContext@6ef5c734"]},"spring.boot.admin-de.codecentric.boot.admin.server.config.AdminServerProperties":{"aliases":
[],"scope":"singleton","type":"de.codecentric.boot.admin.server.config.AdminServerProperties","resource":null,"dependencies":[]},"logbackMetrics":{"aliases":[],"scope":"singleton","type":"io.micrometer.core.instru
```


图 4.21　运行结果

另外，AdminUI 内置了 Actuator 服务，是对监控服务的图形化界面补充。要通过 AdminUI 使用 Actuator 功能，需要完成以下几个步骤。

(1) 需要对依赖进行修改，代码如下：

```
<dependency>
    <groupId>de.codecentric</groupId>
    <artifactId>spring-boot-admin-server</artifactId>
    <version>2.0.4</version>
    </dependency>
<dependency>
    <groupId>de.codecentric</groupId>
    <artifactId>spring-boot-admin-server-ui</artifactId>
    <version>2.0.4</version>
</dependency>
```

(2) 在启动类中增加注解@EnableAdminServer，代码如下：

```
@SpringBootApplication
@EnableScheduling
@EnableAdminServer
public class MainApplication {
    public static void main(String[] args) throws Exception {
       SpringApplication.run(MainApplication.class, args);
    }
}
```

(3) 需要在配置文件 application.yml 中添加如下代码：

```
server:
  port: 64000
  # context-path: /svc-monitor #统一为访问的 url 加上一个前缀
endpoints:
  health:
    sensitive: false
```

通过下面的配置启动所有监控端点，默认情况下，这些端点是禁用的。

```
management:
  endpoints:
    web:
      exposure:
        include: "*"
```

(4) 执行启动类的 main 方法，然后打开访问对应 ip 的 64000 端口，如图 4.22 所示。

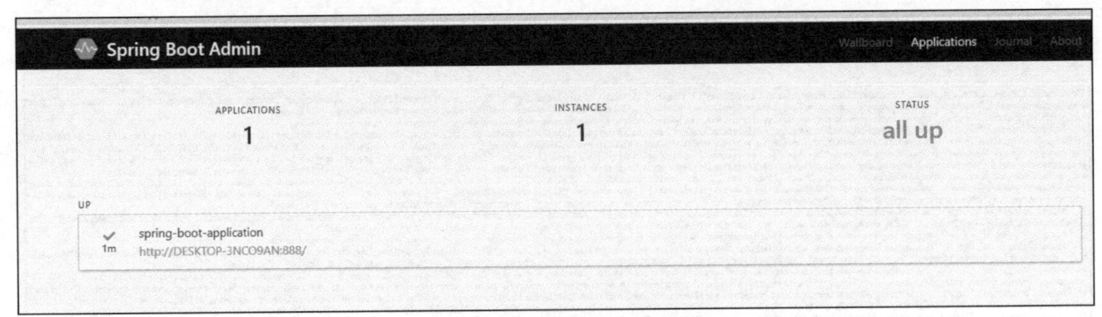

图 4.22 执行启动类的 main 方法

这里要注意，当监控程序在其他机器部署时，可能会存在根据计算机名找不到的情况，那么就会显示虽然已经注册上了，但是实际状态是 offline 的情况。需要在客户端配置，代码如下：

```
spring:
  boot:
    admin:
      client:
        url: http://xxx.xxx.xx.xx:64000 # 向服务端注册的地址
        instance:
          prefer-ip: true # 解决 windows 下运行时无法识别主机名的问题
```

监控主界面如图 4.23 所示。

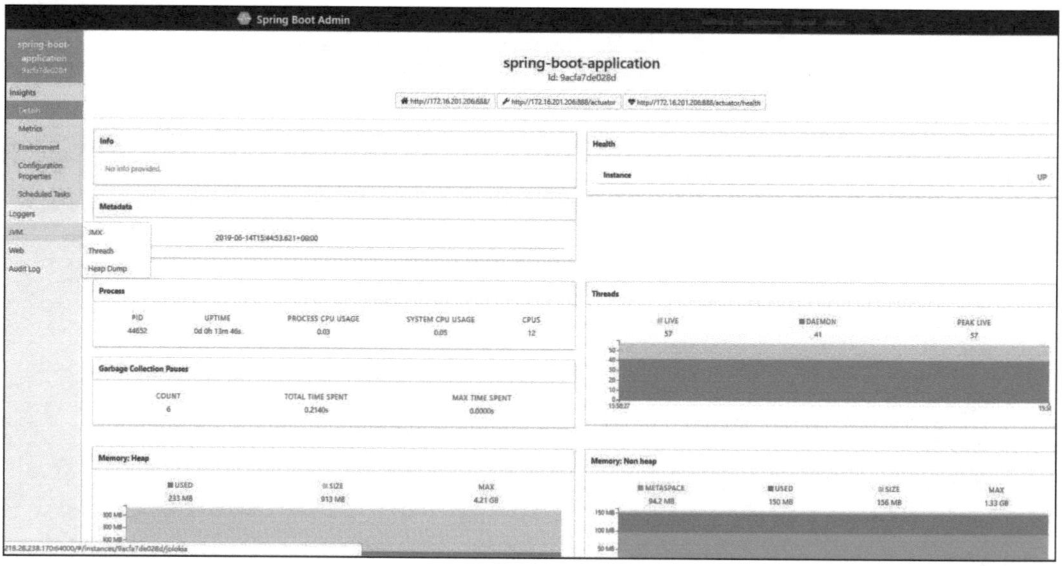

图 4.23　监控主界面

2. druid 插件

druid 插件是阿里巴巴开源平台上的一个数据库连接池实现，它结合了 C3P0、DBCP、PROXOOL 等 DB 池的优点，同时加入了日志监控，可以很好地监控 DB 池连接和 SQL 的执行情况，也可以说是针对监控而生的 DB 连接池，是目前较好的连接池。要在 Spring Boot 中使用 druid 插件，需要在配置类中增加以下代码：

```
@Bean
public ServletRegistrationBean<StatViewServlet> druidServlet() {
ServletRegistrationBean<StatViewServlet> servletRegistrationBean =
new ServletRegistrationBean<StatViewServlet>(new StatViewServlet(), "/druid/*");
    //登录查看信息的账号密码.
    servletRegistrationBean
        .addInitParameter("loginUsername","admin");
    servletRegistrationBean.addInitParameter("loginPassword","123456");
    servletRegistrationBean.addInitParameter("resetEnable", "false");
    return servletRegistrationBean;
}
```

如果使用了 shiro 过滤权限，记得要在 fitler 中增加

```
+ "/druid/**=anon;"
```

以使访问不被拦截。配置后，访问http://localhost:888/druid/login.html页面，如图 4.24 所示。

输入代码中配置的账号和密码，进行登录，即可进入 Druid Monitor 的监控页面，可以对

Web 项目及数据库连接的运行时状态进行监控，如图 4.25 所示。

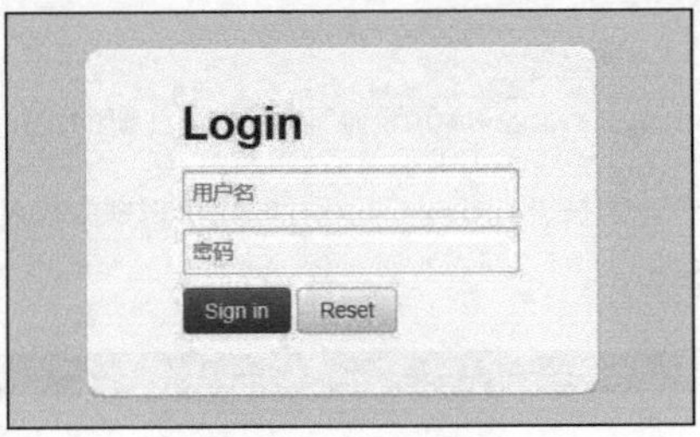

图 4.24　druid 登录界面

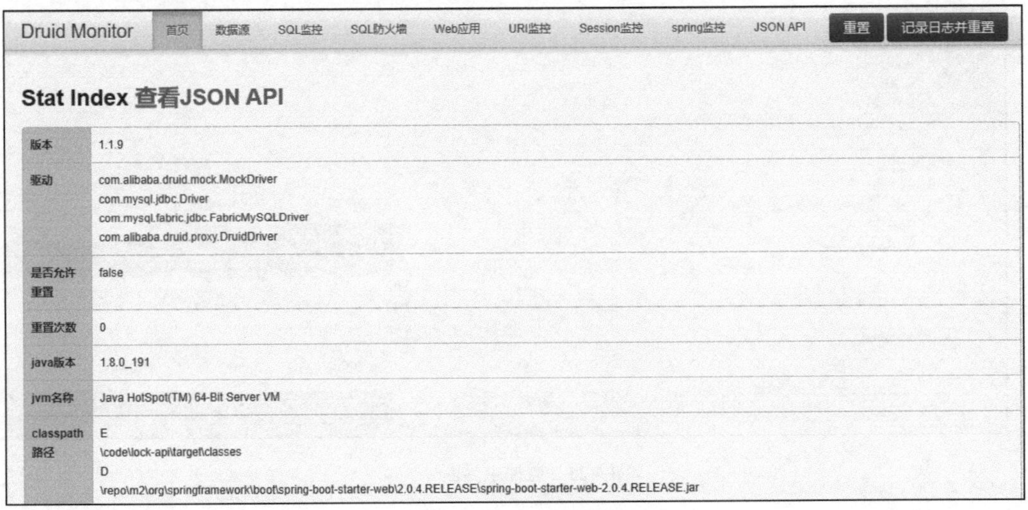

图 4.25　druid 监控界面

4.4.2　自定义 starter

Spring Boot 生态有很多的 starter 依赖，可以使开发者在开发过程中减少配置，更多关注业务功能的实现。如果想要使用 freemarker，那么只需要在 pom 中引入如下依赖即可，其中 version 参数可以省略。

```
<dependency>
    <groupId>org.springframework.boot</groupId>
     <artifactId>spring-boot-starter-freemarker</artifactId>
     <version>2.0.4.RELEASE</version>
</dependency>
```

开发者甚至可以不需要做额外的配置即可直接使用 freemarker 的功能，Spring Boot 会自动进行类的配置。如果开发者需要有一些参数自己配置，也可以根据官方说明在 Spring Boot 的 application 文件中配置来覆盖默认参数。

那么这些 starter 是怎么实现的呢？开发者可以在 Maven 依赖中看一下这个 jar 包，会发现它里面其实是没有实际的类文件的。实际上，在使用 Spring Boot 时，starter 的启动流程如下。

(1)　Spring Boot 会先扫描 starter 包下的 resources/META-INF/spring.factories 文件，根据配置文件中配置的 jar 包去扫描项目依赖的 jar 包。

(2) 根据 spring.factories 配置加载 AutoConfigure 类。

(3) 根据@Conditional 注解的条件，将配置 bean 注入 spring context 中。

另外，也可以使用@ImportAutoConfiguration(MyConf.class)来指定自动配置哪些类。

在了解了 starter 启动流程的基础上，本着学以致用的原则，开发者可以实现一个自己的 starter 依赖，以对 starter 的运行机制有更深入的理解。以下介绍一个完整自定义 starter 的流程。

(1) 创建一个 springboot 项目，添加依赖，代码如下：

```
<dependency>
    <groupId>org.springframework.boot</groupId>
    <artifactId>spring-boot-configuration-processor</artifactId>
    <optional>true</optional>
</dependency>
<dependency>
    <groupId>org.springframework.boot</groupId>
    <artifactId>spring-boot-autoconfigure</artifactId>
</dependency>
```

其中，spring-boot-configuration-processor 的作用是编译时生成 spring-configuration-metadata.json，此文件主要给 IDE 使用。一般相关属性的配置在 application.xml 文件中，开发者可以通过 Ctrl+鼠标左键单击属性名，IDE 会跳转到到配置此属性的类中。

通常来说，如果使用 Spring 官方的 starter，一般采用 spring-boot-starter-{name}的命名方式，如 spring-boot-starter-web。而对于自定义的 Starter，一般建议 artifactId 命名应遵循{name}-spring-boot-starter 的格式。

(2) 创建实体类，接收参数配置，代码如下：

```
@ConfigurationProperties("user")
@Getter
@Setter
public class UserBean {
    private String name;
    private int age;
}
```

(3) 编写 AutoConfigure 类，代码如下：

```
@Configuration
@EnableConfigurationProperties(UserBean.class)
public class StarterAutoConfigure {
    @Bean
    @ConditionalOnMissingBean
    @ConditionalOnProperty(prefix = "hello.spring.boot.starter", value = "enabled",
    havingValue = "true")
    UserBean starterService (){
        return new UserBean();
    }
}
```

上述代码中使用的注解含义如下。

- @ConditionalOnClass：当 classpath 发现该类的情况下进行自动配置。
- @ConditionalOnMissingBean：当 Spring Context 中不存在该 Bean 时。
- @ConditionalOnProperty(prefix="example.service",value="enabled",havingValue="true")：当配置文件中 example.service.enabled=true 时。

下面列举 Spring Boot 中的所有@Conditional 注解及作用如下。

- @ConditionalOnBean：当容器中有指定的 Bean 的条件下。
- @ConditionalOnClass：当类路径下有指定的类的条件下。
- @ConditionalOnExpression：基于 SpEL 表达式作为判断条件。
- @ConditionalOnJava：基于 JVM 版本作为判断条件。
- @ConditionalOnJndi：在 JNDI 存在的条件下查找指定的位置。
- @ConditionalOnMissingBean：当容器中没有指定 Bean 的情况下。
- @ConditionalOnMissingClass：当类路径下没有指定的类的条件下。
- @ConditionalOnNotWebApplication：当前项目不是 Web 项目的条件下。
- @ConditionalOnProperty：指定的属性是否有指定的值。
- @ConditionalOnResource：类路径下是否有指定的资源。
- @ConditionalOnSingleCandidate：当指定的 Bean 在容器中只有一个，或者在有多个 Bean 的情况下，用来指定首选的 Bean。
- @ConditionalOnWebApplication：当前项目是 Web 项目的条件下。

(4) 创建 spring.factories，指定当前自动配置的入口类是哪个类，代码如下：

```
org.springframework.boot.autoconfigure.EnableAutoConfiguration=hello.spring.boot
.starter.StarterAutoConfigure
```

(5) 发布并使用。在项目根目录下，执行以下代码：

```
mvn install
```

上述指令会进行打包安装，默认会将 jar 包安装到本地。

(6) 测试。在 application.xml 文件中添加配置，进行依赖引入，最后可以进行测试。代码如下：

```
@Autowired
private StarterService starterService;

@Test
public void starterTest() {
   starterService.list(1);
}
```

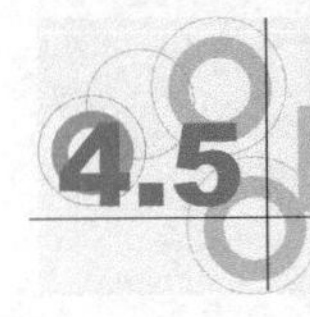

4.5 自定义 Spring Boot

在实际开发中，之所以选择 Spring Boot 框架，主要原因是其配置简单，并且内嵌 tomcat 服务器，能够提升开发效率。为对 Spring Boot 框架原理有更深入理解，本节将尝试自定义 Spring Boot。

首先，参照前面学习的内容，我们已经知道 Spring Boot 通过注解来简化配置，这里概括列举出几个必要注解：

- @Controller
- @RequestMapping

- ➢ @Service
- ➢ @Autowired

其次，从本质上来说，框架就是摒弃烦琐的操作，由单个入口接管所有请求，然后在这个入口中自己根据路由参数进行判断，并根据情况给出响应实现。通过实现 servlet，只要 url 符合/*的形式，那么就交由这个 servlet 处理，代码如下：

```
@WebServlet(urlPatterns = "/*", loadOnStartup = 1)
public class DispatcherServlet extends HttpServlet {
}
```

在本节，自定义 Spring Boot 的流程如图 4.26 所示。

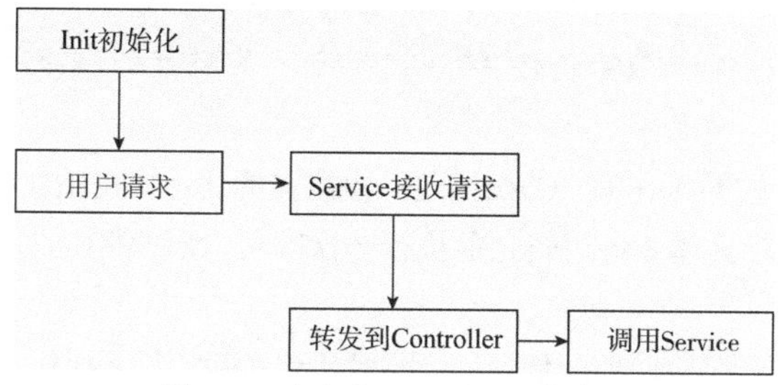

图 4.26　自定义 Spring Boot 的流程

4.5.1　定义注解

下面对几个必要注解进行简单介绍。

(1) @Controller，代码如下：

```
@Target(ElementType.TYPE)
@Retention(RetentionPolicy.RUNTIME)
@Documented
public @interface Controller {
    String value() default "";
}
```

(2) @RequestMapping，代码如下：

```
@Target({ElementType.TYPE, ElementType.METHOD})
@Retention(RetentionPolicy.RUNTIME)
@Documented
public @interface RequestMapping {
    String value() default "";
}
```

(3) @Service，代码如下：

```
@Target(ElementType.TYPE)
@Retention(RetentionPolicy.RUNTIME)
@Documented
public @interface Service {
    String value() default "";
}
```

(4) @Autowired，代码如下：

```
@Target(ElementType.FIELD)
@Retention(RetentionPolicy.RUNTIME)
```

```
@Documented
public @interface Autowired {
    String value() default "";
}
```

4.5.2 实现入口 servlet

若想实现入口 servlet，则需要创建一个 DispatcherServlet 类继承 javax.servlet.http.HttpServlet，重写 init()和 service 方法，分别负责容器初始化和接口请求处理。

```
// 容器初始化
public void init(ServletConfig config);
// 接口请求处理
protected void service(HttpServletRequest req, HttpServletResponse resp);
```

1. 容器初始化

容器初始化阶段需要做的工作有：①扫描包；②类实例化；③初始化接口映射；④依赖注入。以上工作只需要在执行具体业务逻辑之前执行一次即可，所以将其放入 init 方法中。代码如下：

```
/**
*   扫描包，初始化类，初始化 HandlerMapping,依赖注入
*/
@Override
public void init(ServletConfig config) throws ServletException {
    // TODO Auto-generated method stub
    super.init(config);
    // 根据当前类所在包为基础包名
    String packageName = this.getClass().getPackage().getName();
    // 1.扫描包
    doScanPackage(packageName);
    try {
        // 2.初始化类
        doInstance();
    } catch (IllegalAccessException e) {
        e.printStackTrace();
    } catch (InstantiationException e) {
        e.printStackTrace();
    }
    // 3.初始化 handlerMapping
    doInitHandlerMapping();
    // 4.依赖注入
    doDI();
}
```

要实现这些逻辑，需要定义三个成员变量，如下代码所示：

```
// 类名列表
private ArrayList<String> classNameList = new ArrayList<>();
// ioc 容器
private Map<String, Object> ioc = new HashMap<>();
// 请求映射
private Map<String, Method> handlerMapping = new HashMap<>();
```

然后分步骤实现对应处理，如下代码所示：

```
// 1.递归扫描包及子包下面的类
private void doScanPackage(String packageName) {
    String path = "" + packageName.replaceAll("\\.", "/");
    URL url = this.getClass().getClassLoader().getResource(path);
```

```
        File dir = new File(url.getFile());
        for (File f : dir.listFiles()) {
            if (f.isDirectory()) {
                doScanPackage(packageName + "." + f.getName());
            } else {
                String className = packageName + "." + f.getName().replace(".class", "");
                classNameList.add(className);
                System.out.println("实例化" + className);
            }
        }
    }

    // 2.初始化类，并将其放入 ioc 中
    private void doInstance() throws IllegalAccessException, InstantiationException {
        if (classNameList == null || classNameList.size() <= 0) {
            return;
        }
        for (String className : classNameList) {
            try {
                Class<?> clazz = Class.forName(className);
                if (clazz.isAnnotationPresent(Controller.class)) {
                    Controller controller = clazz.getAnnotation(Controller.class);
                    String key = controller.value();
                    // 如果 key 不是空，那么就以 key 为键存储
                    if (key != null && !"".equals(key)) {
                        ioc.put(key, clazz.newInstance());
                    } else {
                        // 否则就把首字母小写，再存储
                        ioc.put(StrKit.lowerFirst(clazz.getSimpleName()),
                        clazz.newInstance());
                    }
                } else if (clazz.isAnnotationPresent(Service.class)) {
                    Service service = clazz.getAnnotation(Service.class);
                    String key = service.value();
                    // 如果 key 不是空，那么就以 key 为键存储
                    if (key != null && !"".equals(key)) {
                        ioc.put(key, clazz.newInstance());
                    } else {
                        // 否则就把首字母小写，再存储
                        ioc.put(StrKit.lowerFirst(clazz.getSimpleName()),
                        clazz.newInstance());
                    }
                } else {
                    continue;
                }
            } catch (ClassNotFoundException e) {
                e.printStackTrace();
            }
        }
    }

    // 3.初始化 handlerMapping
    private void doInitHandlerMapping() {
        if (ioc.isEmpty()) {
            return;
        }
        try {
            Map<String, Object> url_method = new HashMap<>();
            for (Map.Entry<String, Object> entry : ioc.entrySet()) {
                Class<? extends Object> clazz = entry.getValue().getClass();
                if (!clazz.isAnnotationPresent(Controller.class)) {
                    continue;
```

```
            }
            // 拼url时，是controller上配置的和method上的合并
            String baseUrl = "";
            if (clazz.isAnnotationPresent(RequestMapping.class)) {
                RequestMapping cAnnotation =
                clazz.getAnnotation(RequestMapping.class);
                baseUrl = cAnnotation.value();
            }
            Method[] methods = clazz.getMethods();
            for (Method method : methods) {
                if (!method.isAnnotationPresent(RequestMapping.class)) {
                    continue;
                }
                RequestMapping methodAnnotation = method.getAnnotation
               (RequestMapping.class);
                String url = methodAnnotation.value();
                url = (baseUrl + "/" + url).replaceAll("/+", "/");
                handlerMapping.put(url, method);
                url_method.put(url, clazz.newInstance());
            }
        }
        ioc.putAll(url_method);
    } catch (Exception e) {
        e.printStackTrace();
    }
}

// 4.依赖注入
private void doDI() {
    if (ioc.isEmpty()) {
        return;
    }
    for (Entry<String, Object> entry : ioc.entrySet()) {
        Field[] fields = entry.getValue().getClass().getDeclaredFields();
        for (Field field : fields) {
            field.setAccessible(true);
            if (field.isAnnotationPresent(Autowired.class)) {
                Autowired rAnno = field.getAnnotation(Autowired.class);
                String value = rAnno.value();
                field.setAccessible(true);
                String key;
                if (value != null && !"".equals(value)) {
                    key = value;
                } else {
                    key = field.getName();
                }
                try {
                    field.set(entry.getValue(), ioc.get(key));
                } catch (Exception e) {
                    e.printStackTrace();
                }
            }
        }
    }
}
```

在依赖注入的过程中，如果@Autowired 没有指定 value 值，那么将使用类名首字母小写的值作为 key，方法如下：

```
public class StrKit {
    /**
     * 将传入的类名首字母转为小写
```

```
     * @param str
     * @return
     */
    public static String lowerFirst(String str) {
        // 先将字符串分割为字符数组
        char[] chars = str.toCharArray();
        // 判断首字母是否大写，如果是，那么将首字母转为小写
        if (Character.isUpperCase(chars[0])) {
            chars[0] += 32;
            // 返回转换后的字符串
            return String.valueOf(chars);
        }
        // 如果首字母不是大写字母，那么直接返回
        return str;
    }
}
```

2. 接口请求处理

接口请求处理具体代码如下：

```
@Override
protected void service(HttpServletRequest req, HttpServletResponse resp) throws
ServletException,
IOException {
    // 实际是在 service 方法中调用 get、post 等方法
    if (handlerMapping.isEmpty()) {
        return;
    }
    String uri = req.getRequestURI();
    String contextPath = req.getContextPath();

    // 拼接 url 并把多个/替换为 1 个
    uri = uri.replace(contextPath, "").replaceAll("/+", "/");

    if (!this.handlerMapping.containsKey(uri)) {
        resp.getWriter().write("404");
        return;
    }
    Method method = this.handlerMapping.get(uri);
    // 获取方法的参数列表
    Class<?>[] parameterTypes = method.getParameterTypes();
    // 获取请求的参数
    Map<String, String[]> parameterMap = req.getParameterMap();
    // 保存参数值
    Object[] paramValues = new Object[parameterTypes.length];

    for (int i = 0; i < parameterTypes.length; i++) {
        // 根据参数类型字符串
        String requestParam = parameterTypes[i].getSimpleName();
        if ("HttpServletRequest".equals(requestParam)) {
            paramValues[i] = req;
            continue;
        }
        if ("HttpServletResponse".equals(requestParam)) {
            paramValues[i] = resp;
            continue;
        }
        if ("String".equals(requestParam)) {
            for (Entry<String, String[]> param : parameterMap.entrySet()) {
                Stringvalue=Arrays.toString(param.getValue()).replaceAll("\\[|\\]", "");
                paramValues[i] = value;
```

```
                continue;
            }
        }
    }
    try {
        method.invoke(ioc.get(uri), paramValues);
    } catch (IllegalAccessException | IllegalArgumentException |
    InvocationTargetException e) {
        // TODO Auto-generated catch block
        e.printStackTrace();
    }
}
```

4.5.3 创建业务实现类

(1) 控制器层实例 UserController，代码如下：

```
@Controller
@RequestMapping("/user")
public class UserController {
    @Autowired
    private UserService userServiceImpl;
    @RequestMapping(value="/helloMvc")
    public void helloMvc(HttpServletResponse response, String name) {
        try {
            String echo = userServiceImpl.getHello(name);
            response.setCharacterEncoding("UTF-8");
            response.setContentType("text/html; charset=utf-8");
            response.getWriter().write("从 service 过来的返回值： " + echo);
        } catch (IOException e) {
            // TODO Auto-generated catch block
            e.printStackTrace();
        }
    }
}
```

(2) 业务逻辑层接口，代码如下：

```
package com.gdatacloud.zz.ssm.biz.service;
public interface UserService {
    String getHello(String name);
}
```

(3) 业务逻辑层实现类，代码如下：

```
@Service
public class UserServiceImpl implements UserService {
    @Override
    public String getHello(String name) {
        String ret = "你好，" + name;
        return ret;
    }
}
```

4.5.4 配置 tomcat

(1) 引入 tomcat 的依赖，代码如下：

```
<!-- https://mvnrepository.com/artifact/javax.servlet/javax.servlet-api -->
<dependencies>
```

```
    <dependency>
        <groupId>javax.servlet</groupId>
        <artifactId>javax.servlet-api</artifactId>
        <version>3.1.0</version>
        <scope>provided</scope>
    </dependency>
    <dependency>
        <groupId>org.apache.tomcat.embed</groupId>
        <artifactId>tomcat-embed-core</artifactId>
        <version>8.5.28</version>
    </dependency>
    <!-- Tomcat 对 jsp 支持 -->
    <dependency>
        <groupId>org.apache.tomcat</groupId>
        <artifactId>tomcat-jasper</artifactId>
        <version>8.5.16</version>
    </dependency>
</dependencies>
```

(2) 编写 tomcat 启动方法，代码如下：

```
package com.gdatacloud.zz.ssm;
import java.io.File;
import javax.servlet.ServletException;
import org.apache.catalina.LifecycleException;
import org.apache.catalina.core.AprLifecycleListener;
import org.apache.catalina.core.StandardContext;
import org.apache.catalina.startup.Tomcat;
/**
 * Hello world!
 */
public class App {
    public static int TOMCAT_PORT = 8089;
    public static String TOMCAT_HOSTNAME = "127.0.0.1";
    public static String WEBAPP_PATH = "src/main";
    public static String WEBINF_CLASSES = "/WEB-INF/classes";
    public static String CLASS_PATH = "target/classes";
    public static String INTERNAL_PATH = "/";
    public static void main(String[] args) throws LifecycleException, ServletException {
        System.out.println("Hello World!");
        //使用 java 内置 tomcat 运行 MVC 框架
        start();
    }
    public static void start() throws ServletException, LifecycleException {
        Tomcat tomcat = new Tomcat();
        tomcat.setPort(TOMCAT_PORT);
        tomcat.setHostname(TOMCAT_HOSTNAME);
        tomcat.setBaseDir("."); // tomcat 信息保存在项目下
        /*
         * https://www.cnblogs.com/ChenD/p/10061008.html
         */
        StandardContext myCtx = (StandardContext) tomcat.addWebapp"/access",
        System.getProperty("user.dir") + File.separator + WEBAPP_PATH);
        /*
         * true 时：相关 classes | jar 修改时，会重新加载资源，不过资源消耗很大
         * autoDeploy 与这个很相似，tomcat 自带的热部署不是特别可靠，效率也不高。生产环
        境不建议开启。
         * 相关文档：
         * http://www.blogjava.net/wangxinsh55/archive/2011/05/31/351449.html
         */
        myCtx.setReloadable(false);
        // 上下文监听器
```

```
        myCtx.addLifecycleListener(new AprLifecycleListener());
        // 注册 servlet
        tomcat.addServlet("/access", "demoServlet", new DispatcherServlet());
        // servlet mapping
        myCtx.addServletMappingDecoded("/*", "demoServlet");
        tomcat.start();
        tomcat.getServer().await();
    }
}
```

(3) 运行 App 类中的 main 方法。访问："http://127.0.0.1:8089/access/user/helloMvc?name=段老师"，即可测试自定义的 Spring Boot 功能，如图 4.27 所示。

localhost:8089/access/user/helloMvc?name=段老师

从service过来的返回值：你好，段老师

图 4.27　测试自定义 Spring Boot 的功能

从图 4.27 可以看出，已经成功调用了自定义的 Spring Boot 的相应功能。通过自定义实现 Spring Boot 的各个功能，相信读者对 Spring Boot 框架结构和原理有了更深入的理解。

4.6 本章小结

本章首先介绍了 Spring Boot 框架的由来，并以一个简单的例子演示了 Spring Boot 框架的使用方法；其次，重点介绍了 Spring Boot 框架的基本用法，包括接口数据校验、文件上传和下载、定时任务、拦截器、缓存技术、模板引擎、异常处理和项目部署等；最后介绍了 Spring Boot 框架的高级用法，包括运行时监控和自定义 starter 的相关知识等。另外，还介绍了自定义 Spring Boot 框架的基本流程。

4.7 习题

4.7.1 单选题

1. 下列关于 Spring Boot 框架描述不正确的是(　　)。

   A. Spring Boot 的核心是 Spring

   B. Spring Boot 框架需要开发人员定义样板化的配置

   C. Spring Boot 设计目的是用来简化新 Spring 应用的初始搭建以及开发过程

   D. 使用 Spring Boot 可以轻松地创建独立的，生产级别的 Spring 的应用程序

2. Tomcat 默认访问端口为(　　)。

   A. 7001　　B. 7070　　C. 8001　　D. 8080

3. 常用的 HTTP 动词以及对应的作用不匹配的一项是(　　)。

A. GET：获取资源　　B. POST：发送资源

C. PUT：修改资源　　D. DELETE：删除资源

4. 在 APP 与 API 的交互当中，可能存在的状态是(　　)。

A. APP 发生了一些错误——服务器端错误

B. API 发生了一些错误——客户端错误

C. 出现异常——失败

D. 所有事情都按照预期正确执行完毕

5. 下列关于 Spring Boot 的核心配置文件叙述正确的是(　　)。

A. Spring Boot 的核心配置文件是 application 和 bootstrap 配置文件

B. Spring Boot 的核心配置文件是 spring 和 bootstrap 配置文件

C. Spring Boot 的核心配置文件是 application 和 spring 配置文件

D. Spring Boot 的核心配置文件是 application 配置文件

6. Spring Boot 的核心注解有(　　)。

①@SpringBootConfiguration　②@Configuration　③@EnableAutoConfiguration

A. ①②　　B. ①③　　C. ②③　　D. ①②③

7. 以下不是正确运行 Spring Boot 的方式的是(　　)。

A. 打包用命令或者放到容器中运行　　B. 用 Maven/ Gradle 插件运行

C. 直接执行 main 方法运行　　D. 创建控制器通知类

8. Spring Boot 实现热部署的方式有(　　)。

A. 只有 Spring Loaded

B. 只有 Spring-boot-devtools

C. 有 Spring Loaded 和 Spring-boot-devtools 两种方式

D. 通过运行核心配置文件进行热部署

9. 下列属于 Spring Boot 配置文件的格式的是(　　)。

A. properties 和 yml　　B. yaml 和 json

C. properties 和 ini　　D. yml 和 yaml

10. 使用 starters 启动器时 Spring Boot 推荐和默认的日志框架是(　　)。

A. Java Util Logging　　B. Log4j2

C. Lockback　　D. 以上全部

4.7.2 填空题

1. Spring Boot 的核心依然是__________，是基于 Spring MVC4 基础之上进一步封装扩展而成的一个框架，最重要的功能在于__________，最核心的注解就是________________。

2. 常用的 HTTP 动词有__________、__________、__________、__________。

3. 热重启又可以理解为__________，主要用于开发过程中提高开发效率。

4. __________和__________容器是在项目启动的过程中已经生成上下文环境，在运行状态下修改代码并不能立即生效。

5. 配置文件有__________和__________两种格式，分别对应________________和________________两个文件，两者选择其中一种即可，当然也可以并存。

6. 类型转换方式有________________、________________。

7. Spring Boot 的拦截器需要实现____________________接口。

8. Spring 缓存引入了基于________的缓存技术，它本质上不是一个具体的缓存实现，而是提供一套规范________。

9. Spring 的缓存功能只需要在需要缓存的方法上添加注解____________。

10. 在 Spring Boot 多环境配置中，常用的有开发、测试、线上环境，那么在此处可以放置三个文件分别为__________、__________、__________。

4.7.3 简答题

1. 什么是 Spring Boot？
2. Spring Boot、Spring MVC 和 Spring 有什么区别？
3. Spring Boot 的核心配置文件有哪几个？
4. 什么是热重启？
5. Spring Boot 中类型转换器如何使用？
6. 什么是定时任务？
7. 什么是 Spring 的缓存技术？Spring 的缓存功能如何使用？Spring Boot 中缓存的使用步骤？
8. 什么是模板引擎？
9. 请简述多环境配置的过程。

4.8 实践环节

使用 Spring Boot 实现文件的上传和下载。

【实验题目】

须完成的内容如下：

(1) 定义和实现文件上传的接口。

(2) 定义和实现文件下载的接口。

(3) 使用 Spring Boot 实现权限验证的拦截器。

【实验目的】

(1) 掌握 Spring Boot 框架的基本流程。

(2) 掌握 Spring Boot 的使用技巧。

第 5 章

MyBatis框架

对于大多数的 Java Web 项目来说，数据库操作都是不可或缺的。为提高使用 JDBC 访问数据库的开发效率，一些持久层开发框架应运而生，MyBatis 就是其中的典型代表。MyBatis 原名为 ibatis，名字概念来自于 internet 和 abatis。MyBatis 通过对 JDBC 接口的封装，使用简单的 XML 或注解语言来配置和映射原生类型、接口和 Java 对象为数据库中的记录。本章主要对 MyBatis 的基本概念和用法进行简单介绍，包括 MyBatis 的由来、基本用法和高级用法等。另外，为使开发者对 MyBatis 的原理理解更深刻，本章最后还介绍了自定义 MyBatis 的流程。

本章学习目标

◎ 了解 MyBatis 框架的基本作用

◎ 了解 MyBatis 框架的基本原理

◎ 掌握 MyBatis 框架的使用流程

◎ 掌握 MyBatis 框架的基本用法

◎ 了解 MyBatis 框架的高级用法

◎ 了解自定义 MyBatis 框架的过程和方法

【内容结构】　　★为重点掌握

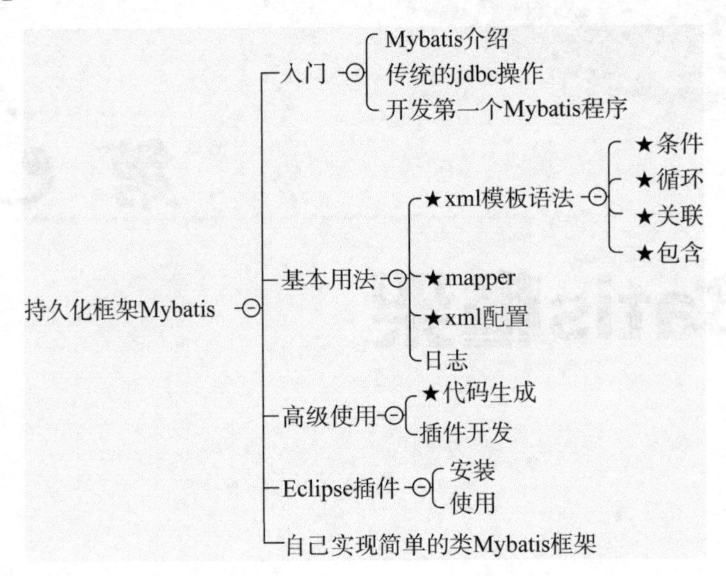

5.1 概述

5.1.1 MyBatis 简介

MyBatis 是一款优秀的持久层框架，它以 SQL 为中心，支持定制化 SQL、存储过程以及高级映射。使用 MyBatis 框架，开发者可以无须手动编写基础的 JDBC 代码、无须手动设置参数和转换结果集到对象。MyBatis 可以使用简单的 xml 或注解来配置和映射原声类型、接口和 Java 的 pojo 为数据库中的记录。

MyBatis框架本身是对JDBC的轻量级封装，学习成本低，而SQL语句也方便优化，执行效率高，使用灵活，更加适合在电商等互联网项目中使用。

本书在介绍 MyBatis 框架时，以 MySQL 数据库操作为例。

首先，创建一个用户表作为后续讲解的操作基础，表结构如图 5.1 所示。

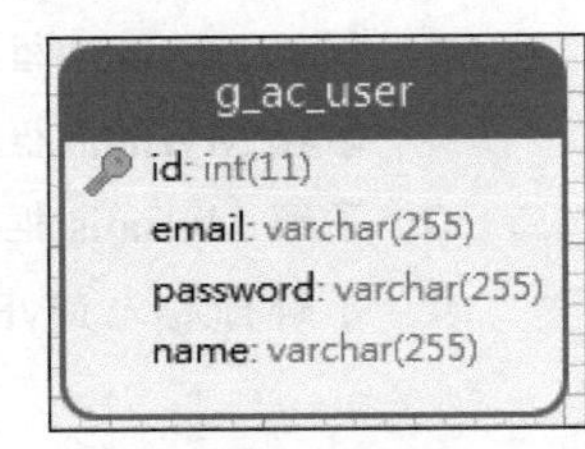

图 5.1　表结构

其次，创建 g_ac_user 表，并添加一条记录：

```
CREATE TABLE 'g_ac_user' (
  'id' int(11) NOT NULL AUTO_INCREMENT COMMENT '主键id',
  'email' varchar(255) COLLATE utf8_bin DEFAULT NULL COMMENT '邮箱地址',
  'password' varchar(255) COLLATE utf8_bin DEFAULT NULL COMMENT '密码',
  'name' varchar(255) COLLATE utf8_bin DEFAULT NULL COMMENT '姓名',
  PRIMARY KEY ('id')
  ) ENGINE=InnoDB AUTO_INCREMENT=2 DEFAULT CHARSET=utf8 COLLATE=utf8_bin
  COMMENT='用户';
```

```
INSERT INTO 'mybatis-demo'. 'g_ac_user' ('id', 'email', 'password', 'name') VALUES
(1, 'zealpane@163.com', '123', '作者');
```

5.1.2 JDBC 操作回顾

MyBatis 底层也是基于 JDBC 的，与数据库之间的访问操作通过 JDBC 完成。在开始学习 MyBatis 之前，先了解一下 JDBC。JDBC 全称为 Java Database Connectivity，是一种用于执行 SQL 语句的 Java API，可以为多种关系数据库提供统一访问接口。JDBC 隔离了操作不同数据库的访问差异。JDBC 访问操作数据库流程如下：①加载数据库驱动； ②建立数据库连接；③发送语句；④封装结果；⑤释放资源。

实例如下：

```
import java.sql.Connection;
import java.sql.DriverManager;
import java.sql.PreparedStatement;
import java.sql.ResultSet;
import java.sql.SQLException;

public class JdbcTest {
    public static void main(String[] args) {
    // 声明使用 jdbc 过程中几个必要的变量，并先初始化为 null；这里要注意引用的几个类都是
   java.sql 包下的
        Connection conn = null;
        PreparedStatement preparedStatement = null;
        ResultSet resultSet = null;
        try {
            // 加载 mysql jdbc 驱动
            Class.forName("com.mysql.jdbc.Driver");
            // 获取数据库连接
            conn = DriverManager.getConnection("jdbc:mysql://localhost:
            3306/mybatis-demo", "root", "kzxkdzt007!");
            // 定义 SQL 语句
            String selectUserSql = "select * from g_ac_user where id = ?";
            // 获取预处理 statement
            preparedStatement = conn.prepareStatement(selectUserSql);
            // 设置参数，第一个参数为参数的索引，用来确定是哪个参数，索引值从 1 开始；
           第二个参数为指定位置要设置的值，用来确定对应参数是什么值
            preparedStatement.setLong(1, 1L);
            // 查询结果集
            resultSet = preparedStatement.executeQuery();
            StringBuilder sr = new StringBuilder("id 为 1 的用户信息：\n");
            while (resultSet.next()) {
                String email = resultSet.getString("email");
                String name = resultSet.getString("name");
                sr.append("邮箱：").append(email).append("------------姓名：").
                append(name);
            }
            System.out.println(sr);
        } catch (ClassNotFoundException e) {
            e.printStackTrace();
        } catch (SQLException e) {
            e.printStackTrace();
        } finally {
            // 关闭释放资源，遵循先开后闭的原则
            if (resultSet != null) {
```

```
                    try {
                        resultSet.close();
                    } catch (SQLException e) {
                        e.printStackTrace();
                    }
                }
                if (preparedStatement != null) {
                    try {
                        preparedStatement.close();
                    } catch (SQLException e) {
                        e.printStackTrace();
                    }
                }
                if (conn != null) {
                    try {
                        conn.close();
                    } catch (SQLException e) {
                        e.printStackTrace();
                    }
                }
            }
        }
    }
```

一般来说，JDBC 代码耦合性强，需要在代码中拼接 SQL 语句，编码与传参方式不灵活，同时每一次操作都需要创建与销毁连接。针对这些不足，MyBatis 框架有相应的解决方案。使用 MyBatis 框架后，可以在 xml 中写 SQL 语句，使 SQL 语句与 Java 代码分离。

5.2 MyBatis 初探

在上述 g_ac_user 数据表定义的基础上，以下介绍 MyBatis 框架使用的基本流程。这里通过定义一个非常简单的需求——根据 id 查询用户详情，来完成第一个 MyBatis 程序。

(1) 添加依赖库。首先，需要添加 MyBatis 的依赖包，这里主要是引入 MySQL 的驱动包。代码如下：

```
<!-- https://mvnrepository.com/artifact/org.mybatis/mybatis -->
<dependency>
     <groupId>org.mybatis</groupId>
     <artifactId>mybatis</artifactId>
     <version>3.5.1</version>
</dependency>
<dependency>
     <groupId>mysql</groupId>
     <artifactId>mysql-connector-java</artifactId>
     <version>5.1.46</version>
</dependency>
```

(2) 在 build 中添加资源引入配置，代码如下：

```
<build>
    <!-- 因为在后面的步骤中，会在 dao 包下创建 xml 文件，如果未加入上面的内容，maven 是不
   会将 xml 文件发布到编译后的 classes 目录下，这样就导致 mybatis 找不到该配置文件 -->
```

```
    <resources>
        <resource>
            <directory>src/main/java</directory>
            <includes>
                <include>**/*.xml</include>
            </includes>
        </resource>
        <!-- 这里把 src/main/resources 也加入资源查找的目录 -->
        <resource>
            <directory>src/main/resources</directory>
        </resource>
    </resources>
</build>
```

(3) 创建实体类。创建与数据表 g_ac_user 对应的实体类，这里通过 lombok 的@Data 注解，减少代码量。代码如下：

```
import lombok.Data;
/**
 * 用户实体类
*/
@Data
public class User {
    private Integer id;
    private String name;
    private String email;
    private String password;
}
```

(4) 创建对应数据表。

创建数据库语句：

```
CREATE DATABASE 'mybatis-first' CHARACTER SET 'utf8' COLLATE 'utf8_bin';
```

创建数据表语句，这里设置主键 id 为自动递增：

```
SET NAMES utf8mb4;
SET FOREIGN_KEY_CHECKS = 0;

-- ----------------------------
-- Table structure for g_ac_user
-- ----------------------------
DROP TABLE IF EXISTS 'g_ac_user';
CREATE TABLE 'g_ac_user'  (
  'id' int(11) NOT NULL AUTO_INCREMENT COMMENT '主键id',
  'email' varchar(255) CHARACTER SET utf8 COLLATE utf8_bin NULL DEFAULT NULL
 COMMENT '邮箱地址',
  'password' varchar(255) CHARACTER SET utf8 COLLATE utf8_bin NULL DEFAULT NULL
 COMMENT '密码',
  'name' varchar(255) CHARACTER SET utf8 COLLATE utf8_bin NULL DEFAULT NULL
 COMMENT '姓名',
  PRIMARY KEY ('id') USING BTREE
  ) ENGINE = InnoDB AUTO_INCREMENT = 1 CHARACTER SET = utf8 COLLATE = utf8_bin
 ROW_FORMAT = Compact;

SET FOREIGN_KEY_CHECKS = 1;
```

(5) 添加 xml 映射文件，代码如下：

```
<?xml version="1.0" encoding="UTF-8"?>
<!DOCTYPE mapper
```

```
PUBLIC "-//mybatis.org//DTD Mapper 3.0//EN"
"http://mybatis.org/dtd/mybatis-3-mapper.dtd">
<mapper namespace="org.mybatis.first.mapper.UserMapper">
    <select id="selectUserById"
        resultType="org.mybatis.first.entity.User">
        select * from g_ac_user where id = #{id}
    </select>
</mapper>
```

(6) 添加 mybatis.xml 配置文件。在 src/main/resources 目录下创建 mybatis-config.xml，用以配置数据源、注册映射文件，代码如下：

```
<?xml version="1.0" encoding="UTF-8"?>
<!DOCTYPE configuration
PUBLIC "-//mybatis.org//DTD Config 3.0//EN"
"http://mybatis.org/dtd/mybatis-3-config.dtd">
<configuration>
    <environments default="development">
    <environment id="development">
    <transactionManager type="JDBC" />
    <!-- 数据库连接的配置信息：数据库驱动、连接 URL、用户名、密码 -->
    <dataSource type="POOLED">
    <property name="driver" value="com.mysql.jdbc.Driver" />
    <property name="url" value="jdbc:mysql://localhost:3306/mybatis-demo" />
        <property name="username" value="root" />
        <property name="password" value="kzxkdzt007!" />
    </dataSource>
    </environment>
    </environments>
    <!-- 将写好的 sql 映射文件(EmployeeMapper.xml)一定要注册到全局配置文件(mybatis-
   config.xml)中 -->
    <mappers>
    <mapper resource="org/mybatis/first/mapper/UserMapper.xml" />
    </mappers>
</configuration>
```

(7) 测试。每个基于 MyBatis 的应用都是以一个 SqlSessionFactory 的实例为核心的。SqlSessionFactory 的实例可以通过 SqlSessionFactoryBuilder 获得，而 SqlSessionFactoryBuilder 则可以从 xml 配置文件或一个预先定制的 Configuration 的实例构建出 SqlSessionFactory 的实例。

MyBatis 封装了对数据库的访问，把对数据库的会话和事务控制放到了 SqlSession 对象中。

MyBatis 操作数据库有以下两种方式。

(1) 从 ibatis 继承的传统的 sqlSession 接口操作，操作如下：

```
import java.io.IOException;
import java.io.InputStream;
import org.apache.ibatis.io.Resources;
import org.apache.ibatis.session.SqlSession;
import org.apache.ibatis.session.SqlSessionFactory;
import org.apache.ibatis.session.SqlSessionFactoryBuilder;
import org.mybatis.first.entity.User;
import lombok.extern.slf4j.Slf4j;
/**
 * 用传统的 sqlSession 操作数据库
 *
 */
public class SqlSessionTest
{
    public static void main( String[] args ) throws IOException
```

```
    {
    String resource = "mybatis-config.xml";
    InputStream inputStream = Resources.getResourceAsStream(resource);
    // 构建 sqlSession 工厂
    SqlSessionFactory sessionFactory = new SqlSessionFactoryBuilder().
    build(inputStream);
    // 获取 sqlSession 实例
    SqlSession sqlSession = sessionFactory.openSession();
    try {
    User u = sqlSession.selectOne("org.mybatis.first.entity.selectUserById", 1);
        if (u != null) {
        System.out.println(u);
        } else {
        System.out.println("用户不存在");
        }
    }
  finally
 {sqlSession.close();}
    }
}
```

(2) 使用 Mapper 的操作方式，代码如下：

```
import java.io.IOException;
import java.io.InputStream;
import org.apache.ibatis.io.Resources;
import org.apache.ibatis.session.SqlSession;
import org.apache.ibatis.session.SqlSessionFactory;
import org.apache.ibatis.session.SqlSessionFactoryBuilder;
import org.junit.Test;
import org.mybatis.first.entity.User;
import lombok.extern.slf4j.Slf4j;
@Slf4j
public class MybatisFirstTest {
    @Test
    public void sqlSessionTest() throws IOException {
        String resource = "mybatis-config.xml";
        InputStream inputStream = Resources.getResourceAsStream(resource);
        // 构建 sqlSession 工厂
        SqlSessionFactory sessionFactory = new SqlSessionFactoryBuilder().
        build(inputStream);
        // 获取 sqlSession 实例
        SqlSession sqlSession = sessionFactory.openSession();
        try {
            User u = sqlSession.selectOne("org.mybatis.first.entity.
            selectUserById", 1);
            log.info(u.toString());
        } finally {
            sqlSession.close();
        }
    }
}
```

以上两种操作方式的输出结果是一致的，输出结果为：

```
User(id=1, username=null, email=zealpane@163.com, password=123)
```

5.3 基本用法

5.3.1 xml 映射文件

在 MyBatis 框架中，数据库操作映射是由 xml 配置文件和 mapper 映射方法共同组成的。以下分别对数据库操作常用的增、删、改、查操作的配置方式进行简要介绍。

1. 增加

在 insert 标签中写 insert 语句进行数据新增。

(1) 不传参插入，代码如下：

```
<!-- 插入 -->
<insert id="insertUser">
    INSERT INTO 'mybatis-demo'.'g_ac_user' ('id','email','password','name') VALUES
( 1, 'zealpane@163.com', '123', '作者' );
</insert>
```

上述是最简单的方式，在语句中直接给 SQL 语句写上固定的值，然后对应的 mapper 方法只需要写成：

```
public void insertUser();
```

但是在实际应用的时候，一般是会根据前端传过来的参数进行赋值，再传入 SQL 语句参数中插入数据库。因此，可以对上面的程序稍作改造。

(2) parameterType 指定类型，代码如下：

```
<insert id="insertUser2" parameterType="org.mybatis.first.entity.User">
    INSERT INTO 'mybatis-demo'. 'g_ac_user' ('email', 'password', 'name' )
    VALUES( #{email}, #{password}, #{name} );
</insert>
```

对应的 mapper 方法如下：

```
public void insertUser2(User user);
```

(3) @Param 注解指定名称。这里同样也可以不在 xml 中指定传入参数的类型，如下的写法也是可行的：

```
<insert id="insertUserWithParam">
    INSERT INTO 'mybatis-demo'.'g_ac_user' ('email', 'password', 'name' ) VALUES

    ( #{user.email}, #{user.password}, #{user.name} );
</insert>
```

对应 mapper 方法如下：

```
public void insertUserWithParam(@Param("user") User user);
```

2. 删除

在 delete 标签中写删除语句：

```
<delete id= "deleteUserById" >
    DELETE FROM g_ac_user WHERE id=#{eid}
</delete>
```

对应的 mapper 接口方法：

```
/* 删除 */
public void deleteUserById(Integer id);
```

3. 修改

在 delete 标签中写修改语句：

```
<update id="updateUserById">
       UPDATE 'mybatis-demo'. 'g_ac_user'
         SET 'email' = 'zealpane@163.com',
         'password' = '123',
         'name' = '作者'
         WHERE
              'id' = 1;
</update>
```

对应 mapper 接口方法：

```
/* 修改*/
public void updateUserById(User user);
```

4. 查询

在 select 标签中写查询语句：

```
<select id="selectUserById" resultType="org.mybatis.first.entity.User">
    select * from g_ac_user where id = #{id}
</select>
```

对应 mapper 接口方法：

```
/**
     * 根据用户 id 查询用户信息
     * @return
     */
    public User selectUserById(Integer id);
```

(1) 模糊查询。在 SQL 中模糊查询时使用 like 关键词，在之前的学习中了解到等号的使用方式是直接在等号后面写上变量即可，那么 like 在 MyBatis 中怎么使用呢？主要有以下几种方式。

① 使用模板变量，代码如下：

```
name like '%${name}%'
```

② 使用双引号包裹%，代码如下：

```
name like "%"#{name}"%"
```

③ CONCAT 函数连接字符串，代码如下：

```
name like CONCAT('%',#{keyword},'%')
```

(2) 结果映射。resultMap 是 MyBatis 中提供的一个非常强大的功能，虽然通过 resultType=java.util.HashMap 也可以来指定返回值的包装，在大部分情况下都够用，但是 HashMap 不是一个较好的领域模型。因此，开发者更多地会使用 JavaBean 和 POJO 作为领域模型，MyBatis 对两者都提供了支持，但两者不能同时使用。

select 的 resultMap 值对应 resultMap 标签的 id，实例如下：

```
<resultMap type="org.mybatis.first.entity.User" id="userResult">
   <result property="id" column="id" />
   <result property="name" column="name" />
   <result property="email" column="email" />
   <result property="password" column="password" />
</resultMap>
<select id="selectResultMapTest" resultMap="userResult">
   select * from g_ac_user where id = #{id}
</select>
```

(3) 结果缓存。MyBatis 缓存机制有两级：一级缓存已经自动开启，无须手动操作，而且不能关闭；二级缓存需要手动开启。

二级缓存开启方式：在全局配置文件的 settings 标签中增加或修改如下配置：

```
<setting name="cacheEnabled" value="true"/>
```

然后在响应的 xml 映射文件中增加 cache 标签：

```
<cache></cache>
```

cache 元素用来开启当前 mapper 的 namespace 下的二级缓存，该元素的属性设置如下。

- flushInterval：刷新间隔，可以被设置为任意的正整数，它们代表一个合理的毫秒形式的时间段，默认情况下是不设置的，也就是没有刷新间隔，缓存仅调用语句时刷新。
- size：缓存数目，可以被设置为任意正整数，要记住缓存对象数目和运行环境可用内存资源数目，默认值是 1024。
- readOnly：只读，属性可以被设置为 true 或 false。因为只读的缓存会给所有调用者返回缓存对象的相同实例，所以这些对象不能被修改。这提供了很重要的性能优势，可读写的缓存会返回缓存对象的复制(通过序列化)，这个操作会慢一些，但是安全，因此默认是 false。
- eviction：收回策略，默认为 LRU，有如下几种：
  - LRU：最近最少使用的策略，移除最长时间不被使用的对象。
  - FIFO：先进先出策略，按对象进入缓存的顺序来移除它们。
  - SOFT：软引用策略，移除基于垃圾回收器状态和软引用规则的对象。
  - WEAK：弱引用策略，更积极地移除基于垃圾收集器状态和弱引用规则的对象。

示例：

```
<cache eviction="FIFO" flushInterval="60000" size="1000" readOnly="true"/>
```

表示创建一个先进先出策略的缓存，每隔 60 秒刷新一次，最大能存储 1000 个对象，返回的对象不可修改。

5.3.2 动态 SQL 语句

动态 SQL 语句也是 MyBatis 非常强大的一个特性，可以让开发者在 SQL 语句编写过程中减少出错的概率。

动态 SQL 语句通过使用类似 xml 的语法来进行逻辑的判断与处理，MyBatis 通过使用功能强大的 OGNL 表达式，大大精简了元素的种类，使得学习成本更低。

在动态 SQL 语句中，#方式能很大程度防止 SQL 注入，$方式无法防止 SQL 注入。$一般用于传入数据库对象，比如表名、列名。$功能很强大，可以直接从模板编译的层面填充变量值。但正因如此，使其安全性受到更多威胁，一般能用#的就尽量不用$。

动态 SQL 相关标签包括条件、循环、关联和包含几个分类。

1. 条件型

根据条件判断是否拼接语句，包含标签组 if、choose(when、otherwise)、trim 等。

(1) if、where。一般用来根据前端传过来的条件进行筛选，比如当前端要在设备列表中根据设备名称查询设备列表。

在传统的写法中，为了减少后续代码的判断，通常会在 where 后加上一个 1=1 这样无意义的条件，以方便后续的条件拼接，如：

```
<!-- 查询用户列表实例 1 -->
    <select id="getList">
        select * from g_ac_user where 1=1
        <if test="name != null and name != ''">
            and name = #{name}
        </if>
        <if test="gender != null and gender != ''">
            and gender = #{gender}
        </if>
    </select>
```

如果放在 where 标签内，则 where 标签会自动帮助开发者判断，当 where 中的条件有一项 if 是 true 而拼接了 and 或 or 语句，那么就会自动将 where 加上；否则将不会加上 where。

```
<!-- 查询用户列表实例 1 -->
    <select id="getList">
        select * from g_ac_user where 1=1
        <if test="name != null and name != ''">
            and name = #{name}
        </if>
        <if test="gender != null and gender != ''">
            and gender = #{gender}
        </if>
    </select>
```

(2) choose，主要包含的标签有以下两个：when 和 Otherwise。

choose 标签实现在多个选项中进行判断的逻辑，有些类似于 Java 代码中 switch 语句。

在 MyBatis 中没有 else 标签，要实现 if、elseif、else 功能，也需要借助于这个标签来实现。这里实现当前端不传某个设备状态的时候，查询的设备列表中不包含标记为“已删除”状态的设备，示例语句如下：

```
<!-- 查询用户列表实例 3 -->
    <select id="getList3WithStatus">
        select * from g_ac_user
        <where>
            <choose>
                <when test="status != null and status != ''">
                    and status = #{status}
                </when>
                <otherwise>
                and status != -1
```

```
                </otherwise>
            </choose>
        </where>
    </select>
```

虽然在大部分情况下，前面的条件判断标签已经能满足日常使用的需求，但是假如在特殊场景下，用户依然会有灵活控制的需求。通过 trim 标签，可以实现类似于自定义标签的功能，实现更灵活的控制。下面以实现一个 where 为例，与 where 标签等价的 trim 标签如下：

```
<trim prefix="WHERE" prefixOverrides="AND |OR ">
  ...
</trim>
```

这里的 prefixOverrides 就会将以 | 分割开的值作为比较项，当子句中存在 AND 或者 OR 时，则会在其前面增加 where 字符串。注意这里的 AND 和 OR 旁边的空格也是必须的。

2. 循环型

循环型主要使用 foreach 标签。foreach 标签对集合进行操作，可以用来进行多条数据的插入或更新，以及查询语句的自动拼接。

(1) 根据 id 数组查询列表，模板语句：

```
<!-- 根据 id 数组查询列表，传入数据名称为 ids，数据类型为整形数组 -->
    <select id="getList3WithStatus">
    select * from g_ac_user where id in
    <foreach collection="ids" index="index" item="item" open="("
    separator="," close=")">#{item}
    </foreach>
    </select>
```

对应的 mapper 接口方法：

```
public List<User> getList3WithStatus(List<Integer> ids);
```

(2) 批量插入，模板语句：

```
<!-- 批量插入 -->
    <insert id="insertUserBatch">
    INSERT INTO `mybatis-demo`.`g_ac_user`(`email`, `password`, `name`) VALUES
    <foreach collection ="userList" item="item" index= "index" separator =",">
    (#{item.email}, #{item.password}, #{item.name});
    </foreach>
    </insert>
```

对应的 mapper 接口方法：

```
public void insertUserBatch(@Param("userList") List<User> userList);
```

3. 关联

关联查询一般有两种方式，分别是“嵌套结果”和“嵌套查询”。嵌套查询的语句一般结构简单，但是在一次查询中要执行多条 SQL 语句，效率会比较低；嵌套结果的语句结构比较复杂，但是语句只执行一次，性能相对高一些。

关联查询的场景包括一对一、一对多、多对一。

(1) 一对一。示例：如果一条账号信息对应一条用户信息，那么登录表和用户表就是一对一的关系。所以，需要先创建账号信息表和身份信息表，再定义映射文件，如图 5.2 所示。

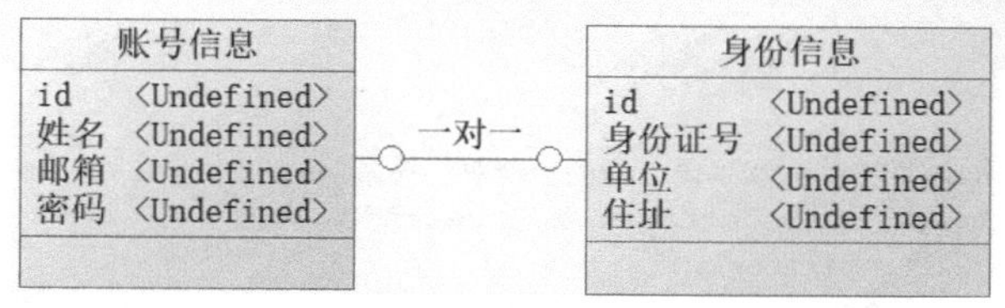

图 5.2 一对一关系

① 创建账号信息表，代码如下：

```
CREATE TABLE 'g_ac_user' (
  'id' int(11) NOT NULL AUTO_INCREMENT COMMENT '主键 id',
  'email' varchar(255) COLLATE utf8_bin DEFAULT NULL COMMENT '邮箱地址',
  'password' varchar(255) COLLATE utf8_bin DEFAULT NULL COMMENT '密码',
  'name' varchar(255) COLLATE utf8_bin DEFAULT NULL COMMENT '姓名',
  PRIMARY KEY ('id')
) ENGINE=InnoDB AUTO_INCREMENT=2 DEFAULT CHARSET=utf8 COLLATE=utf8_bin COMMENT=
'用户';
```

② 创建身份信息表，代码如下：

```
CREATE TABLE 'g_ac_user_info' (
  'user_id' int(11) NOT NULL,
  'id_card' varchar(255) COLLATE utf8_bin DEFAULT NULL COMMENT '身份证号码',
  'unit' varchar(255) COLLATE utf8_bin DEFAULT NULL COMMENT '单位',
  'address' varchar(255) COLLATE utf8_bin DEFAULT NULL COMMENT '住址',
  PRIMARY KEY ('user_id')
) ENGINE=InnoDB DEFAULT CHARSET=utf8 COLLATE=utf8_bin COMMENT='用户信息';
```

③ 定义 SQL 映射文件，主要有两种方法：嵌套结果和嵌套查询。

➢ 嵌套结果。实际上就是通过 join 表连接查询，然后通过 resultMap 指定返回值结构包装，代码如下：

```
<resultMap type="java.util.HashMap" id="userMap">
    <id column="id" property="id"/>
    <result column="name" property="name"/>
    <result property="email" column="email" />
    <collection property="students" ofType="UserInfo" column="id">
        <id column="user_id" property="id"/><!-- 这里的 column 对应的是下面查询的别名，而
        不是表字段名 -->
        <result column="id_card" property="id_card"/><!-- property 对应 JavaBean 中的
        属性名 -->
        <result column="unit" property="unit"/>
        <result column="address" property="address"/>
    </collection>
</resultMap>
<select id="getInfos" parameterType="User" resultMap="userMap">
    SELECT
        u.*, info.*
    FROM
        g_ac_user u
    LEFT JOIN g_ac_user_info info ON u.id = info.user_id
</select>
```

➢ 嵌套查询。实际是做多次查询，将表之间关联的数据关系拆分为多条语句执行。如下示例，首先执行查询从 g_ac_user 表中取对应记录的数据，然后在结果映射中通过 association 指定其中 info 属性具体值的来源是 id 位 getUserInfo 的 select 标签查询。

```
<select id="getUser" parameterType="int" resultMap="getInfo">
```

```
    select *
    from g_ac_user where id=#{id}
</select>
<!-- 使用 resultMap 映射实体类和字段之间的一一对应关系 -->
<resultMap type="java.util.HashMap" id="getInfo">
    <id property="id" column="id" />
    <result property="name" column="name" />
    <association property="info" column="id"
        select="getUserInfo" />
</resultMap>
<select id="getUserInfo" parameterType="int"
    resultType="java.util.Map">
    SELECT user_id, id_card, unit, address FROM g_ac_user_info WHERE user_id=#{id}
</select>
```

(2) 一对多。这里假设一个账号对应多条用户信息。指定 collection 标签的 property 属性，通过 select 属性指定下一步查询使用的语句 id，通过 column 属性向下一步查询传递参数。

① 嵌套结果，代码如下：

```
<resultMap type="java.util.HashMap" id="userMap">
    <id column="id" property="id"/>
    <result column="name" property="name"/>
    <result property="email" column="email" />
        <collection property="students" ofType="UserInfo" column="id">
            <id column="user_id" property="id"/><!-- 这里的 column 对应的是下面查询的别名，而
            不是表字段名 -->
            <result column="id_card" property="id_card"/><!-- property 对应 JavaBean 中
            的属性名 -->
            <result column="unit" property="unit"/>
            <result column="address" property="address"/>
        </collection>
</resultMap>
<select id="getInfos" parameterType="User" resultMap="userMap">
    SELECT
        u.*, info.*
    FROM
        g_ac_user u
    LEFT JOIN g_ac_user_info info ON u.id = info.user_id
</select>
```

② 嵌套查询，代码如下：

```
<resultMap type="Teacher" id="userMaps">
    <id column="id" property="id"/>
    <result column="name" property="name"/>
    <result column="email" property="email"/>
    <collection property="info" ofType="UserInfo" select="getUserInfoList"
    column="id">
    </collection>
</resultMap>
<select id="getUser" parameterType="User" resultMap="userMaps">
    SELECT
        *
    FROM
        g_ac_user
</select>
<select id="getUserInfoList" parameterType="int" resultType="java.util.HashMap">
    select
        *
    from g_ac_user_info
```

```
    where user_id = #{id}
</select>
```

(3) 多对一。人员属于某个单位，这里创建单位表，包含字段 id、unit_name

① 嵌套结果，代码如下：

```
<resultMap type="User" id="resultPostsMap">
    <result property="id" column="unit_id" />
    <result property="unit_name" column="unit_name" />
    <association property="user" javaType="User">
        <id property="id" column="userid"/>
        <result property="name" column="name"/>
        <result property="email" column="email"/>
    </association>
</resultMap>
<select id="getPosts" resultMap="resultPostsMap" parameterType="int">
    SELECT u.*, info.* FROM  g_ac_user u LEFT JOIN g_ac_user_info info ON u.id =
    info.user_id
</select>
```

② 嵌套查询，代码如下：

```
<!-- 多对一查询  -->
    <resultMap type="Student" id="slist">
        <!-- 跟一对一一样用 association 标签,实体类定义的成员,要跟数据库字段名对应上 -->
        <association property="unit" column="id"
        select="selectUnit"/> <!-- 用接口里定义的方法，根据 student 表中的 major 字段查出对
        应数据 -->
    </resultMap>
    <!-- 查全部 -->
    <select id="selectall" resultMap="slist" >
        select * from student
    </select>
    <!-- 根据人员查单位  -->
    <select id="selectUnit" parameterType="Integer" resultType="Unit">
        select * from g_ac_unit unit where unit.id=#{unit_id}
</select>
```

4. 包含

封装是面向对象的三大特性之一。MyBatis 也提供了 include 和 sql 标签来实现包含的功能。可以通过 sql 标签定义通用语句，比如将条件查询拆分然后在多处引用，MyBatis 会在编译阶段将其合并。

比如对于查询用户列表，拆分前代码如下所示，条件判断只能在这一处使用。

```
<!-- 查询用户列表实例 2，if 在 where 标签内 -->
    <select id="getList2">
        select * from g_ac_user
        <where>
            <if test="name != null and name != ''">
                and name = #{name}
            </if>
            <if test="gender != null and gender != ''">
                and gender = #{gender}
            </if>
        </where>
    </select>
```

拆分后，将 if 条件判断放入 sql 标签内，那么 whereCondition 就是一个可复用的语句块，

可以在多个地方引用，减少代码重复。

```
<sql id="whereCondition">
        <if test="name != null and name != ''">
            and name = #{name}
        </if>
        <if test="gender != null and gender != ''">
            and gender = #{gender}
        </if>
    </sql>
    <!-- 查询用户列表实例 2，if 在 where 标签内 -->
    <select id="getList2">
        select * from g_ac_user
        <where>
            <include refid="whereCondition"></include>
        </where>
    </select>
```

5.3.3 mapper

MyBatis 中的 mapper 是指 MyBatis 执行数据库操作的接口和方法，在非注解模式下还包括与当前 mapper 类所对应的 xml 文件。

在 MyBatis 提供的功能中，可以直接在 java mapper 接口上及其方法参数上使用注解，可用注解如下。

- @Insert：新增，和 xml insert sql 语法完全一样。
- @Select：查询，和 xml select sql 语法完全一样。
- @Update：更新，和 xml update sql 语法完全一样。
- @Delete：删除，和 xml delete sql 语法完全一样。
- @Param：入参，通过 value 指定 sql 语句中可用的参数名称。
- @Results：结果集合。
- @Result：结果。

由于在 xml 中已经讲解了相关语法，所以此处不再赘述，提供示例如下：

```
@Insert("INSERT INTO g_ac_user (id, username, password) VALUES (#{id}, #{username},
#{password})")
int addUserAssignKey(User user);
```

5.3.4 MyBatis 的 xml 配置

xml 映射配置文件包含了对 MyBatis 框架运行较为重要的 properties、settings 和 typeAliases 信息等，以下分别予以介绍。

1. properties

这些属性都是可以外部配置并且可以动态替换的，既可以在典型的 Java 属性文件中配置，也可以通过 properties 元素的子元素来传递，例如：

```
<properties resource="org/mybatis/example/config.properties">
    <property name="username" value="a"/>
    <property name="username" value="a"/>
</properties>
```

其中的属性可以在整个配置文件中使用来替换需要动态配置的属性值，比如：

```
<dataSource type="POOLED">
  <property name="driver" value="${driver}"/>
  <property name="url" value="${url}"/>
  <property name="username" value="${username}"/>
  <property name="password" value="${password}"/>
</dataSource>
```

这个例子中的 username 和 password 将会由 properties 元素中设置的相应值来替换。driver 和 url 属性将会由 config.properties 文件中对应的值来替换，这样就为配置提供了诸多灵活选择，属性也可以被传递到 SqlSessionBuilder.build()方法中。例如：

```
SqlSessionFactory factory = sqlSessionFactoryBuilder.build(reader, props);
// 或者
SqlSessionFacotyr factory = sqlSessionFactoryBuilder.build(reader, environment,
props);
```

如果属性在多个地方进行了配置，那么 MyBatis 加载的顺序如下。

(1) 在 properties 元素体内指定的属性首先被读取。

(2) 根据 properties 元素中的 resource 属性读取类路径下的属性文件，或者根据 url 属性文件或根据 url 属性指定的路径读取属性文件，并覆盖已经读取的同名属性。

(3) 读取作为方法参数传递的属性，并覆盖已经读取的同名属性。

因此，通过方法参数传递的属性具有最高优先级，resource/url 属性中指定的配置文件次之，properties 中指定属性优先级最低。

2. settings

这是 MyBatis 中极为重要的参数调整，它们会改变 MyBatis 的运行时行为。一个完整的 settings 元素的示例如下：

```
<settings>
<setting name="cacheEnabled" value="true"/>
  <setting name="lazyLoading" value="true"/>
  <setting name="multipleResultSetsEnabled" value="true"/>
  <setting name="useColumnLabel" value="true"/>
  <setting name="useGeneratedKes" value="false"/>
  <setting name="autoMappingBehavior" value="PARTIAL"/>
  <setting name="defaultExecutorType" value="SIMPLE"/>
  <setting name="defaultStatementTimeout" value="25"/>
  <setting name="safeRowBoundsEnabled" value="false"/>
  <setting name="mapUnderscoreToCamelCase" value="false"/>
  <setting name="localCacheScope" value="SESSION"/>
  <setting name="jdbcTypeForNull" value="OTHER"/>
  <setting name="lazyLoadTriggerMethods" value="equals, clone, hashCode, toString"
</settings>
```

3. typeAliases

类型别名是为 Java 类型设置一个短的名字，它只和 XML 配置有关，存在的意义仅在于用来减少类完全限定类型的冗余，例如：

```
<typeAliases>
    <typeAlias alias="Blog" type="domain.blog.Blog"/>
</typeAliases>
```

当这样配置时，Blog 不仅可以用在任何使用 domain.blog.Blog 的地方，也可以指定一个包名，MyBatis 会在包名下搜索需要的 Java Bean，比如：

```
<typeAliases>
  <package name="domain.blog"/>
</typeAliases>
```

每一个在包 domain.blog 中的 Java Bean，在没有注解的情况下，会使用 Bean 的首字母小写的非限定类名来作为它的别名。

比如 domain.blog.Author 的别名为 author；若有注解，则别名为其注解值。示例如下：

```
@Alias("author")
public class Author {
    ...
}
```

表 5.1 所示为常见 Java 类型内建类型别名，它们都是不区分大小写的。

表 5.1　常见 Java 类型内建类型别名

别名	映射的类型
_byte	byte
_long	long
_short	short
_int	int
_integer	int
_double	double
_float	float
_boolean	boolean
string	String
byte	Byte
long	Long
short	Short
int	Integer
integer	Integer
double	Double
float	Float
boolean	Boolean
date	Date
decimal	BigDecimal
bigdecimal	BigDecimal
object	Object
map	Map
hashmap	HashMap
list	List
arraylist	ArrayList
collection	Collection
iterator	Iterator

若想映射枚举类型 Enum，则需要从 EnumTypeHandler 或者 EnumOrdinalTypeHandler 中选一个来使用。默认情况下，MyBatis 会利用 EnumtypeHandler 来把 Enum 值转换成对应的名字。

5.3.5 日志

一般来说，MyBatis 内置日志工厂在运行时选择合适的日志工具，并且内置的日志工厂将从以下日志实现中按顺序查找：①slf4j；②Apache Commons Logging；③Log4j 2；④Log4j；⑤JDK Logging。

如果未找到，那么日志功能不启用。

因为在一些 Java 服务器中已经内置了 Apache Commons Logging 的实现，所以当 MyBatis 的运行环境在这些服务器中时，需要在配置文件中添加一个 setting 配置，代码如下：

```
<configuration>
   <settings>
      <setting name="logImpl" value="LOG4J"/>
   </settings>
</configuration>
```

logImpl 可选的值有 SLF4J、LOG4J、LOG4J2、JDK_LOGGING、COMMONS_LOGGING、STDOUT_LOGGING、NO_LOGGING，或者是实现了接口 org.apache.ibatis.logging.Log 的，且构造方法是以字符串为参数的类的完全限定名。

日志输出需要用到 src/main/resources 下的 log4j.properties 配置文件，示例如下：

```
#定义 LOG 输出级别
log4j.rootLogger=DEBUG,INFO,Console,File
#定义日志输出目的地为控制台
log4j.appender.Console=org.apache.log4j.ConsoleAppender
log4j.appender.Console.Target=System.out
#可以灵活地指定日志输出格式，下面一行是指定具体的格式
log4j.appender.Console.layout = org.apache.log4j.PatternLayout
log4j.appender.Console.layout.ConversionPattern = [%p] [%d{yyyy-MM-dd
HH\:mm\:ss}][%c]%m  %l%n
#mybatis 部分
log4j.logger.com.ibatis=DEBUG
log4j.logger.com.ibatis.common.jdbc.SimpleDataSource=DEBUG
log4j.logger.com.ibatis.common.jdbc.ScriptRunner=DEBUG
log4j.logger.com.ibatis.sqlmap.engine.impl.SqlMapClientDelegate=DEBUG
#与 sql 相关
log4j.logger.java.sql.Connection=DEBUG
log4j.logger.java.sql.Statement=DEBUG
log4j.logger.java.sql.PreparedStatement=DEBUG
```

5.4 高级用法

5.4.1 代码生成

在代码编写过程中，其中一项比较烦琐的工作就是各种目录和文件的创建，以及其中基础

内容的添加。这些工作如果完全由人工手动完成，那么将占用开发者大量时间在重复工作之中，这时，代码生成器就是至关重要的了。MyBatis 通过 MyBatis Generator 提供代码生成的功能。

要使用 MyBatis Generator 提供的代码生成功能，需要引入相关的 jar 包。

1. 添加配置文件

在 src/main/resources 中新增 generator-config.xml 配置文件，配置数据库连接、指定生成的文件和位置，以及所要生成的数据库表。代码如下：

```
<?xml version="1.0" encoding="UTF-8"?>
<!DOCTYPE generatorConfiguration PUBLIC "-//mybatis.org//DTD MyBatis Generator
Configuration 1.0//EN""http://mybatis.org/dtd/mybatis-generator-config_1_0.dtd">
<generatorConfiguration>
    <!-- 数据库驱动所在位置 -->
    <context id="mysqlTables" targetRuntime="MyBatis3">
        <plugin type="org.mybatis.generator.plugins.SerializablePlugin">
</plugin>
        <!-- 配置数据库连接信息 -->
        <jdbcConnection
            connectionURL="jdbc:mysql://localhost:3306/mybatis-demo"
            driverClass="com.mysql.jdbc.Driver"
            userId="root"
            password="kzxkdzt007!">
            <property name="nullCatalogMeansCurrent" value="true"/>
        </jdbcConnection>
        <javaTypeResolver>
            <property name="forceBigDecimals" value="false"/>
        </javaTypeResolver>

        <!--生成 Model 类的存放位置-->
        <javaModelGenerator
                targetPackage="demo.model"
                targetProject="src\main\java">
            <property name="enableSubPackages" value="true"/>
            <!-- 从数据库返回的值被清理前后的空格 -->
            <property name="trimStrings" value="true"/>
        </javaModelGenerator>

        <!--生成映射文件存放位置-->
        <sqlMapGenerator targetPackage="mapping"
                     targetProject="src\main\resources">
            <property name="enableSubPackages" value="true"/>
        </sqlMapGenerator>
        <!--生成 Dao 类存放位置-->
        <javaClientGenerator type="XMLMAPPER"
            targetPackage="demo.dao" targetProject="src\main\java">
            <property name="enableSubPackages" value="true"/>
        </javaClientGenerator>

        <!--要生成代码的数据库表 -->
        <table tableName="%">
            <property name="useActualColumnNames" value="false"/>
        </table>
        <!-- <table tableName="S_User" domainObjectName="S_User"
              enableCountByExample="false" enableUpdateByExample="false"
              enableDeleteByExample="false" enableSelectByExample="false"
              selectByExampleQueryId="false">
            <property name="useActualColumnNames" value="false"/>
        </table> -->
```

```
    </context>
</generatorConfiguration>
```

在上述配置文件中，jdbcConnection 元素指定数据库连接信息；javaModelGenerator 元素用于为生成的 Java 模型对象指定目标报名和目标项目；sqlMapGenerator 元素用于为生成的 Java 模型对象指定目标包和目标项目；javaClientGenerator 元素用于为生成的客户端接口和类指定目标包和目标项目。如果不需要生成 Java 客户端代码，可以省略此元素；table 元素用于指定要生成的目标表信息。

2. 生成方式

通常来说，生成方式主要有如下几种：①命令行方式；②使用 ant；③使用 maven；④使用 Java 代码；⑤Eclipse 插件。

下面分别对命令行生成、Java 代码生成和 Eclipse 插件生成三种方式进行简要介绍。

(1) 命令行运行。下载相应的 jar 包，代码如下：

```
java -jar mybatis-generator-core-xxxjar -configfile \ temp \ generatorConfig.xml
-overwrite
```

通过-configfile 命令指定按上面创建的配置文件中的配置信息进行代码生成。

(2) Java 代码运行。引入 mybatis-generator 依赖，代码如下：

```
<!-- https://mvnrepository.com/artifact/org.mybatis.generator/mybatis-generator-
core -->
<dependency>
    <groupId>org.mybatis.generator</groupId>
    <artifactId>mybatis-generator-core</artifactId>
    <version>1.3.7</version>
</dependency>
<!-- 还需要引入 mysql 驱动包 -->
<dependency>
     <groupId>mysql</groupId>
     <artifactId>mysql-connector-java</artifactId>
</dependency>
```

编写 Java 类，在 src/main/test 下创建测试代码：

```
import java.io.File;
import java.io.IOException;
import java.sql.SQLException;
import java.util.ArrayList;
import java.util.List;

import org.junit.Test;
import org.mybatis.generator.api.MyBatisGenerator;
import org.mybatis.generator.config.Configuration;
import org.mybatis.generator.config.xml.ConfigurationParser;
import org.mybatis.generator.exception.InvalidConfigurationException;
import org.mybatis.generator.exception.XMLParserException;
import org.mybatis.generator.internal.DefaultShellCallback;
/**
 * mybatis 代码生成
 */
public class MG {
    @Test
    public void generator ()
    throws IOException, XMLParserException, InvalidConfigurationException,
```

```
        SQLException,
        InterruptedException {
        List<String> warnings = new ArrayList<String>();
        boolean overwrite = true;
        File configFile = new File("src/main/resources/mybatis-generator-config.xml");
        System.out.println(configFile.getAbsoluteFile());
        ConfigurationParser cp = new ConfigurationParser(warnings);
        Configuration config = cp.parseConfiguration(configFile);
        DefaultShellCallback callback = new DefaultShellCallback(overwrite);
        MyBatisGenerator myBatisGenerator = new MyBatisGenerator(config, callback,
        warnings);
        myBatisGenerator.generate(null);
        }
}
```

(3) Eclipse 插件运行。单击菜单栏 Help ≫ Eclipse Marketplace，安装如图 5.3 所示的插件进行生成。

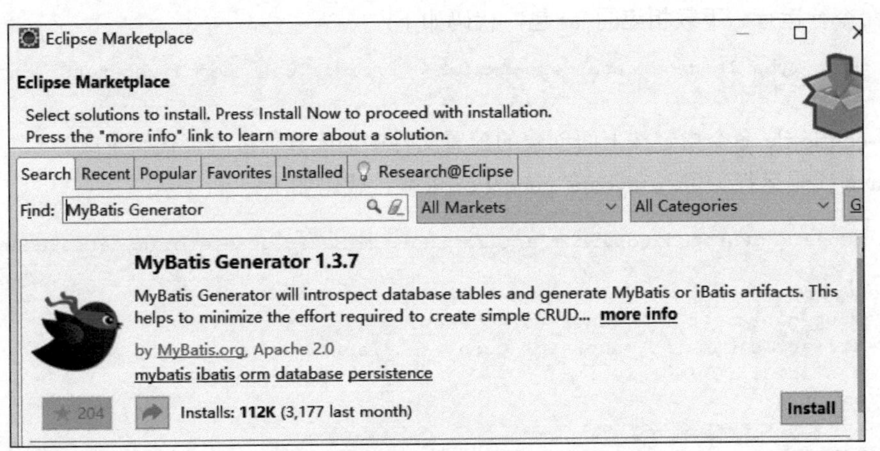

图 5.3　Eclipse 插件

3. 生成结果

生成结果如图 5.4 所示。

```
'org.mybatis.generator.logging.slf4j.Slf4jLoggingLogFactory@6b2ea799' adapter.
15:49:16.186 [main] DEBUG org.mybatis.generator.internal.db.DatabaseIntrospector -
Retrieving column information for table "%"
15:49:16.205 [main] DEBUG org.mybatis.generator.internal.db.DatabaseIntrospector -
Found column "id", data type 4, in table "mybatis-demo..g_ac_user"
15:49:16.206 [main] DEBUG org.mybatis.generator.internal.db.DatabaseIntrospector -
Found column "email", data type 12, in table "mybatis-demo..g_ac_user"
15:49:16.206 [main] DEBUG org.mybatis.generator.internal.db.DatabaseIntrospector -
Found column "password", data type 12, in table "mybatis-demo..g_ac_user"
15:49:16.206 [main] DEBUG org.mybatis.generator.internal.db.DatabaseIntrospector -
Found column "name", data type 12, in table "mybatis-demo..g_ac_user"
```

图 5.4　生成结果

生成文件中一般会包含三类文件，分别是实体 bean、mapper 接口和 xml 映射文件。根据上面的配置，生成实体结构如图 5.5 所示。

生成 mapper 接口的结构如图 5.6 所示。

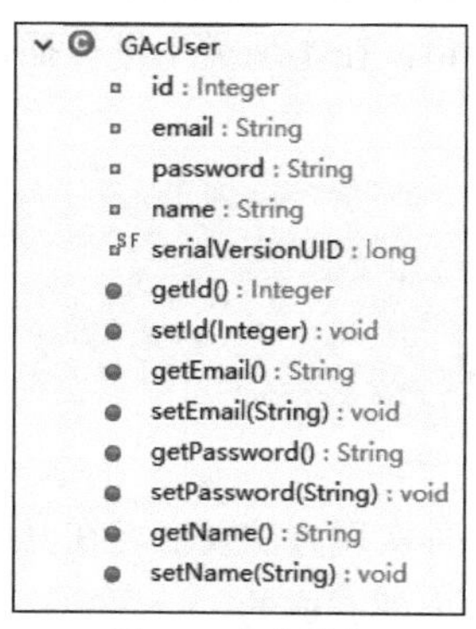

图 5.5　实体结构

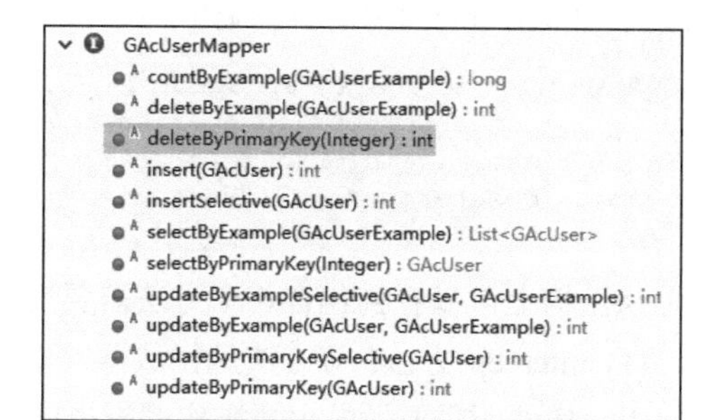

图 5.6　生成 mapper 接口的结构

生成 mapping 文件夹下 g_ac_user 表对应的结构如图 5.7 所示。

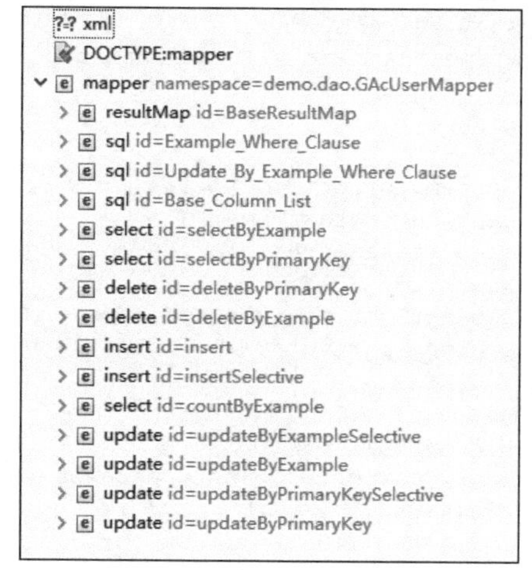

图 5.7　生成 mapping 文件夹下 g_ac_user 表对应的结构

可以看出，使用生成方式可以快速生成相应代码和配置文件，大大提高开发效率。

5.4.2　插件开发

插件机制是使用框架编程过程中一种非常优秀的机制，可以在不改动原有程序文件代码的情况下实现功能的扩展。MyBatis 允许在映射语句执行的某一点进行拦截增强，默认情况下，MyBatis 可以被拦截的接口和方法有列举如下。

- Executor(update、query、flushStatements、commint、rollback、getTransaction、close、isClosed)
- ParameterHandler(getParameterObject、setParameters)
- ResultSetHandler(handleResultSets、handleOutputParameters)
- StatementHandler(prepare、parameterize、batch、update、query)

由于这些都是 MyBatis 的基础模块，所以编写插件的时候需要非常小心，以免影响 MyBatis 本身功能的稳定性。

1. 插件模板

MyBatis 插件实现 org.apache.ibatis.plugin.Interceptor 接口，在实现类中进行插件功能逻辑的编写。Interceptor 接口的结构如下：

```
public interface Interceptor {
    Object intercept(Invocation invocation) throws Throwable;
    Object plugin(Object target);
    void setProperties(Properties properties);
}
```

从结构上可以看到包含 3 个方法需要实现。

(1) intercept方法：该方法是拦截器实现的主要方法。这种实现方法及命名在其他框架中也有使用，插件所需要做的主要操作逻辑也应该是在这个方法内部完成的。

```
@Override
public Object intercept(Invocation invocation) throws Throwable {
    Object target = invocation.getTarget();
    long startTime = System.currentTimeMillis();
    StatementHandler statementHandler = (StatementHandler) target;
    try {
    return invocation.proceed();
    } finally {
        long endTime = System.currentTimeMillis();
        long sqlCost = endTime - startTime;
        BoundSql boundSql = statementHandler.getBoundSql();
        String sql = boundSql.getSql();
        Object parameterObject = boundSql.getParameterObject();
        List<ParameterMapping> parameterMappingList = boundSql.

        getParameterMappings();
        // 格式化 Sql 语句，去除换行符，替换参数
        sql = formatSql(sql, parameterObject, parameterMappingList);
        System.out.println("SQL：[" + sql + "]执行耗时[" + sqlCost + "ms]");
    }
}
```

(2) plugin方法：这个函数中的参数 target 就是被拦截器拦截的对象，此方法会在目标对象执行前被调用，方法的实现很简单，只需要调用 org.apache.ibatis.plugin.Plugin 类的静态方法 wrap 即可拦截目标对象，这个接口方法通常的实现代码如下：

```
return Plugin.wrap(target, this);
```

Plugin.wrap 方法会自动判断拦截器的签名和被拦截对象的接口是否匹配，只有匹配的情况下才会拦截目标对象。

(3) setProperties方法：该方法用来传递插件的参数，不同的参数可以影响插件的行为。这里的参数通过在 mybatis-config.xml 文件中配置插件来传入：

```
<plugins>
<plugin interceptor="demo.CustomPlugin">
    <property name="key" value="val"/>
    </plugin>
</plugins>
```

实际上配置的参数会在插件实例化时通过 setProperties 函数进行传入，在拦截器中可以通过 Proerties 取得配置的插件值。

在一个 plugins 标签中，可以配置多个插件：

```
<plugins>
    <plugin interceptor="demo.CustomPlugin1">
    </plugin>
    <plugin interceptor="demo.CustomPlugin2">
    </plugin>
</plugins>
```

插件调用顺序是由前往后，但是实际执行的顺序是从后往前。即对于以上实例，实际拦截的时候先执行 demo.CustomPlugin2，再执行 demo.CustomPlugin1。

2. 注解配置拦截器及签名

除了需要实现拦截器接口之外，还需要给实现类配置拦截器添加注解 org.apache.ibatis.plugin.@Interceps 和 org.apache.ibatis.plugin.@Signature。这两个注解是用来配置拦截器要拦截的接口的方法。配置签名如下：

```
@Intercepts({
@Signature(
  type = ResultSetHandler.class
)
})
```

5.5 Eclipse 的 mybatis 插件

如果使用 Eclipse 工具开发，可以使用 Eclipse 的 mybatis 插件，Eclipse 的 mybatis 插件名称是 mybatipse，本书介绍的版本为 1.2.2。借助于 Eclipse 的插件市场，mybatipse 的安装也非常方便。

5.5.1 插件安装

在工具栏中单击 Help，选择 Eclipse Marketplace，如图 5.8 所示。

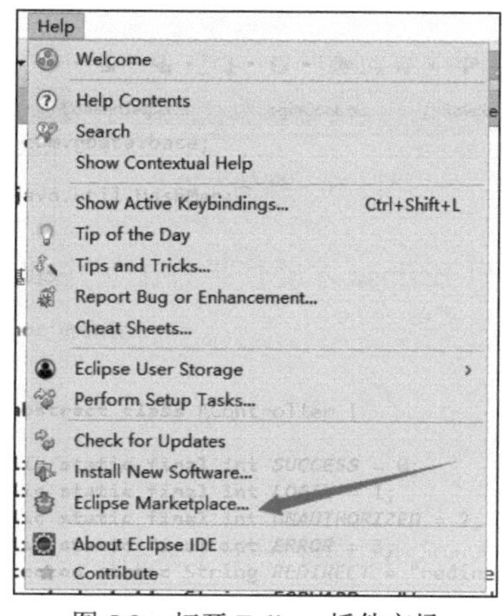

图 5.8 打开 Eclipse 插件市场

搜索 mybatis 可以看到图 5.9 所示内容。

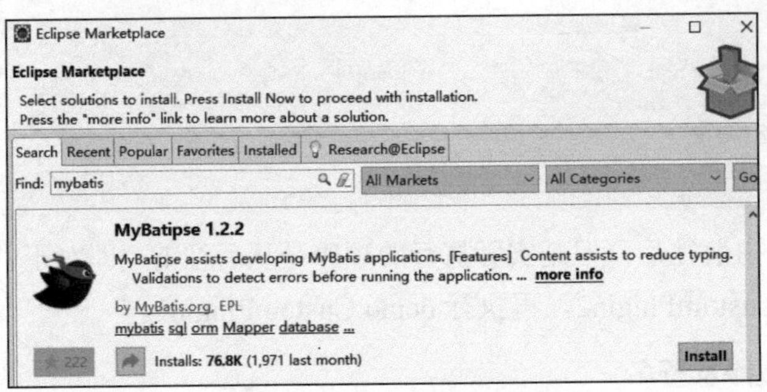

图 5.9　查找 mybatipse 插件

下载插件后可直接安装，安装过程如图 5.10 所示。

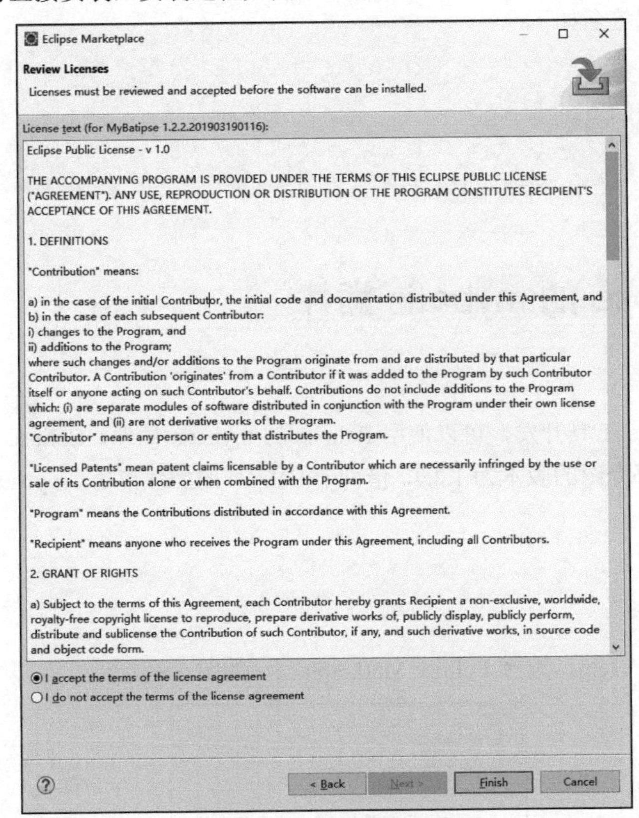

图 5.10　插件安装

要注意的是，安装后需要重启 Eclipse 才能使插件配置生效。

5.5.2　插件使用

1. Mapper 方法提示增强

再次打开前面“开发第一个 MyBatis 程序中的 UserMapper 类”，按住 Ctrl 键，然后将鼠标移动到接口方法上，可以看到其中多了一个选项“Open ... in *.xml”，这就是 mybatipse 插件对于提示功能的增强，如图 5.11 所示。

```
/**
 * 根据用户id查询用户信息
 * @return
 */
public User selectUserById(Integer id);

public void   Open Declaration
              Open Implementation
public void   Open Return Type
              Open <select/> in /mybatis-first/src/main/java/org/mybatis/first/mapper/UserMapper.xml
public void insertUserWithParam(@Param("user") User user);
```

图 5.11　插件使用(1)

单击这一选项，可以直接进入当前 mapper 方法对应 xml 中的 select 标签，并且默认对于当前标签内容标记为选中状态，如图 5.12 所示。

```
<select id="selectUserById"
    resultType="org.mybatis.first.entity.User">
    select * from g_ac_user where id = #{id}
</select>
```

图 5.12　插件使用(2)

2. 标签自动完成增强

在使用 Eclipse 编写代码的过程中，特别是 Java 代码，最常用的操作是按下 Alt + /组合键获得提示，Eclipse 可以自动在全局寻找搜索类名、方法名和变量名进行提示或者自动完成。

现在直接在 mapper 标签下，与 select 标签同级的地方按下 Alt + /组合键，会有如下提示，这些提示的标签就是可以直接在 mapper 标签下声明使用的标签，如图 5.13 所示。

然后继续输入准备要实现的标签名称，比如 select，只需要输入前面一部分，然后按下回车键，就可以自动生成 select 标签，如图 5.14 和图 5.15 所示。

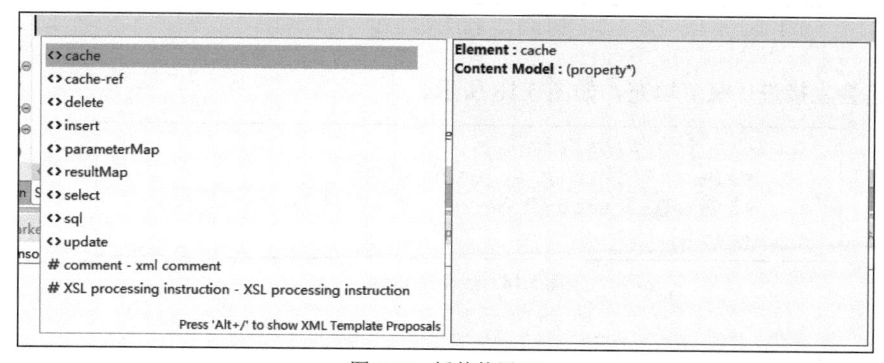

图 5.13　插件使用(3)

```
s
<> select        Element : select
<> sql           Content Model : (include | trim | where | set | foreach | choose | if
                 | bind)*
```

图 5.14　插件使用(4)

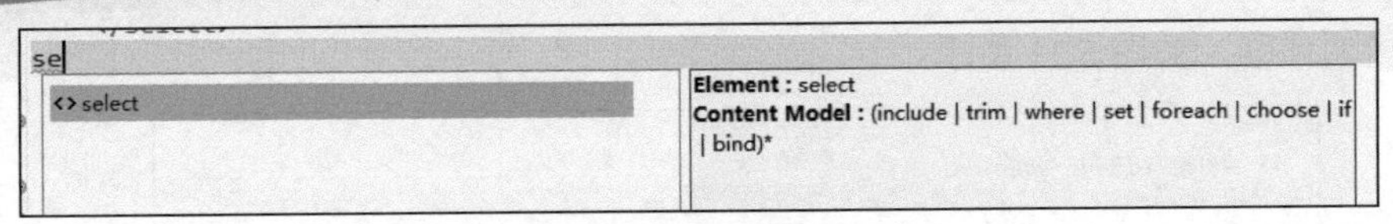

图 5.15　插件使用(5)

这里只生成了一个空标签，需要给其 id 赋值并填充标签内容：

```
<select id=""></select>
```

然后继续使用提示功能，如图 5.16 所示。

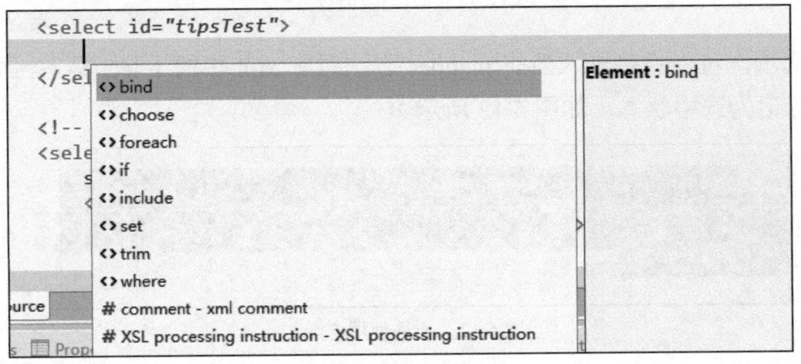

图 5.16　插件使用(6)

如果要使用 include，mybatipse 插件同样为开发者提供了便捷的提示和操作，如果在当前类中有多个 sql 段，那么会列出候选项，如图 5.17 所示。

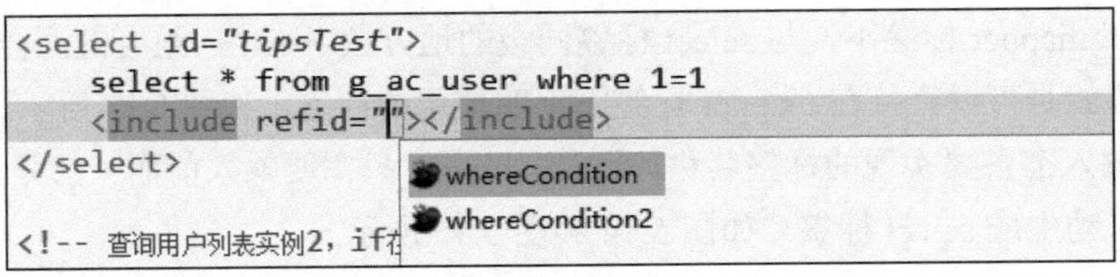

```
<select id="tipsTest">
    select * from g_ac_user where 1=1
    <include refid=""></include>
</select>
                        whereCondition
                        whereCondition2
<!-- 查询用户列表实例2，if在
```

图 5.17　插件使用(7)

否则将会直接进行赋值填充，如图 5.18 所示。

```
<select id="tipsTest">
    select * from g_ac_user where 1=1
    <include refid="whereCondition"></include>
</select>
```

图 5.18　插件使用(8)

3. resultMap 增强及 result 自动生成

输入字母 r，然后按下回车键，可以自动生成 resultMap 标签，如图 5.19 和图 5.20 所示。

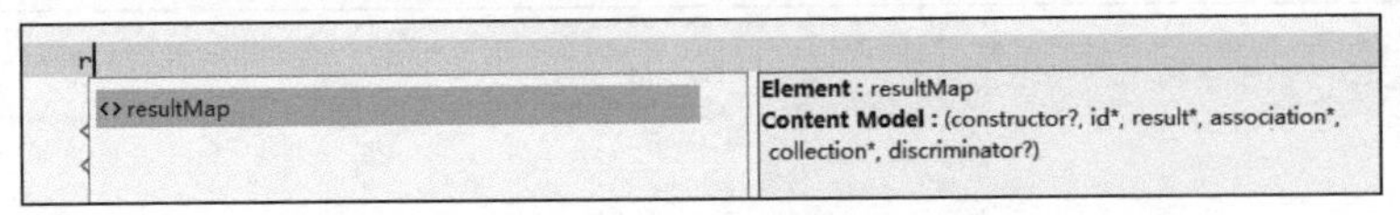

图 5.19　插件使用(9)

```
<resultMap type="" id=""></resultMap>
```

图 5.20　插件使用(10)

在 type 中输入 U，按下 Alt + /组合键，会自动根据实体类填充。

```
<resultMap type="org.mybatis.first.entity.User" id=""></resultMap>
```

在 resultMap 中编写属性的对应关系是个非常烦琐而重复的工作，现在 mybatipse 插件提供了自动生成功能，在 resultMap 标签中按下 Alt + /组合键，会有如图 5.21 的提示。

单击<result/> for properties，插件会自动将生成的代码写入，如图 5.22 所示。

如果发现格式不标准，可以再调一下格式即可，如图 5.23 所示。

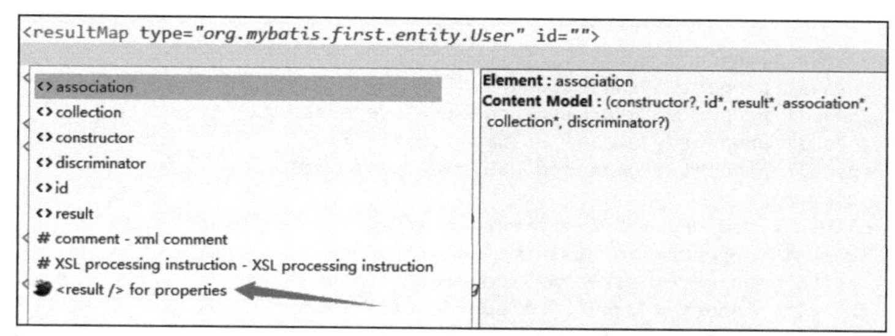

图 5.21　插件使用(11)

```
    <resultMap type="org.mybatis.first.entity.User" id="">
        <result property="id" column="id" />
<result property="username" column="username" />
<result property="email" column="email" />
<result property="password" column="password" />

    </resultMap>
```

图 5.22　插件使用(12)

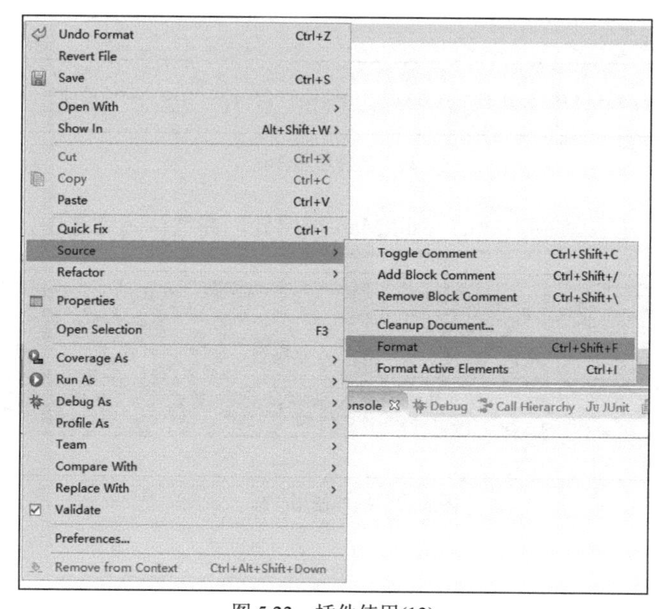

图 5.23　插件使用(13)

Ctrl + Shift + F 的快捷键组合和部分输入法的简繁体转换快捷键会产生冲突，如果用快捷键格式化，要注意输入法的情况，如图 5.24 所示。

```
<resultMap type="org.mybatis.first.entity.User" id="">
    <result property="id" column="id" />
    <result property="username" column="username" />
    <result property="email" column="email" />
    <result property="password" column="password" />
</resultMap>
```

图 5.24　插件使用(14)

在 select 中引用时，同样可以使用快捷提示。特别在有很多 resultMap 或者有外部 resultMap 需要引用时非常方便，大大减少了记忆负担，提高了编程效率，如图 5.25 所示。

```
<resultMap type="org.mybatis.first.entity.User" id="userResult">
    <result property="id" column="id" />
    <result property="username" column="username" />
    <result property="email" column="email" />
    <result property="password" column="password" />
</resultMap>
<resultMap type="org.mybatis.first.entity.User" id="userResult2">
    <result property="id" column="id" />
    <result property="username" column="username" />
    <result property="email" column="email" />
    <result property="password" column="password" />
</resultMap>

<select id="" resultMap="u"></select>
                              userResult
<!-- 插入 -->                 userResult2
<insert id="insertUser">
```

图 5.25　插件使用(15)

在 select 的 resultMap 值上单击，也可以快速定位到被应用的 resultMap，注意：当按着 Ctrl 键，把鼠标移上去的时候，userResult 下多了一个下划线，并且字体颜色稍有变化，这就表示这个地方是可单击的，如图 5.26 所示。

```
<select id="selectResultMapTest" resultMap="userResult"></select>
```

图 5.26　插件使用(16)

单击 userResult，直接跳到对应的 resultMap 声明处，并默认高亮选中，如图 5.27 所示。

```
<resultMap type="org.mybatis.first.entity.User" id="userResult">
    <result property="id" column="id" />
    <result property="username" column="username" />
    <result property="email" column="email" />
    <result property="password" column="password" />
</resultMap>
```

图 5.27　插件使用(17)

5.6 自定义 MyBatis

前面介绍了 MyBatis 的基本使用，本节将尝试模仿写一个简单的持久化框架。

SqlSession 是传统的 ibatis 式调用入口。MyBatis 的 mapper 式语法也是在其基础之上对调用的语法进行的优化，其本质上是通过 SqlSession 的操作，只是使编程方式对编程人员更友好。SqlSession 是通过 Executor 执行数据库操作。要实现的核心流程如图 5.28 所示。

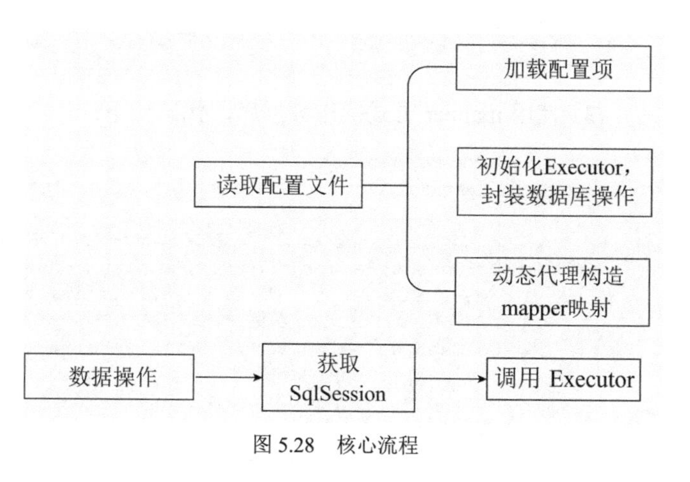

图 5.28　核心流程

5.6.1　创建测试方法

继续使用前面“开发第一个 MyBatis 程序”的数据库表，只是不用再引入 MyBatis 的库，而是自己写代码实现。出于篇幅考虑，对部分非核心细节进行简化。

(1) xml 映射文件，将上文中的#{id}模板语法直接改为问号写法，代码如下：

```
<?xml version="1.0" encoding="UTF-8"?>
<!DOCTYPE mapper
PUBLIC "-//mybatis.org//DTD Mapper 3.0//EN"
"http://mybatis.org/dtd/mybatis-3-mapper.dtd">
<mapper namespace="org.mybatis.first.mapper.UserMapper">
    <select id="selectUserById"
    resultType="org.mybatis.first.entity.User">
    select * from g_ac_user where id = ?
    </select>
</mapper>
```

(2) 用传统的 SqlSession 操作数据库，代码如下：

```
public class SqlSessionTest
{
    public static void main( String[] args ) throws IOException
    {
     // 构建 sqlSession 工厂，参数为 xml 映射文件所在的包
     SqlSessionFactory sessionFactory = new SqlSessionFactory("org.mybatis.first.
     mapper.xml");
     // 获取 sqlSession 实例
     SqlSession sqlSession = sessionFactory.openSession();
     try {
     Integer[] userId = {1};
     User u = sqlSession.selectOne("org.mybatis.first.mapper.UserMapper. selectUserById",
    userId);
```

```
        if (u != null) {
            System.out.println(u);
        } else {
            System.out.println("用户不存在");
        }
        } finally {
        sqlSession.close();
        }
    }
}
```

(3) 使用 mapper 方式操作数据库，代码如下：

```
public class MapperTest {
    public static void main( String[] args ) throws IOException
    {
        // 构建 sqlSession 工厂，参数为 xml 映射文件所在的包
        SqlSessionFactory sessionFactory = new
        SqlSessionFactory("org.mybatis.first.mapper.xml");
        // 获取 sqlSession 实例
        SqlSession sqlSession = sessionFactory.openSession();
        UserMapper userMapper = sqlSession.getMapper(UserMapper.class);
        User u = userMapper.selectUserById(1);
        if (u != null) {
            System.out.println(u);
        } else {
            System.out.println("用户不存在");
        }
    }
}
```

(4) 还有实体类、mapper 接口等，和前面实例一致，如图 5.29 所示，这里不再一一列举。

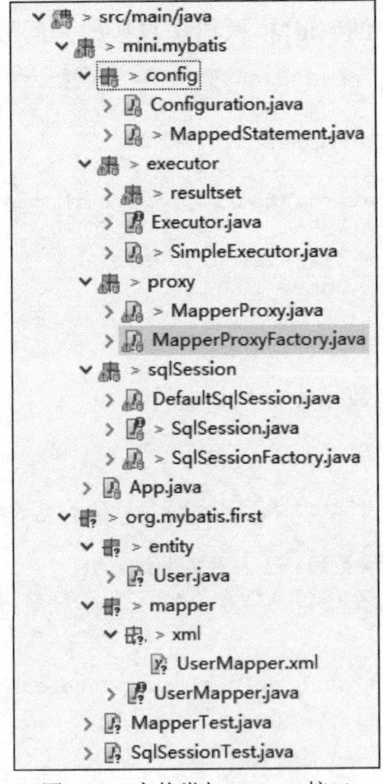

图 5.29 实体类与 mapper 接口

5.6.2 创建 MappedStatement

MappedStatement 维护【select|update|delete|insert】节点的封装，包括命名空间、标签 id、sql 语句、返回值类型等成员属性。具体代码如下：

```
@Accessors(chain = true)
@Data
public class MappedStatement {
    // 命名空间
    private String namespace;
    // 标签 id
    private String sourceId;
    // 标签内容，即 sql 语句
    private String sql;
    // 返回值类型
    private String resultType;
}
```

5.6.3 创建配置类存储

创建配置类存储，代码如下：

```
@Data
public class Configuration {
    private String jdbcDriver;
    private String jdbcUrl;
    private String username;
    private String password;
    // 用于存放解析的 mapper 中的 sql 操作语句
    private final Map<String, MappedStatement> mappedStatements = new HashMap<String,
    MappedStatement>();
    public MappedStatement getMappedStatement(String key) {
        return mappedStatements.get(key);
    }
    public <T> T getMapper(Class<T> type, SqlSession sqlSession) {
        return MapperProxyFactory.getMapperProxy(sqlSession, type);
    }
}
```

5.6.4 创建 SqlSession

SqlSession 向外提供被调用的接口，代码如下：

```
public interface SqlSession {
    // 查询单条记录
    <T> T selectOne(String statement, Object parameter);
    // 查询多条记录
    <E> List<E> selectList(String statement, Object parameter);
    // 根据动态代理获取 mapper
    <T> T getMapper(Class<T> type);
}
```

默认实现类，代码如下：

```
public class DefaultSqlSession implements SqlSession {
    private Configuration configuration;
    private Executor executor;
    public DefaultSqlSession(Configuration configuration) {
```

```
        super();
        this.configuration = configuration;
        executor = new SimpleExecutor(configuration);
    }

    @Override
    public <T> T selectOne(String statement, Object parameter) {
        List<Object> selectList = this.selectList(statement, parameter);
        if (selectList == null || selectList.isEmpty())
            return null;
        return (T) selectList.get(0);
    }

    @Override
    public <E> List<E> selectList(String statement, Object parameter) {
        MappedStatement ms = configuration.getMappedStatement(statement);
        try {
            return executor.query(ms, parameter);
        } catch (SQLException e) {
            e.printStackTrace();
        }
        return null;
    }

    @Override
    public <T> T getMapper(Class<T> type) {
        return configuration.getMapper(type, this);
    }
}
```

构造工厂，通过 openSession 方法提供实例，代码如下：

```
public class SqlSessionFactory {
    public final Configuration conf = new Configuration();
    public SqlSessionFactory(String xmlPackageName) {
        // 加载数据库配置信息
        loadDbInfo();
        // 加载 mappers
        loadMappersInfo(xmlPackageName);
    }

    /**
     * 加载数据库的连接信息，设置到 conf 中
     */
    private void loadDbInfo() {
        InputStream dbInfo =
        SqlSessionFactory.class.getClassLoader().getResourceAsStream("jdbc.proper
ties");
        Properties properties = new Properties();
        try {
            properties.load(dbInfo);
        } catch (IOException e) {
            // TODO Auto-generated catch block
            e.printStackTrace();
        }
        conf.setJdbcDriver(properties.getProperty("jdbc.driver"));
        conf.setJdbcUrl(properties.getProperty("jdbc.url"));
        conf.setUsername(properties.getProperty("jdbc.username"));
        conf.setPassword(properties.getProperty("jdbc.password"));
    }
```

```
    private void loadMappersInfo(String xmlPackageName) {
        //获取存放 mapper 文件的路径
        String path = xmlPackageName.replaceAll("\\.", "/");
        URL url = this.getClass().getClassLoader().getResource(path);
        File mappers = new File(url.getFile());
        if (mappers.isDirectory()) {
        File[] listFiles = mappers.listFiles();
        if (listFiles == null || listFiles.length == 0)return;
        for (File mapper : listFiles) {
            loadMapperInfo(mapper);
            }
        }
    }

    private void loadMapperInfo(File mapper) {
        SAXReader reader = new SAXReader();
        Document document = null;
        try {
            document = reader.read(mapper);
        } catch (DocumentException e) {
            // TODO Auto-generated catch block
            e.printStackTrace();
        }
        Element node = document.getRootElement();
        String namespace = node.attribute("namespace").getData().toString();
        List<Element> selects = node.elements("select");
        if (selects == null || selects.isEmpty()) return;
        for (Element element : selects) {
        MappedStatement mappedStatement = new MappedStatement();
        String id = element.attribute("id").getData().toString();
        String resultType = element.attribute("resultType").getData().toString();
        String sql = element.getData().toString();
       String sourceId = namespace+"."+id;
        mappedStatement.setSourceId(sourceId);
        mappedStatement.setNamespace(namespace);
        mappedStatement.setResultType(resultType);
        mappedStatement.setSql(sql);
        conf.getMappedStatements().put(sourceId,mappedStatement);
        }
    }

    public SqlSession openSession() {
        return new DefaultSqlSession(conf);
    }
}
```

5.6.5 创建执行器

MyBatis 内部对数据库的操作实际上是通过 Executor 实现的。

Executor 接口代码如下：

```
public interface Executor {
    <E> List<E> query(MappedStatement ms,Object parameter) throws SQLException;
}
```

默认实现 DefaultExecutor，代码如下：

```
@Data
public class DefaultExecutor implements Executor {
```

```
    private Configuration configuration;

    public DefaultExecutor(Configuration configuration) {
        this.configuration = configuration;
    }

    @Override
    public <E> List<E> query(MappedStatement ms, Object parameter) throws SQLException {
        // 获取连接
        Connection conn = getConnection();
        // 获取预处理 statement
        PreparedStatement preparedStatement = conn.prepareStatement(ms.getSql());
        if (parameter != null) {
        if (parameter.getClass().isArray()) {
            Object[] paramArray = (Object[]) parameter;
            int parameterIndex = 1;
            for (Object param : paramArray) {
                if (param instanceof Integer) {
                    preparedStatement.setInt(parameterIndex, (int) param);}
              else if (param instanceof String) {
                    preparedStatement.setString(parameterIndex, (String) param);}
            parameterIndex++;
                }
            }
        }
        // 查询结果集
        ResultSet resultSet = preparedStatement.executeQuery();
        // 对 resultSet 进行处理
        ResultSetHandler resultSetHandler = new DefaultResultSetHandler(ms);
        return resultSetHandler.handleResultSets(resultSet);
    }

    /**
     * 获取数据库的连接，和 jdbc 一样的方式
     *
     * @return
     */
    private Connection getConnection() {
        Connection connection = null;
        try {
            Class.forName(configuration.getJdbcDriver());
            connection = DriverManager.getConnection(configuration.getJdbcUrl(),
          configuration.getUsername(),configuration.getPassword());
        } catch (ClassNotFoundException e) {
            e.printStackTrace();
        } catch (SQLException e) {
            e.printStackTrace();
        }
        return connection;
    }
}
```

5.6.6 创建动态代理类

mapper 接口的代理类，代码如下：

```
public class MapperProxy<T> implements InvocationHandler{
    private SqlSession sqlSession;
    private final Class<T> mapperInterface;
```

```
    public MapperProxy(SqlSession sqlSession, Class<T> mapperInterface) {
        super();
        this.sqlSession = sqlSession;
        this.mapperInterface = mapperInterface;//被代理的对象
    }
    private <T> boolean isCollection(Class<T> type) {
        return Collection.class.isAssignableFrom(type);
    }

    @Override
    public Object invoke(Object proxy, Method method, Object[] args) throws Throwable {
        Object result = null;
        //Object 类的方法，不处理
        if (Object.class.equals(method.getDeclaringClass())) {
            return method.invoke(this, args);
        }
        Class<?> returnType = method.getReturnType();
        if (isCollection(returnType)) {
            result = sqlSession.selectList(mapperInterface.getName()+"."+method.
            getName(), args);
        }else {
            result = sqlSession.selectOne(mapperInterface.getName()+"."+method.
            getName(), args);
        }
        return result;
    }
}
```

工厂构造类，代码如下：

```
public class MapperProxyFactory {
    public static <T> T getMapperProxy(SqlSession sqlSession,Class<T> mapperInterface)
{
    MapperProxy<T> mapperProxy = new MapperProxy<>(sqlSession, mapperInterface);
    return  (T)Proxy.newProxyInstance(mapperInterface.getClassLoader(),new Class[]
    {mapperInterface},
   mapperProxy);
    }
}
```

5.6.7 创建语句与结果集存储配置类

结果集接口，代码如下：

```
public interface ResultSetHandler {
    <E> List<E> handleResultSets(ResultSet resultSet) throws SQLException;
}
```

默认实现类，代码如下：

```
public class DefaultResultSetHandler implements ResultSetHandler {
    private MappedStatement mappedStatement;
    public DefaultResultSetHandler(MappedStatement mappedStatement) {
        this.mappedStatement = mappedStatement;
    }
    @Override
    public <E> List<E> handleResultSets(ResultSet resultSet) throws SQLException {
        if (resultSet == null) return null;
        List<E> ret = new ArrayList<E>();
        String className = mappedStatement.getResultType();
```

```
        Class<?> returnClass = null;
        while(resultSet.next()) {
                E entry = null;
                try {
                returnClass = Class.forName(className);
                entry = (E)returnClass.newInstance();
                } catch (ClassNotFoundException e) {
                // TODO Auto-generated catch block
                e.printStackTrace();
                } catch (InstantiationException e) {
                // TODO Auto-generated catch block
                e.printStackTrace();
                } catch (IllegalAccessException e) {
                // TODO Auto-generated catch block
                e.printStackTrace();
                }
        Field[] declaredFields = returnClass.getDeclaredFields();
            for (Field field : declaredFields) {
            String fieldName = field.getName();
            // 字段数据类型
            String fieldType = field.getType().getSimpleName();
    try {
       field.setAccessible(true);
        // 如果是整型
        switch (fieldType) {
        case "String":
        field.set(entry, resultSet.getString(fieldName));
                break;
        case "Integer":
        field.set(entry, resultSet.getInt(fieldName));
        break;
        default:
        field.set(entry, resultSet.getString(fieldName));
        break;
        }
    } catch (SecurityException e) {
    // TODO Auto-generated catch block
    e.printStackTrace();
    } catch (IllegalArgumentException e) {
    // TODO Auto-generated catch block
    e.printStackTrace();
    } catch (IllegalAccessException e) {
    // TODO Auto-generated catch block
    e.printStackTrace();
    }
    ret.add(entry);
        }
        }
        return ret;
    }
}
```

5.6.8 结果测试

两个测试类使用两种操作方式，其输出同样的结果，如图 5.30 所示。

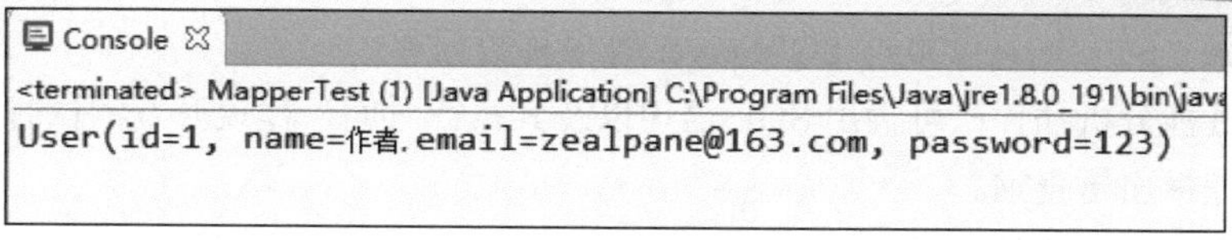

```
Console
<terminated> MapperTest (1) [Java Application] C:\Program Files\Java\jre1.8.0_191\bin\java
User(id=1, name=作者, email=zealpane@163.com, password=123)
```

图 5.30 结果测试

5.6.9 其他开源增强框架

1. MyBatis-Plus

MyBatis-Plus(简称 MP)是一个MyBatis的增强工具，在 MyBatis 的基础上只做增强不做改变，为简化开发、提高效率而生，其结构如图 5.31 所示。

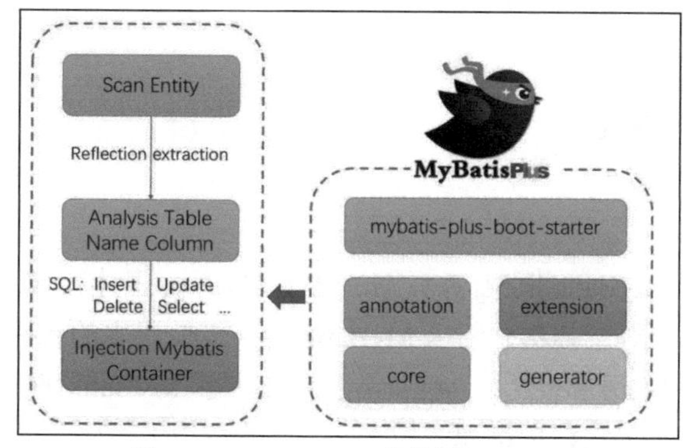

图 5.31 MyBatis-Plus 结构图

MyBatis-Plus具有以下特性。

- 无侵入：只做增强不做改变，引入它不会对现有工程产生影响。
- 损耗小：启动即会自动注入基本 CURD，性能基本无损耗，直接面向对象操作。
- 强大的 CRUD 操作：内置通用 Mapper、通用 Service，仅仅通过少量配置即可实现单表大部分 CRUD 操作，更有强大的条件构造器，满足各类使用需求。
- 支持 Lambda 形式调用：通过 Lambda 表达式，方便的编写各类查询条件，无须担心字段写错。
- 支持主键自动生成：支持多达 4 种主键策略(内含分布式唯一 ID 生成器——Sequence)，可自由配置，完美解决主键问题。
- 支持 ActiveRecord 模式：支持 ActiveRecor 形式调用，实体类只需继承 Model 类即可进行强大的 CRUD 操作。
- 支持自定义全局通用操作：支持全局通用方法注入(Write once, use anywhere)。
- 内置代码生成器：采用代码或者 Maven 插件可快速生成 Mapper、Model、Service、Controller 层代码，支持模板引擎，更有超多自定义配置来使用。
- 内置分页插件：基于 MyBatis 物理分页，开发者无须关心具体操作，配置好插件之后，写分页等同于普通 List 查询。
- 分页插件支持多种数据库：支持 MySQL、MariaDB、Oracle、DB2、H2、HSQL、SQLite、

Postgre、SQLServer2005、SQLServer 等多种数据库。

➢ 内置性能分析插件：可输出 SQL 语句以及其执行时间，建议开发测试时启用该功能，能快速揪出慢查询。

➢ 内置全局拦截插件：提供全表 delete、update 操作智能分析阻断，也可自定义拦截规则，预防误操作。

2. 通用 mapper

通用 mapper 可以极大地方便开发人员。开发人员不仅可以随意按照自己的需要选择通用方法，还可以很方便地开发自己的通用方法，方便使用 MyBatis 单表的增删改查。

通用 mapper 支持单表操作，不支持通用的多表联合查询。通用 mapper 的实现原理是提供基础 mapper 接口，在 mapper 接口的方法中使用泛型，再通过反射和泛型优化编码流程和体验。

5.7 本章小结

本章首先介绍了 MyBatis 框架，并详细讲述了 MyBatis 基本用法中的 xml 模块语法、mapper 方法、xml 配置、日志等；其次介绍了 MyBatis 的高级使用中的代码生成、插件开发等；最后介绍了 Eclipse 插件的安装和使用。为使读者更深刻理解 MyBatis 的基本原理，本章最后介绍了如何自定义一个简单的 MyBatis 框架。

5.8 习题

5.8.1 单选题

1. MyBatis 编程步骤是(　　)。

① 创建 SqlSessionFactory

② 通过 SqlSessionFactory 创建 SqlSession

③ 通过 SqlSession 执行数据库操作

④ 调用 session.commit()提交事物

⑤ 调用 session.close()关闭会话

A ①②③④⑤　　　　B ④①②③⑤

C ①④②③⑤　　　　D ①②④③⑤

2. 以下关于 MyBatis 的描述不正确的是(　　)。

A. MyBatis 是支持定制化 SQL、存储过程以及高级映射的一种持久层框架

B. MyBatis 避免了几乎所有的 JDBC 代码和手动设置参数以及获取结果集

C. MyBatis 它完全是一个 ORM 框架，它不需要程序员自己编写 SQL 语句

D. MyBatis 可以通过 xml 或者注解的方式灵活的配置要运行的 SQL 语句

3. 以下不是使用 MyBatis 的 mapper 接口调用时的要求的是(　　)。

A. Mapper 接口方法名和 Mapper.xml 中定义的每个 SQL 的 id 相同

B. Mapper 接口方法的输入参数类型不必和 mapper.xml 中定义的每个 sqlparameterType 类型相同

C. Mapper 接口方法的输入输出参数类型和 mapper.xml 中定义的每个 sql 的 resultType 的类型相同

D. Mapper.xml 文件中的 namespace，就是接口的类路径

4. 以下各项是属于 Mapper 编写方式的是(　　)。

① 接口实现类集成 SQLSessionDaoSupport

② 使用 org.mybatis.spring.mapper.MapperFactoryBean

③ 使用 mapper 扫描器

A. ①②　　B. ②③　　C. ①③　　D. ①②③

5. 关于 MyBatis 动态 SQL 下列说法错误的是(　　)。

A. 传统的 JDBC 的方法，在组合 SQL 语句的时候需要去拼接

B. MyBatis 的动态 SQL 语句值基于 OGNL 表达式可以使用标签组合成灵活的 SQL 语句，提供开发的效率

C. MyBatis 的动态 SQL 标签主要有以下几类：Choose、Where 和 If 等语句

D. MyBatis 动态 SQL 不能使用 Foreach 语句

6. 相比于 JDBC 在 MyBatis 中提高了性能的方式有(　　)。

① 在 SQLMapConfig.xml 中配置数据连接池，使用数据库连接池管理数据库连接

② 将 SQL 语句配置在 mapper.xml 文件中与 java 代码分离

③ MyBatis 自动将 java 对象映射到 SQL 语句

④ MyBatis 自动将 SQL 执行结果映射到 java 对象

A. ①②④　　B. ①②③④　　C. ①③④　　D. ②③④

7. 从执行 SQL 到返回 result 的顺序是(　　)。

① 通过 xml 文件或注解的方式配置将要执行的各种 statement

② 通过 Java 对象和 statement 中 SQL 动态参数进行映射生成最终执行的 SQL 语句

③ 由 MyBatis 框架执行 SQL 并将结果映射为 java 对象并返回

A. ①②③　　B. ②③①　　C. ③①②　　D. ③②①

8. 关于 MyBatis 下列说法正确的有(　　)。

① SQL 语句的编写工作量较大，尤其当字段多、关联表多时，对开发人员编写 SQL 语句的功底有一定要求

② SQL 语句依赖于数据库，导致数据库移植性差，不能随意更换数据库

③ MyBatis 专注于 SQL 本身，是一个足够灵活 Active 层解决方案

A ①③　　B ②③　　C ①②　　D ①②③

9. 在 mapper 中传递多个参数的方法有(　　)。

① 使用 DAO 层的函数

② 使用@param 注解

③ 多个参数封装成 map

A. 只有①　　B. 只有②　　C. 只有③　　D. 以上都是

10. MyBatis 的 xml 映射文件中，不同的 xml 映射文件，id 是否可以重复：(　　)。

A. 不同的 xml 映射文件，如果配置了 namespace，那么 id 可以重复

B. 不同的 xml 映射文件，如果没有配置 namespace，那么 id 可以重复

C. 只要是不同的 xml 映射文件就可以重复

D. 即使是不同的 xml 映射文件也不能重复

5.8.2 填空题

1. MyBatis 是一款优秀的__________框架，它承认以_______为中心，支持________、____________以及__________。

2. MyBatis 本身是对_______的轻量级封装，学习成本低，SQL 语句方便优化，执行效率高，使用灵活，更加在适合电商等互联网项目中使用。

3. 每个基于 MyBatis 的应用都是以一个______________________的实例为核心的,____________________的实例可以通过______________________获得。

4. MyBatis 封装了对_______的访问，把对数据库的会话和事务控制放到了_______中。

5. 关联查询一般有两种方式，分别是____________和______________；关联查询的场景包括____________、______________、________________。

6. 面向对象的三大特性分别是______________、______________、______________。

7. MyBatis 中的________________就是指 MyBatis 执行数据库操作的接口和方法。

8. MyBatis 的 xml 映射配置文件包含了影响 MyBatis 行为很深的______和_____信息。

9. 动态 SQL 语句也是 MyBatis 非常强大的一个特性，可以让开发者在 SQL 语句编写过程中_____________。

10. 在 MyBatis 框架中，操作数据库有两种方式，分别是__________和__________。

5.8.3 简答题

1. 什么是 MyBatis？MyBatis 的优缺点是什么？

2. MyBatis 动态 SQL 有什么用？执行原理是什么？有哪些动态 SQL？

3. 在 MyBatis 提供的功能中，可以直接在 java mapper 接口上及其方法参数上使用的注解有哪些？

4. MyBatis 实现一对一有几种方式？具体是怎么操作的？

5. MyBatis 实现一对多有几种方式？具体是怎么操作的？

6. 使用 MyBatis 的 mapper 接口调用时有哪些要求？

7. 请简述 MyBatis 插件的运行原理。

5.9 实践环节

1. 使用 MyBatis 完成数据的增、删、改、查操作

【实验题目】

创建一个 User 类，使用 MyBatis 对其进行数据库的增、删、改、查操作。

【实验目的】

(1) 掌握 MyBatis 框架的基本配置。

(2) 掌握持久化类的创建和使用。

(3) 掌握 MyBatis 框架的基本用法。

2. MyBatis 的批量处理

【实验题目】

创建一个 User 类，练习 MyBatis 的批量处理。需要完成的内容如下：

(1) 练习 MyBatis 的批量插入。

(2) 练习 MyBatis 的批量更新。

(3) 练习 MyBatis 的批量删除。

【实验目的】

(1) 掌握 MyBatis 的批量处理。

(2) 熟悉一级缓存和二级缓存的概念。

3. MyBatis 和 Spring Boot 的整合

【实验题目】

使用 Spring Boot 和 MyBatis 框架完成一个用户管理系统，具体要求如下：

(1) 基于 Maven，使用 Spring Boot 框架创建一个 Web 项目。

(2) 提供用户注册功能，用户注册数据保存到数据库。

(3) 提供用户登录功能(根据数据库的用户名和密码进行匹配)。

【实验目的】

(1) 复习 Spring Boot 框架的配置和用法。

(2) 掌握 Spring Boot 和 MyBatis 框架整合的流程。

(3) 熟悉负责 Web 项目的基本结构。

第 6 章

综合案例：空气质量监测平台

本着学以致用的原则，在前面学习了 Spring、Spring Boot 和 MyBatis 框架基础知识及使用流程基础上，本章将介绍一个基于这些框架的综合案例，使开发者初步掌握 SSM 框架在实际项目中的使用流程。本案例主要使用了 Spring Boot 和 MyBatis 框架，采用前后台代码分离的设计思想，构建了一个较为完整的空气质量监测平台。

本章学习目标

◎ 了解完整 Web 项目的开发流程

◎ 了解 SSM 框架在实际项目中的整合流程

◎ 能根据实际项目需求灵活选用框架

【内容结构】 ★为重点掌握

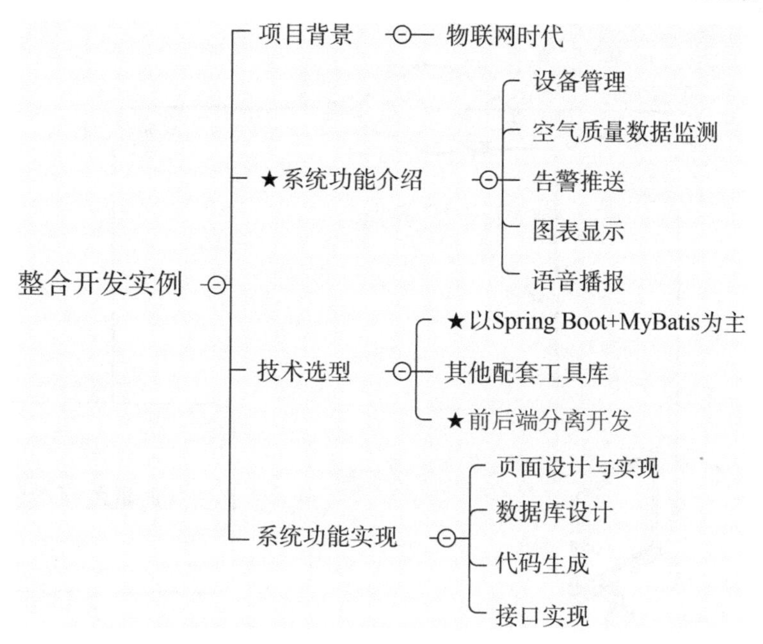

6.1 项目背景

近年来，随着传感器网络及 5G 技术的不断发展，人们已经逐步进入了“万物互联”的物联网时代。目前，许多第三方物联网云平台，如百度、阿里、移动、华为等公司都提供开放的物联网云平台，以供第三方开发者或者公司使用。IoT(Internet of Things，物联网)是未来发展的一个趋势，随着 5G 的加速到来，各个软硬件厂商也是在加速布局，竞争日趋激烈。在物联网时代，各种传感数据可以在后台汇总。通过物联网云平台，硬件开发人员可以快速地使自己的硬件交互，通过互联网远程操控，加快硬件产品的快速上线周期。

本项目利用 Spring Boot 和 MyBatis 框架搭建一个 Web 系统，通过提供接口给硬件开发者并通过 HTTP 协议进行数据的上传，完成一个基本的空气质量监测数据平台。如需其他协议，可自行扩展，比如通过 netty 支持 TCP 透传协议，通过 ActiveMQ Artemis 实现 MQTT、STOMP 协议，通过 Eclipse 的 californium 库实现 COAP 协议的对接等。

6.2 项目需求

鉴于篇幅考虑，这里只实现使用 HTTP 协议来接入设备数据。在本系统中，所涉及的核心概念包括用户、设备、数据、告警，图 6.1 所示是使用 HTTP 协议接入设备的流程图。

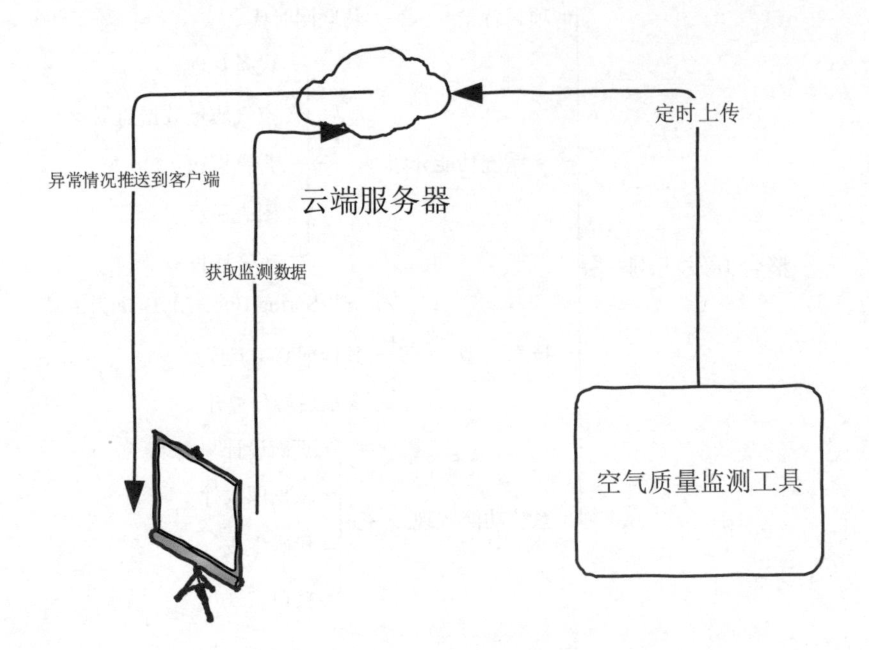

图 6.1 使用 HTTP 协议来接入设备数据

因为 HTTP 本身是一个无状态协议，每次请求响应结束后都会销毁连接，服务器不能主动地去连接客户终端，所以属于无指令的下发。如果要使用指令下发功能，则需要使用 MQTT、STOMP 或 COAP 等其他协议。

当然，在实际使用中，很多设备在实际运行时为了使电池能使用更长时间，会在硬件中加上休眠的功能，定时唤醒。这个时候即使服务器端下发，也需要手动唤醒硬件，或者等待硬件的自动唤醒周期到来，然后硬件去服务器取云端所缓存的指令再执行。

因此，在这种情况下，实际上是可以在硬件端做查询去获取下发的指令情况，来实现指令下发的功能，只是在实时性上需要有一些额外的操作来弥补。

本案例的硬件部分，模拟一个空气质量检测器，能定时上传温度、湿度、PM2.5 的值，上传的数据格式为 json 格式。表 6.1 是检测的各指标参数详情。

表 6.1 空气质量检测器各参数值

数据项	属性名	单位	类型
温度	temperature	℃	Double
湿度	humidity	%	Double
PM2.5	pm2d5		Double

对应的 json 格式示例如下：

```
{
    "temperature": 15,
    "humidity": 30,
    "pm2d5": 15
}
```

6.3 技术参数

根据实际需要，本项目主要采用 Spring Boot+MyBatis 框架相结合的技术架构，具体技术参数如表 6.2 所示。

表 6.2　技术参数

用途	框架
开发工具	Eclipse
MVC 框架	Spring Boot
持久化框架	MyBatis、MyBatis-Plus
安全权限	Shiro
接口文档	Swagger2
语音合成	百度 Audio
Socket 推送	Netty for socketio
地图展示	高德地图
图标展示	Echarts
后端包管理工具	Maven
前端开发环境	Nodejs
前端包管理工具	Npm
前端框架	Vuejs
数据库存储	MySQL

6.4 系统设计及实现

本节将对该项目中的系统设计和主要功能实现进行简单介绍，内容包括页面设计、数据库设计、代码生成、接口设计和主要功能实现等。

6.4.1　页面设计

对一个 Web 项目来说，美观的前端页面是非常重要的。良好的页面设计对项目的成功运营有着非常大的影响。本节主要介绍本项目采用的前端技术，以及本项目主要页面设计的效果。

1. 前端技术

在实际项目中，通常采用前后端分离的设计方案，就是前端与后端分离开发，前后端交互通过 json 数据进行。一般情况下，前端在 node.js 环境下开发，借助于 webpack 打包工具和 babel 编译，能更好地使用 js 的新特性，提升开发体验和效率。

nodejs 使用之前需要先安装，开发者可以在 nodejs 官网 https://nodejs.org/en/下载相应版本进行安装。安装完成后，可以在命令行中查看 nodejs 的版本号以及 npm 包管理工具的版本，如图 6.2 所示。查看命令如下：

```
node -v
npm -v
```

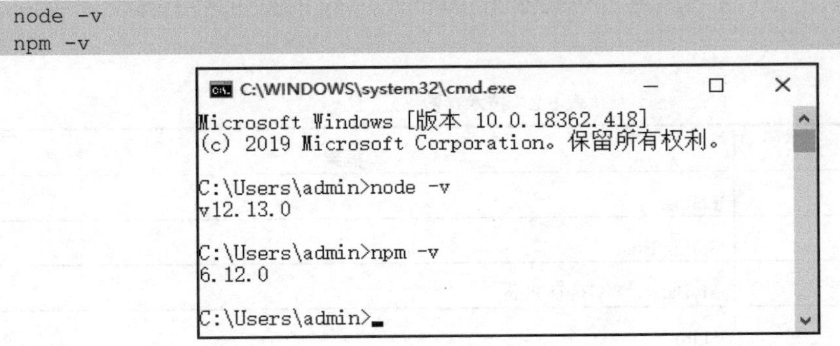

图 6.2　Node js 安装

在本项目中，前端框架选择的是Vuejs，它是一套用于构建用户界面的渐进式框架。与其他大型框架不同，Vue 被设计为可以自底向上逐层应用。Vue 的核心库只关注视图层，不仅易于上手，还便于与第三方库或已有项目整合。另外，当与现代化的工具链以及各种支持类库结合使用时，Vue 也完全能够为复杂的单页应用提供驱动。前端组件库选用 ElementUI，ElementUI 是由“饿了么”团队开发的一套前端组件库，将一些通用组件进行封装，便于复用。

(1) vue-cli 开发框架构建。在 GitHub 上有一个开源项目，是基于 vue-cli 进行构建的，使用了 elementui 的组件库加上一些作者自己封装的组件，提供了一套前端模板方案，整体效果如图 6.3 所示。

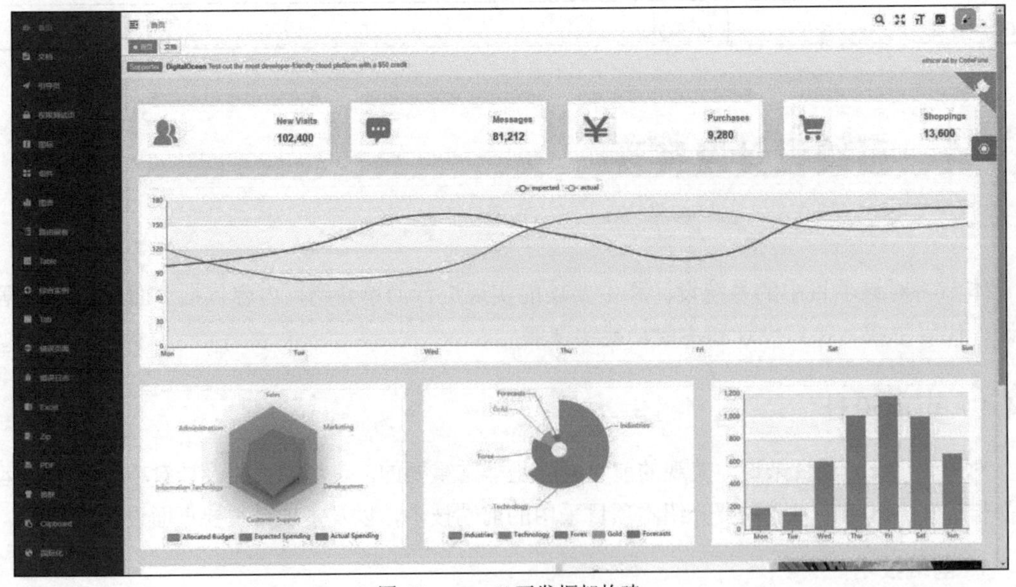

图 6.3　vue-cli 开发框架构建

对于入门开发者来说，可以选择其中的基础模板，如图 6.4 所示。

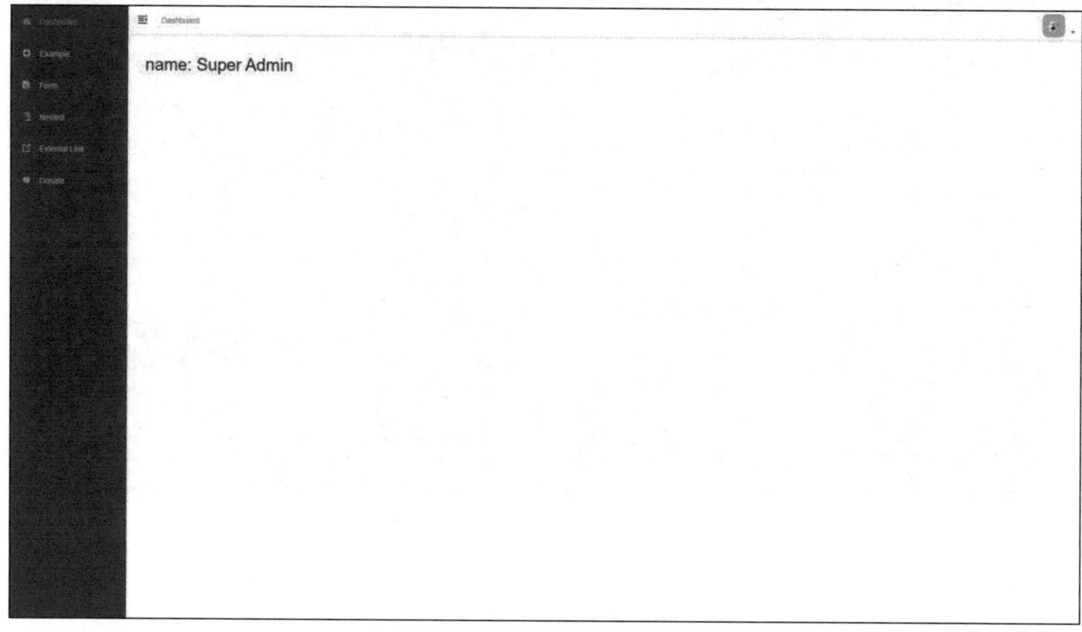

图 6.4　vue-cli 基础模版

使用方式如下：

```
# 克隆项目
git clone https://github.com/PanJiaChen/vue-admin-template.git
# 进入项目目录
cd vue-admin-template
# 安装依赖
npm install
# 建议不要直接使用 cnpm 安装以来，会有各种诡异的 bug。可以通过如下操作解决 npm 下载速
度慢的问题
npm install --registry=https://registry.npm.taobao.org
# 启动服务
npm run dev
```

(2) 开发工具。前端开发推荐开发工具 Visual Studio Code，这是由微软公司开发的一套跨平台编辑器，可以在 Windows、MAC、Linux 平台上使用，也集成了一款现代编辑器所应该具备的特性，包括语法高亮、可定制的热键绑定、括号匹配以及代码片段收集等，还可以通过插件扩展提供对 markdown、spring、git 等支持。Visual Studio Code 又简称 vscode，官网地址 https://code.visualstudio.com/，如图 6.5 所示。

(3) 路由与文件。通过 Visual Studio Code 打开通过 git 导入的项目，文件结构目录如图 6.6 左侧所示。其中，src 文件夹为 vue 源码目录，public 文件夹下放置静态文件(如图片)等。

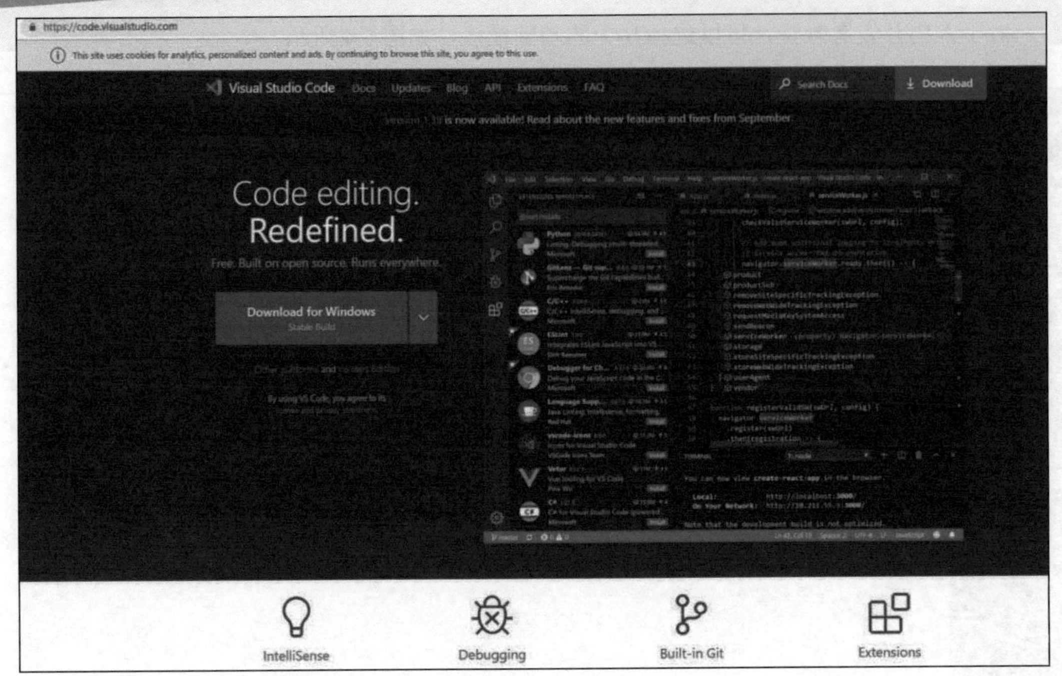

图 6.5　Visual Studio Code 下载网站

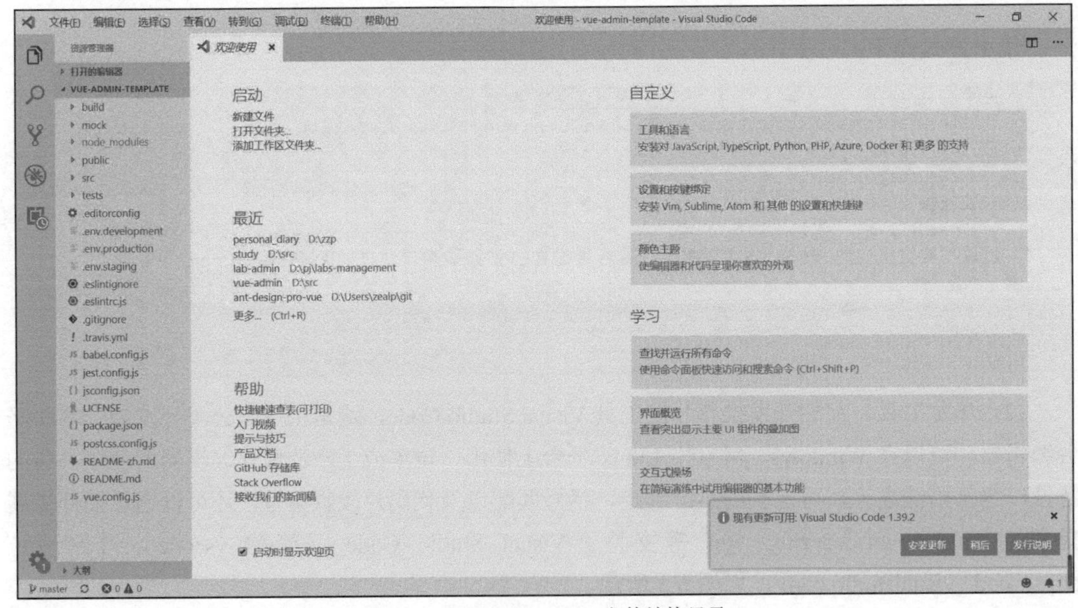

图 6.6　Visual Studio Code 文件结构目录

在 src/router/index.js 中放置了配置左侧菜单的路由配置，示例程序配置如下，可对菜单及路由配置进行修改。

```
{
    path: '/example',
    component: Layout,
    redirect: '/example/table',
    name: 'Example',
```

```
    meta: { title: 'Example', icon: 'example' },
    children: [
    {
        path: 'table',
        name: 'Table',
        component: () => import('@/views/table/index'),
        meta: { title: 'Table', icon: 'table' }
    },
    {
        path: 'tree',
        name: 'Tree',
        component: () => import('@/views/tree/index'),
        meta: { title: 'Tree', icon: 'tree' }
    }
  ]
}
```

开发者可将其中路由代码改为设备和用户管理所需的代码，如下所示：

```
{
    path: '/',
    component: Layout,
    redirect: '/dashboard',
    children: [{
      path: 'dashboard',
      name: 'Dashboard',
      component: () => import('@/views/dashboard/index'),
      meta: { title: '控制台', icon: 'dashboard' }
    }]
  },

  {
    path: '/example',
    component: Layout,
    redirect: '/example/table',
    name: 'Example',
    meta: { title: '产品', icon: 'example' },
    children: [
      {
        path: 'table',
        name: 'Table',
        component: () => import('@/views/table/index'),
        meta: { title: '设备', icon: 'table' }
      },
      {
        path: 'tree',
        name: 'Tree',
        component: () => import('@/views/tree/index'),
        meta: { title: '用户', icon: 'tree' }
      },
      {
        path: 'imdata',
        name: 'imdata',
        component: () => import('@/views/imdata/index'),
        meta: { title: '最新数据', icon: 'tree' }
      },
      {
        path: 'historyData',
        name: 'historyData',
        component: () => import('@/views/historyData/index'),
        meta: { title: '历史数据', icon: 'tree' }
```

```
        }
      ]
    }
```

显示效果如图 6.7 所示。

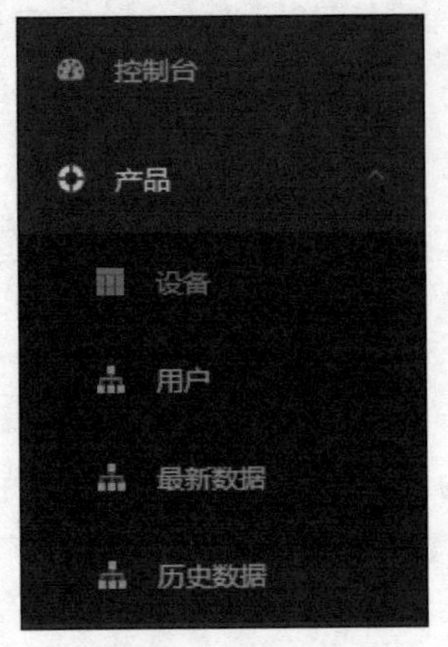

图 6.7　显示结果

2. 页面设计

(1) 设备列表页面，如图 6.8 所示。

图 6.8　设备列表

(2) 实时监控页面，如图 6.9 所示。

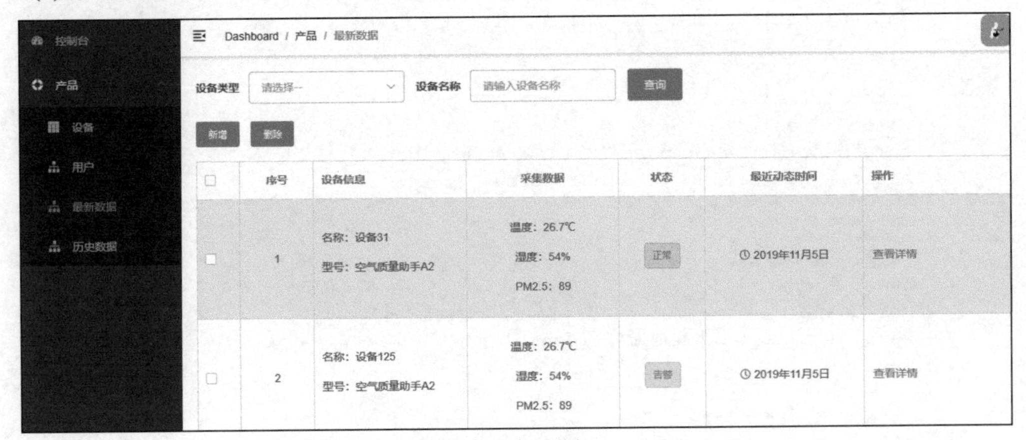

图 6.9　实时监控

(3) 历史数据页面，如图 6.10 所示。

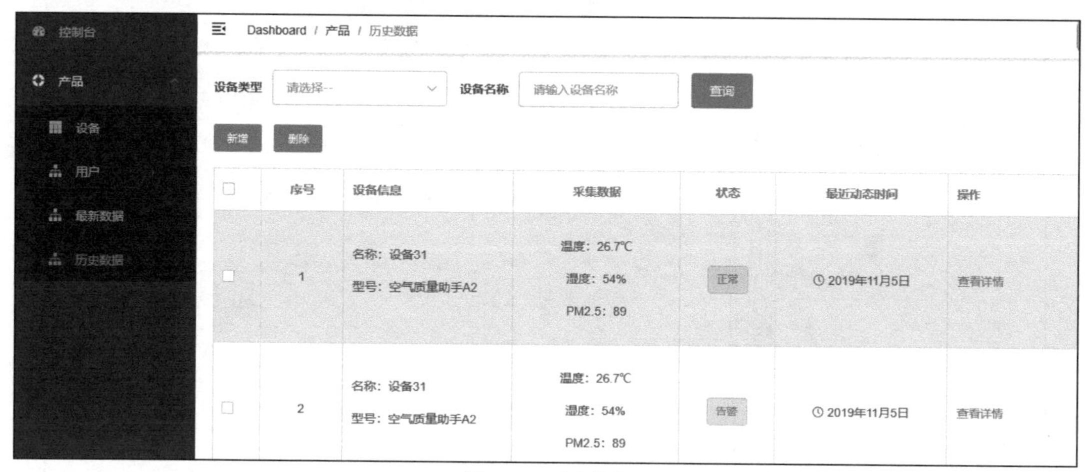

图 6.10　历史数据

(4) 地图展示页面。设备在录入时，可以由手机或其他定位设备获取定位信息，在地图上进行展示设备的分布情况，如图 6.11 所示。

图 6.11　地图展示

(5) 数据可视化页面，如图 6.12 所示。

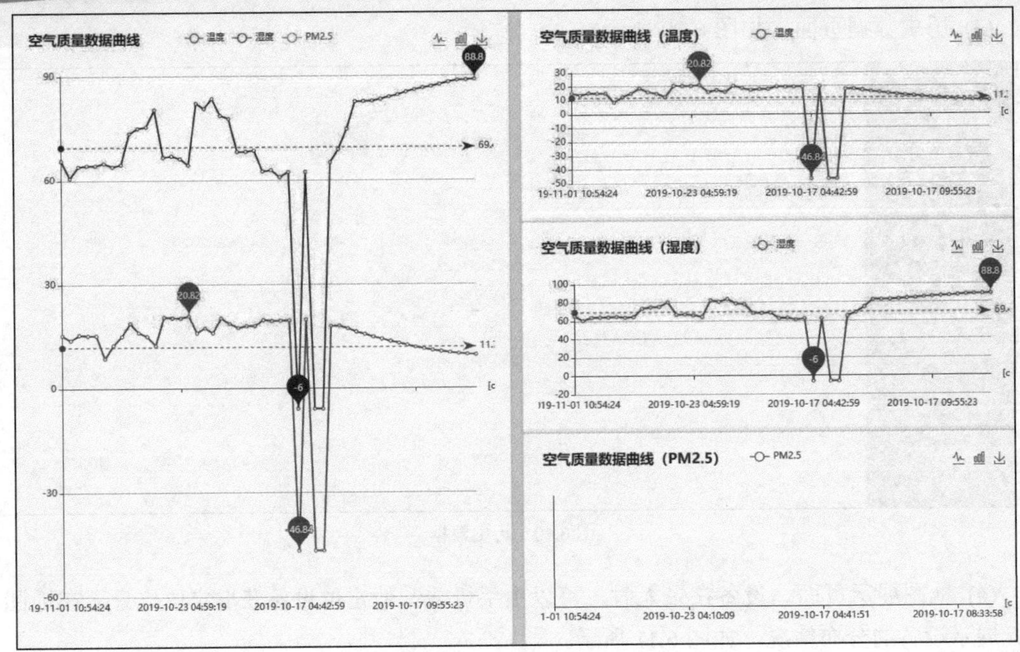

图 6.12　数据可视化

6.4.2　数据库设计

关于数据库表结构设计，主要考虑用户表、设备表、数据表、告警表，各表之间的关系如图 6.13 所示。

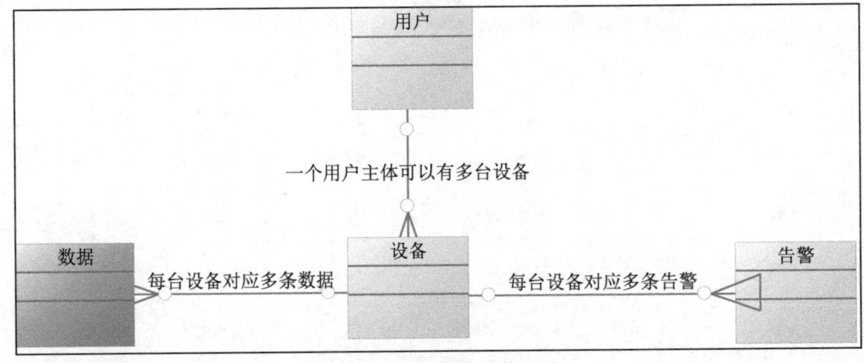

图 6.13　数据库表结构设计

MySQL 建表语句如下：

```
SET NAMES utf8mb4;
SET FOREIGN_KEY_CHECKS = 0;

-- ----------------------------
-- Table structure for g_ac_user
-- ----------------------------
DROP TABLE IF EXISTS 'g_ac_user';
CREATE TABLE 'g_ac_user'  (
  'id' int(11) NOT NULL AUTO_INCREMENT COMMENT '主键id',
```

```
  'email' varchar(255) CHARACTER SET utf8 COLLATE utf8_bin NULL DEFAULT NULL COMMENT
  '邮箱地址',
  'password' varchar(255) CHARACTER SET utf8 COLLATE utf8_bin NULL DEFAULT NULL COMMENT
  '密码',
  'name' varchar(255) CHARACTER SET utf8 COLLATE utf8_bin NULL DEFAULT NULL COMMENT
  '姓名',
  PRIMARY KEY ('id') USING BTREE
) ENGINE = InnoDB AUTO_INCREMENT = 2 CHARACTER SET = utf8 COLLATE = utf8_bin COMMENT
  = '用户' ROW_FORMAT = Compact;

-- ----------------------------
-- Table structure for g_ac_user_info
-- ----------------------------
DROP TABLE IF EXISTS 'g_ac_user_info';
CREATE TABLE 'g_ac_user_info'  (
  'user_id' int(11) NOT NULL,
  'id_card' varchar(255) CHARACTER SET utf8 COLLATE utf8_bin NULL DEFAULT NULL COMMENT
  '身份证号码',
  'unit' varchar(255) CHARACTER SET utf8 COLLATE utf8_bin NULL DEFAULT NULL COMMENT
  '单位',
  'address' varchar(255) CHARACTER SET utf8 COLLATE utf8_bin NULL DEFAULT NULL COMMENT
  '住址',
  PRIMARY KEY ('user_id') USING BTREE
) ENGINE = InnoDB CHARACTER SET = utf8 COLLATE = utf8_bin COMMENT = '用户信息' ROW_FORMAT
  = Compact;

-- ----------------------------
-- Table structure for g_item_alarm
-- ----------------------------
DROP TABLE IF EXISTS 'g_item_alarm';
CREATE TABLE 'g_item_alarm'  (
  'id' int(11) NOT NULL AUTO_INCREMENT COMMENT '主键id',
  'type' int(255) NULL DEFAULT NULL COMMENT '告警类型',
  'val' double(255, 0) NULL DEFAULT NULL COMMENT '告警值',
  'device_id' int(11) NULL DEFAULT NULL COMMENT '设备id',
  PRIMARY KEY ('id') USING BTREE
) ENGINE = InnoDB AUTO_INCREMENT = 1 CHARACTER SET = utf8 COLLATE = utf8_bin COMMENT
  = '告警' ROW_FORMAT = Compact;

-- ----------------------------
-- Table structure for g_item_data
-- ----------------------------
DROP TABLE IF EXISTS 'g_item_data';
CREATE TABLE 'g_item_data'  (
  'id' bigint(20) NOT NULL,
  'temperature' double(255, 0) NULL DEFAULT NULL,
  'humidity' double(255, 0) NULL DEFAULT NULL,
  'pm2d5' double(255, 0) NULL DEFAULT NULL,
  PRIMARY KEY ('id') USING BTREE
) ENGINE = InnoDB CHARACTER SET = utf8 COLLATE = utf8_bin ROW_FORMAT = Compact;

-- ----------------------------
-- Table structure for g_item_device
-- ----------------------------
DROP TABLE IF EXISTS 'g_item_device';
CREATE TABLE 'g_item_device'  (
  'id' int(11) NOT NULL AUTO_INCREMENT COMMENT '主键id',
  'name' varchar(255) CHARACTER SET utf8 COLLATE utf8_bin NULL DEFAULT NULL COMMENT
  '设备名称',
  'des' varchar(255) CHARACTER SET utf8 COLLATE utf8_bin NULL DEFAULT NULL COMMENT
```

```
  '描述',
  'uuid' varchar(0) CHARACTER SET utf8 COLLATE utf8_bin NULL DEFAULT NULL COMMENT 'uuid',
  'user_id' int(11) NULL DEFAULT NULL COMMENT '用户 id',
  'data_json' varchar(255) CHARACTER SET utf8 COLLATE utf8_bin NULL DEFAULT NULL COMMENT
  '最新数据 json 序列化',
  PRIMARY KEY ('id') USING BTREE
) ENGINE = InnoDB AUTO_INCREMENT = 1 CHARACTER SET = utf8 COLLATE = utf8_bin COMMENT
  = '设备' ROW_FORMAT = Compact;

SET FOREIGN_KEY_CHECKS = 1;
```

6.4.3 代码生成

MyBatis-Plus 提供了增强的代码生成器，可以直接生成分层文件结构。这里实现了扩展生成器，定义过滤规则。

```
public class MyGenerator extends AutoGenerator {
    String prefix = "";
    @Override
    protected List<TableInfo> getAllTableInfoList(ConfigBuilder config) {
        List<TableInfo> l = super.getAllTableInfoList(config);
        List<TableInfo> c = new ArrayList<>();
        for (TableInfo t : l) {
            if (t.getName().startsWith(prefix)) {
                c.add(t);
            }
        }
        return c;
    }

    /**
     * 过滤，只生成和指定表前缀一致的文件
     * @return
     */
    public MyGenerator prefixFilter(String prefix) {
        this.prefix = prefix;
        return this;
    }
}
```

生成器代码将一些在业务中不会用到的代码放在 src/test/java 下，不仅方便使用 junit 测试，而且不会对主体业务代码耦合或混淆。

```
public class GeneratorServiceEntity {
    // 基础包名
    String basePackageName = "biz.demo";
    // 文件名中要去掉的表前缀
    String excludePrefix = "g_";
    // 模块和包名，与数据库中模块一致
    String[] moduleNames = { "ac", "item" };
    // 数据库连接信息
    String dbUrl = "jdbc:mysql://localhost:3306/sample-
    demo?useUnicode=true&characterEncoding=UTF-
    8&autoReconnect=true&failOverReadOnly=false";
    String dbUsername = "root";
    String dbPassword = "!";
    String dbDriverName = "com.mysql.jdbc.Driver";
    // 生成文件暂存目录
    String outputDir = "C:\\data";
```

```
    @Test
    public void generateCode() {
        boolean serviceNameStartWithI = false;// user -> UserService, 设置成 true: user ->
       IUserService
        for (String mn : moduleNames) {
            generateByTables(mn, serviceNameStartWithI, basePackageName);
        }
    }
    private void generateByTables(String moduleName, boolean serviceNameStartWithI,
    String packageName,String... tableNames) {
        // 要生成的表前缀
        String tablePrefix = excludePrefix + moduleName;
        GlobalConfig config = new GlobalConfig();
        // 数据源连接
        DataSourceConfig dataSourceConfig = new DataSourceConfig();
dataSourceConfig.setDbType(DbType.MYSQL).setUrl(dbUrl).setUsername(dbUsername).
setPassword(dbPassword).setDriverName(dbDriverName);
        // 代码生成策略配置
       StrategyConfig strategyConfig = new StrategyConfig();
       strategyConfig.setInclude("g_device_config").setCapitalMode(true).
       setRestControllerStyle(true)
      // 指定为 rest
       .setEntityLombokModel(true) // 生成的实体类是否使用 lombok 模式
      // .setDbColumnUnderline(true) // 列名下画线
       .setNaming(NamingStrategy.underline_to_camel) // 下画线转驼峰
       .setTablePrefix(excludePrefix); // 表前缀
//.setInclude(tableNames); //修改替换成需要的表名，多个表名传数组；此处用上一行的表前缀来
过滤，所以不用这个
     config.setActiveRecord(true).setAuthor("轻量级 ssm 开发").
     setOutputDir(outputDir).setSwagger2(true).setFileOverride(true);
     if (!serviceNameStartWithI) {
     config.setServiceName("%sService");
     }
     TemplateConfig templateConfig = new TemplateConfig();
//  templateConfig.setController("/gen/controller.java");
//  templateConfig.setEntity("/gen/entity.java");
     // 使用自定义的生成器
     new MyGenerator().prefixFilter(tablePrefix) // 过滤，只有表前缀和指定值一致，才会生成
     .setGlobalConfig(config).setDataSource(dataSourceConfig)
     .setTemplateEngine(new FreemarkerTemplateEngine()).setStrategy(strategyConfig)
     .setTemplate(templateConfig).setPackageInfo(new PackageConfig().setParent
     (packageName) // 包名
     .setModuleName(moduleName) // 模块名
     .setController("controller").setEntity("entity")).execute();
     }
}
```

在被@Test 注解的方法上右击，选择 JUnit Test，如图 6.14 所示。

根据上面的代码生成器中的配置路径，生成的代码放在 C:\\data 目录下。通过 tree /f 命令查看文件目录，可知其对所有数据表生成了多层代码文件，其中包括控制器、实体类、业务接口、业务实现类、mapper 接口、xml 文件等，并且按不同模块的 ac、item 目录分别放在相应包中，使结构看上去清晰明了，结构如下：

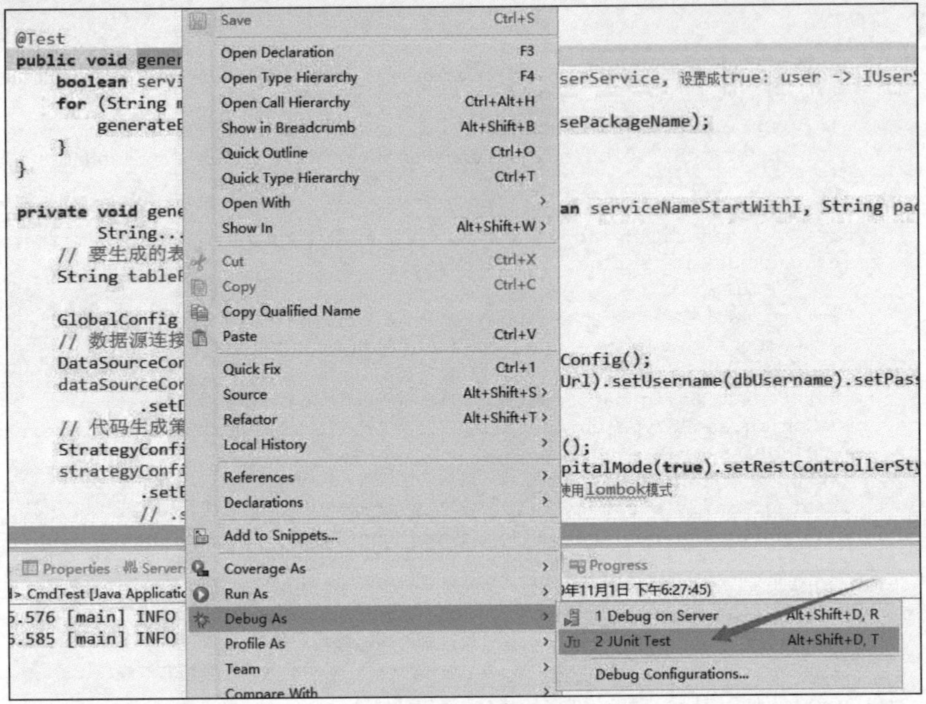

图 6.14 代码生成

```
C:.
└─biz
    └─demo
        ├─ac
        │  ├─controller
        │  │      AcUserController.java
        │  │      AcUserInfoController.java
        │  │
        │  ├─entity
        │  │      AcUser.java
        │  │      AcUserInfo.java
        │  │
        │  ├─mapper
        │  │  │  AcUserInfoMapper.java
        │  │  │  AcUserMapper.java
        │  │  │
        │  │  └─xml
        │  │          AcUserInfoMapper.xml
        │  │          AcUserMapper.xml
        │  │
        │  └─service
        │      │  AcUserInfoService.java
        │      │  AcUserService.java
        │      │
        │      └─impl
        │              AcUserInfoServiceImpl.java
        │              AcUserServiceImpl.java
        │
        └─item
            ├─controller
            │      ItemAlarmController.java
            │      ItemDataController.java
```

```
        │       ItemDeviceController.java
        │
        ├─entity
        │       ItemAlarm.java
        │       ItemData.java
        │       ItemDevice.java
        │
        ├─mapper
        │  │  ItemAlarmMapper.java
        │  │  ItemDataMapper.java
        │  │  ItemDeviceMapper.java
        │  │
        │  └─xml
        │          ItemAlarmMapper.xml
        │          ItemDataMapper.xml
        │          ItemDeviceMapper.xml
        │
        └─service
            │  ItemAlarmService.java
            │  ItemDataService.java
            │  ItemDeviceService.java
            │
            └─impl
                    ItemAlarmServiceImpl.java
                    ItemDataServiceImpl.java
                    ItemDeviceServiceImpl.java
```

通过这种方式生成的实体类会自动将数据库中表及字段的注释加载到属性上，自动生成的实体类实例如下：

```
@Data
@EqualsAndHashCode(callSuper = false)
@Accessors(chain = true)
@TableName("g_item_device")
@ApiModel(value="ItemDevice对象", description="设备")
public class ItemDevice extends Model<ItemDevice> {

    private static final long serialVersionUID = 1L;

    @ApiModelProperty(value = "主键id")
    @TableId(value = "id", type = IdType.AUTO)
    private Integer id;

    @ApiModelProperty(value = "设备名称")
    private String name;

    @ApiModelProperty(value = "描述")
    private String des;

    @ApiModelProperty(value = "uuid")
    private String uuid;

    @ApiModelProperty(value = "用户id")
    private Integer userId;

    @ApiModelProperty(value = "最新数据json序列化")
    private String dataJson;

    @Override
    protected Serializable pkVal() {
```

```
        return this.id;
    }

}
```

因为实体类的生成只需根据字段自动生成属性即可，所以看起来内容丰富。可是控制器层及业务层生成的只是一个空类，里面需要根据设定的业务场景规划与实现接口。默认生成的控制器如下：

```
/**
 * <p>
 * 设备 前端控制器
 * </p>
 *
 * @author 轻量级 SSM 开发
 * @since 2019-11-01
 */
@RestController
@RequestMapping("/item/itemDevice")
public class ItemDeviceController {
}
```

6.4.4　接口设计

如果有了项目的结构，并且已经自动生成了类上的路由，那么之后则只需要填充业务代码逻辑即可。使用 MyBatis-Plus 的好处是一些简单的操作可以不用写多层代码，因为在生成的业务接口、类和生成的 mapper 接口中所继承的基类已经提供了很多通用的逻辑操作。以下列出该案例中一些典型的业务接口，包括如何在数据控制器中添加接口，以及设备增删改查操作和告警相关的接口定义示例。

首先在当前控制器中通过@Autowired 注解引入对于 service 层的依赖，然后由 service 层进行具体业务逻辑的处理及调用 mapper 层进行访问数据库的操作。

在数据控制器中添加接口，接收硬件通过 HTTP 协议传上来的数据，代码如下：

```
@PostMapping
public R create(@RequestBody ItemData entity) {
        itemDataService.save(entity);
        return R.ok("添加成功");
}
```

分页查询，代码如下：

```
@GetMapping
public R getList(PageRequest pageRequest) {
    IPage<ItemData> page = new Page<>(pageRequest.getCurrent(),
    pageRequest.getSize());
    QueryWrapper<ItemData> qw = new QueryWrapper<ItemData>();
    IPage<ItemData> l = itemData.selectPage(page, qw);
    return R.ok(l);
}
```

增、删、改、查操作，代码如下：

```
@RestController
@RequestMapping("/item/itemData")
public class ItemDataController {
```

```
    @Autowired
    ItemDataService itemDataService;

    @GetMapping
    public R getList(PageRequest pageRequest) {
        IPage<ItemData> page = new Page<>(pageRequest.getCurrent(), pageRequest.
        getSize());
        QueryWrapper<ItemData> qw = new QueryWrapper<ItemData>();

        IPage<ItemData> l = itemDataService.page(page, qw);
        return R.ok(l);
    }
    @PostMapping
    public R create(@RequestBody ItemData entity) {
        itemDataService.save(entity);
        return R.ok("添加成功");
    }
    @PutMapping
    public R modify(@RequestBody ItemData entity) {
        return R.ok("修改成功");
    }

    @GetMapping("/{id}")
    public R getOne(@PathVariable Long id) {
        return R.ok(itemDataService.getById(id));
    }

    @DeleteMapping
    public R delete(Long id) {
        itemDataService.removeById(id);
        return R.ok("已标记为删除");
    }
}
```

告警接口，代码如下：

```
@RestController
@RequestMapping("/item/itemAlarm")
public class ItemAlarmController {

    @Autowired
    ItemAlarmService itemAlarmService;

    @GetMapping
    public R getList(PageRequest pageRequest) {
        IPage<ItemAlarm> page = new Page<>(pageRequest.getCurrent(), pageRequest.
        getSize());
        QueryWrapper<ItemAlarm> qw = new QueryWrapper<ItemAlarm>();

        IPage<ItemAlarm> l = itemAlarmService.page(page, qw);
        return R.ok(l);
    }
    @PostMapping
    public R create(@RequestBody ItemAlarm entity) {
        itemAlarmService.save(entity);
        return R.ok("添加成功");
    }
    @PutMapping
    public R modify(@RequestBody ItemAlarm entity) {
        itemAlarmService.updateById(entity);
        return R.ok("修改成功");
```

```
    }

    @GetMapping("/{id}")
    public R getOne(@PathVariable Long id) {
        return R.ok(itemAlarmService.getById(id));
    }

    @DeleteMapping
    public R delete(Long id) {
        itemAlarmService.removeById(id);
        return R.ok("已删除");
    }
}
```

对于接口返回值，要订立统一的规则，约定数据结构以及不同的返回码分别表达什么不同的含义，如 0 代表成功，1 代表未登录，2 代表无权限，3 代表通用错误。

可创建返回值包装类，代码清单如下：

```
/**
 * 返回值包装
 * @param <T>
 */
@Getter @Setter
public class R<T> {

    public static final int SUCCESS = 0;
    public static final int UNLOGIN = 1;
    public static final int UNAUTHORIZED = 2;
    public static final int ERROR = 3;

    public static final int UNBINDING = 4;

    @ApiModelProperty(value = "返回码", required = true)
    private Integer code;
    @ApiModelProperty(value = "返回值包装", required = true)
    private T content;

    /**
     * 通用错误 code 时调用
     * @param content
     * @return
     */
    public static <Y> R<Y> error(Y content) {
        R<Y> r = new R<Y>(ERROR);
        r.setContent(content);
        return r;
    }
    /**
     * 未登录
     * @param content
     * @return
     */
    public static <Y> R<Y> unLogin(Y content) {
        R<Y> r = new R<Y>(UNLOGIN);
        r.setContent(content);
        return r;
    }
    /**
     * 未绑定
     * @param content
```

```
     * @return
     */
    public static <Y> R<Y> unBinding(Y content) {
        R<Y> r = new R<Y>(UNBINDING);
        r.setContent(content);
        return r;
    }
    /**
     * 无权限
     */
    public static <Y> R<Y> unAuthorized(Y content) {
        R<Y> r = new R<Y>(UNAUTHORIZED);
        r.setContent(content);
        return r;
    }
    /**
     * 成功时调用
     * @param content
     * @return
     */
    public static <Y> R<Y> ok(Y content) {
        R<Y> r = new R<Y>(SUCCESS);
        r.setContent(content);
        return r;
    }

    /*分界线：以下为构造函数和 getter、setter*/

    public R(Integer code, T content) {
        this.code = code;
        this.content = content;
    }

    public R(Integer code) {
        this.code = code;
    }
}
```

生成接口文档配置类，代码如下：

```
@Configuration
@EnableSwagger2
public class Swagger2Config {

    @Bean
    public Docket ProductApi() {
        return new Docket(DocumentationType.SWAGGER_2)
                .genericModelSubstitutes(DeferredResult.class)
                .useDefaultResponseMessages(false)
                .forCodeGeneration(false)
                .pathMapping("/")
                .select()
                .build()
                .apiInfo(productApiInfo());
    }

    private ApiInfo productApiInfo() {
        return new ApiInfoBuilder()
                .title("springboot 利用 swagger 构建 API document")
                .description("简单优雅的 restfun 风格")
                .termsOfServiceUrl("https://baidu.com")
```

```
                .version("1.1")
                .build();
        }
}
```

通过 MyBatis-Plus 配置 mapperScan，代码如下：

```
@Configuration
@MapperScan("biz.demo.*.mapper")
public class MybatisPlusConfig {
    /**
     * SQL 打印
     * @return
     */
   @Bean
    public PerformanceInterceptor performanceInterceptor() {
        return new PerformanceInterceptor();
    }
    /**
     * mybatis-plus 分页插件<br>
     * 文档：http://mp.baomidou.com<br>
     */
    @Bean
    public PaginationInterceptor paginationInterceptor() {
     return new PaginationInterceptor();
    }

}
```

在 application.yml 中对 MyBatis-Plus 配置，代码如下：

```
mybatis-plus:
  configuration:
    call-setters-on-nulls: true
  mapperLocations: classpath*:biz/demo/**/mapper/xml/*Mapper.xml
  typeAliasesPackage: com.gdata.biz.**.entity
  # typeEnumsPackage: com.gdata.utils.enu.AlarmType
  global-config:
    #主键类型  0:"数据库 ID 自增", 1:"用户输入 ID",2:"全局唯一 ID (数字类型唯一 ID)", 3:"全局
    唯一 ID UUID";
    id-type: 0
    #字段策略 0:"忽略判断",1:"非 NULL 判断"),2:"非空判断"
    #    field-strategy: 2
    #驼峰下画线转换
    db-column-underline: true
    #刷新 mapper 调试神器
    refresh-mapper: true
    #数据库大写下画线转换
    capital-mode: true
    #序列接口实现类配置,不在推荐使用此方式进行配置,请使用自定义 bean 注入
    # key-generator: com.baomidou.mybatisplus.incrementer.H2KeyGenerator
    #逻辑删除配置(下面 3 个配置)
    logic-delete-value: 0
    logic-not-delete-value: 1
    configuration:
    map-underscore-to-camel-case: true
    cache-enabled: false
```

当映射文件放在类路径下时，在 pom 文件中增加 resources 配置，代码如下：

```
<resources>
     <resource>
```

```
            <directory>src/main/java</directory>
            <includes>
                <include>**/*.xml</include>
            </includes>
        </resource>
        <resource>
            <directory>src/main/resources</directory>
        </resource>
    </resources>
```

利用 shiro 实现登录功能，将登录信息存入 redis 之中，代码如下：

```
@Configuration
public class ShiroConfig {

    @Value("${spring.redis.host}")
    private String host;
    @Value("${spring.redis.port}")
    private int port;
    @Value("${spring.redis.password}")
    private String password;

     /**
      * anon：所有 url 都都可以匿名访问；
      * authc：需要认证才能进行访问；
      * user：配置记住我或认证通过可以访问；
      */
    static String filters ="/=anon;/docs.html=anon;/assets/**=anon;/index.jsp=anon;/
    regin=anon;/*.ico=anon;/upload/*=anon;" + "/forbidden=anon;/sns*=anon;/*/api-
    docs=anon;/callback*=anon;/swagger*=anon;" + "/configuration/*=anon;/*/
    configuration/*=anon;/webjars/**=anon;"+/user/member/login=anon;/user/member/
    wxlogin=anon;/user/member/register=anon;/ac/unauthorized=anon;"+ "/static/**
    =anon;/index.html=anon;"+"/nb/iot/**=anon;/wx/*=anon;"+"/druid/**=anon;"
    + "/ac/acUser/**=anon;"+ "/**=user";

    @Bean
    public ShiroFilterFactoryBean shiroFilter(SecurityManager securityManager) {
        ShiroFilterFactoryBean factory = new ShiroFilterFactoryBean();
        factory.setSecurityManager(securityManager);
        factory.setLoginUrl("/api/ac/unauthorized");
        factory.setUnauthorizedUrl("/forbidden");

//        Map<String, Filter> filtersMap = new LinkedHashMap<String, Filter>();
//        filtersMap.put("shiroLoginFilter", new ShiroLoginFilter());
//        factory.setFilters(filtersMap);

        Map<String, String> filterMap = new LinkedHashMap<>();
        // 过滤链定义，从上向下顺序执行
        for (String filter : filters.split("\\;")) {
            String[] keyValue = filter.split("\\=");
            filterMap.put(keyValue[0], keyValue[1]);
        }
        factory.setFilterChainDefinitionMap(filterMap);
        return factory;
    }

    @Bean
    public static LifecycleBeanPostProcessor lifecycleBeanPostProcessor() {
        return new LifecycleBeanPostProcessor();
    }
```

```
    @Bean
    public MyRealm myShiroRealm() {
     MyRealm myRealm = new MyRealm();
//       myRealm.setCredentialsMatcher(h);
     return myRealm;
    }

    @Bean
    public SimpleCookie rememberMeCookie(){
        //System.out.println("ShiroConfiguration.rememberMeCookie()");
        //这个参数是 cookie 的名称，对应前端的 checkbox 的 name = rememberMe
        SimpleCookie simpleCookie = new SimpleCookie("rememberMe");
        //<!-- 记住我 cookie 生效时间 30 天 ,单位秒;-->
        simpleCookie.setMaxAge(259200);
        return simpleCookie;
    }
    @Bean
    public CookieRememberMeManager rememberMeManager(){
        //System.out.println("ShiroConfiguration.rememberMeManager()");
        CookieRememberMeManager cookieRememberMeManager = new
        CookieRememberMeManager();
        cookieRememberMeManager.setCookie(rememberMeCookie());
        //rememberMe cookie 加密的密钥 建议每个项目都不一样 默认 AES 算法 密钥长度(128 256 512 位)
        cookieRememberMeManager.setCipherKey(Base64.decode("2AvVhdUs0FSA3SDFAdag=="));
        return cookieRememberMeManager;
    }

    @Bean
    public SecurityManager securityManager() {
     DefaultWebSecurityManager securityManager = new DefaultWebSecurityManager();
     securityManager.setRealm(myShiroRealm());
     // TODO 自定义缓存和 session 管理
     securityManager.setSessionManager(sessionManager());
     /**
      * 再出现 bug 看这里  securityManager
      */
     securityManager.setRememberMeManager(rememberMeManager());
     return securityManager;
    }
    /**
     * 配置 shiro redisManager
     * 使用的是 shiro-redis 开源插件
     */
    public RedisManager redisManager() {
     RedisManager redisManager = new RedisManager();
     redisManager.setHost(host);
        redisManager.setPort(port);
        redisManager.setExpire(72000);// 配置缓存过期时间
        redisManager.setPassword(password);
     return redisManager;
    }
    /**
     * cacheManager 缓存 redis 实现
     * 使用的是 shiro-redis 开源插件
     * @return
     */
    public RedisCacheManager cacheManager() {
        RedisCacheManager redisCacheManager = new RedisCacheManager();
        redisCacheManager.setExpire(72000);
```

```
        redisCacheManager.setRedisManager(redisManager());
        return redisCacheManager;
    }
    /**
     * RedisSessionDAO shiro sessionDao 层的实现 通过 redis
     * 使用的是 shiro-redis 开源插件
     */
    @Bean
    public RedisSessionDAO redisSessionDAO() {
        RedisSessionDAO redisSessionDAO = new RedisSessionDAO();
        redisSessionDAO.setExpire(72000);
        redisSessionDAO.setKeyPrefix("z:l:");
        redisSessionDAO.setRedisManager(redisManager());
        return redisSessionDAO;
    }
    /**
     * shiro session 的管理
     */
    @Bean
    public DefaultWebSessionManager sessionManager() {
        DefaultWebSessionManager sessionManager = new DefaultWebSessionManager();
        sessionManager.setSessionDAO(redisSessionDAO());
        sessionManager.setDeleteInvalidSessions(true);
        return sessionManager;
    }
    /**
     * 凭证匹配器
     * (由于我们的密码校验交给 Shiro 的 SimpleAuthenticationInfo 进行处理了
     *  所以我们需要修改下 doGetAuthenticationInfo 中的代码;
     */
    @Bean
    public HashedCredentialsMatcher hashedCredentialsMatcher(){
        HashedCredentialsMatcher hashedCredentialsMatcher = new
        HashedCredentialsMatcher();
        hashedCredentialsMatcher.setHashAlgorithmName("md5");//散列算法:这里使用 MD5 算法;
        hashedCredentialsMatcher.setHashIterations(2);//散列的次数，比如散列两次，相当于
        md5(md5(""));

        return hashedCredentialsMatcher;
    }
    /**
     * 为了开启注解而添加
     * @param securityManager
     * @return
     */
//    @Bean
//    public AuthorizationAttributeSourceAdvisor
      authorizationAttributeSourceAdvisor(SecurityManager securityManager) {
//        AuthorizationAttributeSourceAdvisor authorizationAttributeSourceAdvisor
//            = new AuthorizationAttributeSourceAdvisor();
//        authorizationAttributeSourceAdvisor.setSecurityManager(securityManager);
//        return authorizationAttributeSourceAdvisor;
//    }
//    @Bean
//    @DependsOn("lifecycleBeanPostProcessor")
//    public DefaultAdvisorAutoProxyCreator advisorAutoProxyCreator() {
//        DefaultAdvisorAutoProxyCreator creator = new
          DefaultAdvisorAutoProxyCreator();
//        creator.setProxyTargetClass(true);
//        return creator;
```

```
//    }
}
```

配置 realm，代码如下：

```
public class MyRealm extends AuthorizingRealm {
    // 权限过滤
    @Override
    protected AuthorizationInfo doGetAuthorizationInfo(PrincipalCollection
    principals) {
        //Long roleId = (Long) SecurityUtils.getSubject().getSession().
        getAttribute("roleId");
        // 获取当前用户的所有可操作的约定字符串集合
        SimpleAuthorizationInfo authorizationInfo = new SimpleAuthorizationInfo();
        /*List<String> resourceList = permissionService.loadUserResources(roleId);
        for (String r : resourceList) {
            System.out.println(r);
            if (r != null) {
                //添加到用户访问拦截权限集合
                authorizationInfo.addStringPermission(r);
            }
        }*/
        return authorizationInfo;
    }

    /**
     * 该方法主要执行以下操作：
        1.检查提交的进行认证的令牌信息
        2.根据令牌信息从数据源(通常为数据库)中获取用户信息
        3.对用户信息进行匹配验证。
        4.验证通过将返回一个封装了用户信息的 AuthenticationInfo 实例。
        5.验证失败则抛出 AuthenticationException 异常信息。
     */
    // 登录身份认证
    @Override
    protected AuthenticationInfo doGetAuthenticationInfo(AuthenticationToken
    authcToken) throws AuthenticationException {
        SimpleAuthenticationInfo authenticationInfo = new SimpleAuthenticationInfo(
                authcToken.getPrincipal(), authcToken.getCredentials(), //
                ByteSource.Util.bytes(user.getEmail()),//salt=username+salt,
                getName());

        return authenticationInfo;
    }
}
```

实现登录接口，代码如下：

```
@Autowired
AcUserService acUserService;

@ApiOperation(value = "登录")
@PostMapping("/login")
public R login(@RequestBody LoginMember login) {
    Subject subject = SecurityUtils.getSubject();


    AcUser user = acUserService.login(login.getUsername(),
    String.valueOf(login.getPassword()));
```

```
        if (user == null) {// 密码错误
            return R.error("账号或密码错误");
        }

        UsernamePasswordToken token = new UsernamePasswordToken(user.getId() + "",
        login.getPassword());
        token.setRememberMe(login.isRememberMe());

        try {
            subject.login(token);
        } catch (Exception e) {
            return R.error("登录失败");
        }
        return R.ok(user);
    }
```

6.4.5 主要功能实现

本节主要对项目的主要功能实现页面进行展示，并辅以相应的代码实现介绍。

1. 设备管理页面

该项目可以对设备信息进行展示及其他操作，如图 6.15 所示。

图 6.15 设备增删改查页面

查询区域的代码如下：

```
<div class="form">
  <el-form :inline="true">
    <el-form-item label="设备类型" prop="type">
      <el-select v-model="formModel.type" placeholder="请选择--">
        <el-option
          v-for="(item, index) in deviceTypeList"
          :key="index"
          :label="item.name"
          :value="item.id">
        </el-option>
      </el-select>
    </el-form-item>
  <el-form-item label="设备名称">
<el-input v-model="formModel.name" placeholder="请输入设备名称"></el-input>
    </el-form-item>
    <el-form-item>
```

```
      <el-button type="primary" @click="getList">查询</el-button>
    </el-form-item>
    <!-- <el-form-item>
      <el-button>重置</el-button>
    </el-form-item> -->
  </el-form>
</div>
```

新增和删除按钮的代码如下：

```
<div slot="header">
   <el-button type="primary" size="small" @click="add">新增</el-button>
   <el-button type="danger" size="small" @click="batchDelete">删除</el-button>
</div>
```

实现效果如图 6.16 所示。

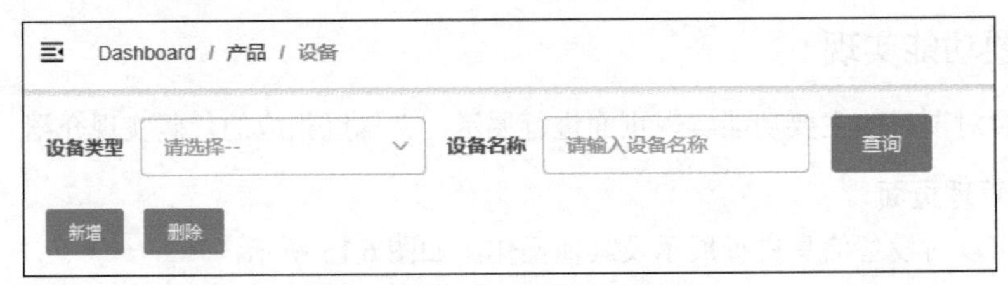

图 6.16　增加和删除按钮显示结果

设备列表展示的代码如下：

```
<el-table
      v-loading="listLoading"
      :data="list"
      element-loading-text="Loading"
      border
      fit
      highlight-current-row>
      <el-table-column align="center" label="序号" width="95">
        <template slot-scope="scope">
          {{ scope.$index+1 }}
        </template>
      </el-table-column>
      <el-table-column label="设备">
        <template slot-scope="scope">
          {{ scope.row.title }}
        </template>
      </el-table-column>
      <el-table-column label="所属" align="center">
        <template slot-scope="scope">
          <span>{{ scope.row.author }}</span>
        </template>
      </el-table-column>
      <el-table-column label="数据量" width="110" align="center">
        <template slot-scope="scope">
          {{ scope.row.pageviews }}
        </template>
      </el-table-column>
      <el-table-column class-name="status-col" label="状态" width="110"
      align="center">
        <template slot-scope="scope">
          <el-tag :type="scope.row.status |
          statusFilter">{{ scope.row.status }}
```

```
        </el-tag>
      </template>
    </el-table-column>
    <el-table-column align="center" prop="created_at" label="最近动态时间"
    width="200">
      <template slot-scope="scope">
        <i class="el-icon-time" />
        <span>{{ scope.row.display_time }}</span>
      </template>
    </el-table-column>
    <el-table-column label="操作" width="200">
      <template slot-scope="slotProps">
        <el-button type="text" @click="edit(slotProps.$index)">编辑</el-button>
        <el-button type="text" @click="relate(slotProps.$index)">查看详情
        </el-button>
      </template>
    </el-table-column>
  </el-table>
```

展示效果如图 6.17 所示。

序号	设备	所属	数据量	状态	最近动态时间	操作
1	设备47	轻量级ssm	1232	正常	2019年11月5日	编辑 查看详情
2	设备143	轻量级ssm	1112	正常	2019年11月5日	编辑 查看详情
3	设备7	轻量级ssm	4442	正常	2019年11月5日	编辑 查看详情
4	设备18	轻量级ssm	485	告警	2019年11月5日	编辑 查看详情
5	设备128	轻量级ssm	1403	正常	2019年11月5日	编辑 查看详情

图 6.17　设备列表显示结果

2. 地图展示设备分布

本案例基于高德地图实现地图展示设备分布情况的功能。若要使用高德地图，开发者需要先到高德地图官网注册开发者账号、创建应用及获得开发调用的 key。地图展示设备分布情况的功能实现步骤如下。

(1) 封装地图调用 loader，代码如下：

```
export default function MapLoader() { // <-- 原作者这里使用的是 module.exports
  return new Promise((resolve, reject) => {
    if (window.AMap) {
      resolve(window.AMap)
    } else {
      var script = document.createElement('script')
      script.type = 'text/javascript'
      script.async = true
      script.src =
     'http://webapi.amap.com/maps?v=1.4.12&callback=initAMap&key=644c00282ed16e6b9
     5765ee0892149fb'
      script.onerror = reject
      document.head.appendChild(script)
```

```
    }
    window.initAMap = () => {
      resolve(window.AMap)
    }
  })
}
```

(2) 封装异步ajax库axios。Axios是一个基于promise的HTTP库，可以用在浏览器和node.js中。Axios有以下特性。

- 从浏览器中创建 XMLHttpRequests。
- 从 node.js 创建 http 请求。
- 支持 Promise API。
- 拦截请求和响应。
- 转换请求数据和响应数据。
- 取消请求。
- 自动转换 JSON 数据。
- 客户端支持防御 XSRF。

Axios 支持拦截器特性，可以在客户端设置请求拦截器和响应拦截器。因此，开发者可以在客户端封装一个工具方法，将通用判断与处理逻辑放在请求和响应拦截器中，示例代码如下：

```
import axios from 'axios'
import { Message } from 'element-ui'
import store from '@/store'
// import NProgress from 'nprogress' // progress bar
import 'nprogress/nprogress.css'// progress bar style
import router from '@/router'
// NProgress.configure({ showSpinner: true })// NProgress Configuration

// create an axios instance
const service = axios.create({
  baseURL: '/api',
  timeout: 5000
})

// request interceptor
service.interceptors.request.use(config => {
  // NProgress.start()
  return config
}, error => {
  console.log(error) // for debug
  Promise.reject(error)
})

// respone interceptor
service.interceptors.response.use(
  // response => response,
  response => { // 响应成功
    // NProgress.done()
    const res = response.data
    switch (res.code) {
      case 0:
        return res
      case 1:
        router.replace('/login')
```

```
          store.dispatch('FedLogOut').then(() => {
            location.reload() // 为了重新实例化 vue-router 对象 避免 bug
          })
          break
        default:
          Message({
            message: res.content,
            type: 'error',
            duration: 5 * 1000
          })
          break
      }
      // if (res.code === 0) {
      //   return res
      // } else {
      //   Message({
      //     message: res.message,
      //     type: 'error',
      //     duration: 3 * 1000
      //   })
      // }
      return Promise.reject('error')
    },
    error => { // 响应失败
      console.log('err' + error) // for debug
      Message({
        message: error.message,
        type: 'error',
        duration: 5 * 1000
      })
      return Promise.reject(error)
    })

export default service
```

(3) 使用。

引入工具类：

```
<script>
import request from '@/utils/request'
import MapLoader from '@/utils/Amap.js'
</script>
```

初始化地图：

```
const $t = this
MapLoader().then(AMap => {
      // console.log('初始化地图')
      $t.Zmap = Amap
         var layer = new AMap.TileLayer({
        zooms: [3, 13],
        resizeEnable: true
      })

      $t.zmap = new AMap.Map('amap-vue2', {
        layers: [
          layer
        ]
      })
      $t.loadMarkers()
}
```

上述代码中，loadMarkers()方法用于获取数据，并根据设备列表的经纬度在地图上添加标注点，并且给标注点注册事件。

```
loadMarkers() {
      const AMap = this.Zmap
      const $t = this
      // const loading = this.$loading({
      //   lock: true,
      //   text: 'Loading',
      //   spinner: 'el-icon-loading',
      //   background: 'rgba(0, 0, 0, 0.7)'
      // })
      $t.zmap.clearMap()
      console.log(this.searchForm)
      request.get('/device/lock/list', { params: {
        ...this.searchForm
      },
      paramsSerializer: params => {
        return qs.stringify(params, { indices: false })
      } }).then(res2 => {
        const list = res2.content
        this.exceptionDevice = list

        // this.zmap = new this.Zmap.Map('amap-vue2', {
        //   zooms: [3, 13]
        // })
        this.exceptionDevice.forEach(element => {
          if (element.longitude && element.latitude) {
            const marker = new AMap.Marker({
              position: new AMap.LngLat(element.longitude, element.latitude),
             // 经纬度对象，如
             new AMap.LngLat(116.39, 39.9); 也可以是经纬度构成的一维数组[116.39, 39.9]
              title: element.modelName,
              // content: '<div class="marker-route marker-marker-bus-from">湿度</div>',
              icon: (function() { // 状态: 1. 删除; 0. 正常; 2. 告警; 3. 失联
                if (element.status === 0) {
                  return '/static/img/光交箱.png'
                }
                if (element.status === 2) {
                  return '/static/img/设备告警.png'
                }
                if (element.status === 3) {
                  return '/static/img/设备离线.png'
                }
              }()),
              size: new AMap.Size(40, 50)
            })
            $t.zmap.add(marker)
            // 自适应
            // $t.zmap.setFitView()
            // this.amap.center = [list[0].latitude, list[0].longitude]
            AMap.event.addListener(marker, 'click', function() {
              var info = []info.push("<div class='input-card
              content-window-card'><div><img  src=\"/static/img/guangjiaoxiang.
              png \"/></div><hr/> ")
              info.push('<div style="padding:7px 0px 0px 0px;"><h4>' + element.name +
              ' <a style="color: #409EFF" href="/#/devicesMg/devices/' + element.id +
              '">详情</a></h4>')
              info.push("<p class='input-item'>型号: " + element.modelName + '</p>')
              info.push("<p class='input-item'>地址: " + element.address + '</p></div></div>')
```

```
            const infoWindow = new AMap.InfoWindow({
              content: info.join('') // 使用默认信息窗体框样式，显示信息内容
            })
            infoWindow.open($t.zmap, marker.getPosition())
          })
        }
      })
      $t.zmap.setFitView()
      // 地图点击事件
      $t.zmap.on('click', function(e) {
        const { lng, lat } = e.lnglat
        $t.amap.lng = lng
        $t.amap.lat = lat
        AMap.plugin('AMap.Geocoder', 'MapType', function() {
          // 这里通过高德 SDK 完成
          var geocoder = new AMap.Geocoder({
            radius: 1000,
            extensions: 'all'
          })
          geocoder.getAddress([lng, lat], function(status, result) {
            if (status === 'complete' && result.info === 'OK') {
              if (result && result.regeocode) {
                $t.amap.address = result.regeocode.formattedAddress
                $t.$nextTick()
              }
            }
          })
        })
      })

      // loading.close()
      // 获取要标注的坐标点
    }, e => {
      console.log('地图加载失败')
    })
  }
```

3. 数据分页显示

以分页表格形式显示温度、湿度及 PM2.5 的数据，代码如下：

```
<!-- 主体部分的表格 -->
      <el-table stripe :data="tableData.row" style="width: 100%" :current-row-key=
     "tableData.row.id"
     @selection-change="handleSelectionChange">
        <el-table-column
          type="selection"
          width="55"
        />
        <el-table-column
          type="index"
          label="编号"
          width="50"
        />
        <el-table-column label="设备信息" width="450">
          <template slot-scope="slotProps">
            <p>名称：{{ slotProps.row.name }}(型号：{{ slotProps.row.modelName }})</p>
            <p>地址：{{ slotProps.row.address }}</p>
          </template>
        </el-table-column>
```

```
        <el-table-column label="温度">
          <template slot-scope="slotProps">
            {{ slotProps.row.temperature }} ℃
          </template>
        </el-table-column>
        <el-table-column label="湿度">
          <template slot-scope="slotProps">
            {{ slotProps.row.humidity }} %
          </template>
        </el-table-column>
        <el-table-column label="pm2.5">
          <template slot-scope="slotProps">
            {{ slotProps.row.pm2d5 }}
          </template>
        </el-table-column>
        <el-table-column label="数据上报时间">
          <template slot-scope="slotProps" width="240">
            {{ slotProps.row.createTime }}
          </template>
        </el-table-column>
      </el-table>
  <div class="pagination">
        <el-pagination
          background
          layout="total, sizes, prev, pager, next, jumper"
          :pager-count="5"
          :total="page.total"
          :page-size="page.pageSize"
          :current-page="page.currentPage"
          :page-sizes="[10, 50, 100, 200, 500, 1000]"
          @current-change="handleCurrentChange"
          @size-change="handleSizeChange"
        />
      </div>
```

借助于上一节中封装 axios 的工具函数，依托 vuejs 强大的数据绑定能力与模板语法，使编写前后端分离应用变得非常简单与可维护。

在订立 vuejs 的 data 数据的结构时，可按照如下结构进行格式组织及扩展，以使页面结构组织更有条理。

```
    return {
      devicePage: { // 主题数据，设备分页列表，这个地方与 list 同级的还有分页的其他参数信息
        list: [],
        listLoading: true
      },
      deviceFormDialog: { // 设备表单弹框
        visible: false, // 控制是否显示
        isCreate: true,
        deviceForm: {
          metadata: {},
          specification: '',
          siteToken: ''
        },
        deviceFormRules: { // 增加或编辑表单校验规则
          comments: [{ required: true, message: "请输入设备名称", trigger: "blur" }],
          specificationToken: [
            { required: true, message: "请选择分类", trigger: "change" }
          ]
        }
```

```
    },
    dependencyList: { // 依赖列表，主要是下拉框相关
      specificationList: []
    },
    serachForm: {
      // 不需要可见属性，其他规则与增加编辑表单一致
    }
  }
```

可将获取分页列表的请求放在一个方法体中，然后在页面加载完毕的回调函数中调用，并且在新增、编辑、翻页、条件查询等操作时，可以复用此接口调用方法。

查询语法说明：

```
request.get('接口地址', { params: {
...searchForm
        size: this.page.pageSize,
        current: this.page.currentPage

      }}).then(res => {
    this.devicePage = res.content
})
```

相应地，使用 request.post 进行记录添加，request.put 进行记录修改，request.delete 进行记录删除等操作。

4. 数据图表可视化

通常来说，折线图可以展示数据的历史趋势。因此，本案例选用 echarts 对硬件上传的数据做可视化展现。需要先使用 npm install echarts 命令封装组件，然后再投入使用，示例代码如下所示：

```
<template>
  <div class="row">
    <!-- <el-card class="col-3">
      <draggable
        class="dragArea list-group"
        :list="list1"
        :group="{ name: 'people', pull: 'clone', put: false }"
        @change="log"
      >
        <el-button
          class="list-group-item"
          v-for="element in list1"
          :key="element.name"
        >
          {{ element.name }}
        </el-button>
      </draggable>
    </el-card> -->

    <el-row :gutter="15">
      <draggable
        class="dragArea list-group"
        :list="list2"
        group="people"
        @change="log"
      >
        <el-col :span="element.span"
          class="list-group-item"
```

```
          v-for="(element, index) in list2"
          :key="element.name"
        ><el-card>
          <component :is="element.type"
            :eId="'temperature' + index"
            :title="element.name"
            :height="element.height"
            colorArr="64,158,255"
            :chartData="element.data"
            :xParam = "element.xParam"
            :cfg="element.cfg">
          </component>
          </el-card>
        </el-col>
      </draggable>
    </el-row>

  </div>
</template>

<script>
import draggable from 'vuedraggable'
import LineBar from '@/components/echarts/line-bar.vue'
import Pie from '@/components/echarts/pie.vue'
import request from '@/utils/request'

export default {
  name: 'clone',
  display: 'Clone',
  order: 2,
  components: {
    draggable, LineBar, Pie
  },
  data() {
    return {
      list1: [
      ],
      list2: [
        { name: '空气质量数据曲线', id: 3,
          span: 12, height: '768px',
          type: 'line-bar',
          dataSource: '/device/scheduleUpload/584',
          xParam: {
            label: '时间',
            paramName: 'receivedTime',
            xSign: ''
          },
          data: [],
          cfg: [{
            valueName: 'temperature',
            ySign: '℃',
            yLabel: '温度'
          }, {
            valueName: 'humidity',
            ySign: ' %',
            yLabel: '湿度'
          }, {
            valueName: 'PM2d5',
            ySign: ' %',
            yLabel: 'PM2.5'
```

```
      }]
    },
    { name: '空气质量数据曲线(温度)', id: 3,
      span: 12, height: '228px',
      type: 'line-bar',
      dataSource: '/device/scheduleUpload/584',
      xParam: {
        label: '时间',
        paramName: 'receivedTime',
        xSign: ''
      },
      data: [],
      cfg: [{
        valueName: 'temperature',
        ySign: ' ℃',
        yLabel: '温度'
      }]
    },
    { name: '空气质量数据曲线(湿度)', id: 3,
      span: 12, height: '228px',
      type: 'line-bar',
      dataSource: '/device/scheduleUpload/584',
      xParam: {
        label: '时间',
        paramName: 'receivedTime',
        xSign: ''
      },
      data: [],
      cfg: [{
        valueName: 'humidity',
        ySign: ' %',
        yLabel: '湿度'
      }]
    },
    { name: '空气质量数据曲线(PM2.5)', id: 3,
      span: 12, height: '228px',
      type: 'line-bar',
      dataSource: '/device/scheduleUpload/584',
      xParam: {
        label: '时间',
        paramName: 'receivedTime',
        xSign: ''
      },
      data: [],
      cfg: [{
        valueName: 'PM2d5',
        ySign: ' %',
        yLabel: 'PM2.5'
      }]
    }
    // ,
    // { name: 'Juan2', id: 2,
    //   span: 12, height: '300px',
    //   type: 'pie',
    //   dataSource: '接口url',
    //   data: []
    // }
  ],
  lineData: {
    createTime: [1, 2, 3, 4],
```

```
        temperature: [1, 3, 2, 4],
        pieData: []
      }
    }
  },
  mounted() {
    this.list2.forEach((element, index) => {
      request.get(element.dataSource).then(res => {
        if (res.code === 0) {
          this.list2[index].data = res.content
        }
      })
    })
  },
  methods: {
    log: function(evt) {
      window.console.log(evt)
    }
  }
}
</script>
```

6.4.6 Socket 告警推送

当有告警信息时，可能会需要给用户弹出提醒。以下方式可以获取最新的告警信息：轮询、长轮询、socket 连接。对于 app，可以使用调用第三方服务、发邮件等方式。本书讲述利用 socket 推送的功能：当有新的告警信息时，服务器端主动向客户端推送消息，客户端收到推送消息后，使用语音播放提示音。这里需要用到 netty for socket.io 和百度语音合成接口。

1. 服务器端

(1) 引入 maven 依赖，代码示例如下：

```
<!-- https://mvnrepository.com/artifact/com.corundumstudio.socketio/netty-socketio -->
    <dependency>
        <groupId>com.corundumstudio.socketio</groupId>
        <artifactId>netty-socketio</artifactId>
        <version>1.7.12</version>
    </dependency>
```

(2) 在启动类中添加如下代码，开启服务器端 socket 监听，代码示例如下：

```
private SocketIOServer server;
    @Bean
    public SocketIOServer socketIOServer() {
        Configuration config = new Configuration();
        config.setOrigin(null); // 注意如果开放跨域设置，需要设置为 null 而不是"*"
        config.setPort(8868);
        config.setSocketConfig(new SocketConfig());
        config.setWorkerThreads(100);
        config.setAuthorizationListener(handshakeData -> true);
        server = new SocketIOServer(config);
        server.start();
        return server;
    }

    @Override
    public void contextInitialized(ServletContextEvent sce) {
    }
```

```
    @Override
    public void contextDestroyed(ServletContextEvent sce) {
        server.stop();
    }

    @Bean
    public SpringAnnotationScanner springAnnotationScanner(SocketIOServer
    socketIOServer) {
        return new SpringAnnotationScanner(socketIOServer);
    }
```

2. 客户端接收推送

(1) 引入 socket.io-client，nodejs 环境下开发使用以下 npm 命令：

```
npm install socket.io-client
```

(2) 创建标签，代码如下：

```
<audio id="myaudio" :src="aSource" controls="controls" loop="false" hidden="true" />
```

(3) 在 script 标签内导入包，代码如下：

```
import io from 'socket.io-client'
```

(4) 创建 audio 实例，代码如下：

```
this.myAuto = document.getElementById('myaudio')
// 连接，指定连接方式为 websockt。默认为轮询模式
const socket = io('http://localhost:8868?no=' + res.data.content, {
        transports: ['websocket']
      })
```

(5) 监听事件，代码如下：

```
socket.on('connect', () => {
        console.log('connect')
})
// 告警推送
      socket.on('alarmEvent', (data) => {
        console.log('接收到告警信息', data)
        // this.aSource =
       'http://tsn.baidu.com/text2audio?lan=zh&ctp=1&cuid=abcdxxx&tok=24.7f2bf541d
       211c6a0d5f8d51c7c642d34.2592000.1558256775.282335-16041202&tex=有新的告警信息
       &vol=9&per=0&spd=5&pit=5&aue=3'
        this.$notify({
          title: '有新的告警信息',
          dangerouslyUseHTMLString: true,
          message: this.alarmType[data.alarmType],
          type: 'warning',
          duration: 0,
          onClose: () => {
            this.myAuto.pause()
          }
        })
        this.myAuto.play()
        console.log('alarmEvent', data)
      })
// 断开连接事件
socket.on('disconnect', () => {
    console.log('disconnect')
})
```

3. 客户端语音播报

使用语音播报告警信息时，本书选用百度的语音合成，具体步骤如下。

(1) 官网注册账号，创建应用。

(2) 在项目中创建 AccessToken 的处理类，代码如下：

```
import org.apache.http.HttpEntity;
import org.apache.http.client.methods.CloseableHttpResponse;
import org.apache.http.client.methods.HttpGet;
import org.apache.http.impl.client.CloseableHttpClient;
import org.apache.http.impl.client.HttpClientBuilder;
import org.apache.http.util.EntityUtils;

import com.alibaba.fastjson.JSONObject;

public class BaiduAudio {

    private static String accessToken;

    // 首先要定义一个全局参数，用来被其他地方引用
    public static String getAccessToken() {
        if (accessToken == null) {
            baiduAudio();
        }
        return accessToken;
    }

    static void baiduAudio() {
        // 获得 http 客户端
        CloseableHttpClient httpClient = HttpClientBuilder.create().build();
        // 构造 get 请求
        HttpGet httpGet = new
       HttpGet("https://openapi.baidu.com/oauth/2.0/token?grant_type=
       client_credentials&client_id=Fb44vTEFeFzWcd9wNCRG0X40&client_secret=
       ewbTkAAQMap2eI0e4j9ONmRGYyoP5Gl0");
        // 响应模型
        CloseableHttpResponse response = null;
        try {
            // 执行 get 请求
            response = httpClient.execute(httpGet);
            // 从响应模型中获取响应实体
            HttpEntity responseEntity = response.getEntity();
            String resString = EntityUtils.toString(responseEntity);
            JSONObject jsonObj = JSONObject.parseObject(resString);
            accessToken = jsonObj.getString("access_token");
            System.out.println("token：" + accessToken);
        } catch (Exception e) {
            e.printStackTrace();
        } finally {
            try {
                if (httpClient != null) {
                    httpClient.close();
                }
                if (response != null) {
                    response.close();
                }
            } catch (Exception e) {
                e.printStackTrace();
            }
        }
```

```
        }
    }
```

(3) 为了防止失效，可以在定时任务中做自动定时更新，代码如下：

```
    @Scheduled(fixedDelay = 3500000)
    public void b() {
     BaiduAudio.baiduAudio();
     System.out.println("更新百度 audio 的 key");
    }
```

(4) 最新 accessToken。客户端可以在需要的时候获取这里更新的最新 accessToken，用来做客户端语音提示。

```
    http://tsn.baidu.com/text2audio?lan=zh&ctp=1&cuid=abcdxxx&tok=${this.accessToken}
&tex=正在播放提示信息&vol=9&per=0&spd=5&pit=5&aue=3
```

根据需要，也可以直接将这个地址复制到浏览器，下载音频播放。

6.5 本章小结

本章使用前面学习的 Spring、Spring Boot、MyBatis 三大框架相关知识，实现了一个简单的空气质量监测数据平台的案例。本章依次从项目背景、系统设计、系统功能介绍、技术选型、系统功能实现等多方面展示了项目的设计和实现过程，使开发者进一步了解 SSM 框架在实际项目中的使用流程。

第7章

工程化实践浅谈

对于实际项目来说，根据功能复杂性和并发能力的不同要求，其开发及部署流程和平时练习项目又有所不同。本章根据编者多年的开发经验，对Java Web实际开发过程中的关键技术进行介绍，内容主要包括分布式开发、压力测试和自动化部署相关技术的介绍。通过本章的学习，开发者可初步了解实际项目开发的特点。

本章学习目标

- ◎ 了解分布式开发的基本技术
- ◎ 了解压力测试的工具和流程
- ◎ 了解自动化部署的相关概念
- ◎ 了解实际项目开发中的注意事项

【内容结构】 ★为重点掌握

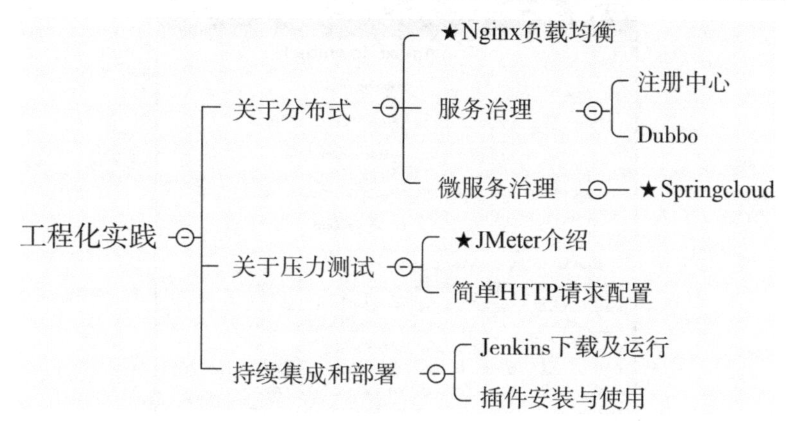

7.1 关于分布式

对于平时练习的项目来说，关注的主要是功能实现。对于实际项目来说，除了基本的功能实现外，还需要关注服务器的负载均衡、接口服务的统一管理等分布式设计。本节主要对实际项目中常用的 Nginx、nacos 和 Dubbo 这三个分布式管理工具或插件进行简要介绍。

7.1.1 Nginx 负载均衡

负载均衡的英文名称为 Load Balance，其含义是指将负载(工作任务)进行平衡、分摊到多个操作单元上运行，如 FTP 服务器、Web 服务器、企业核心应用服务器和其他主要任务服务器等，从而协同完成工作任务。

在实际项目中，经常使用 Nginx 软件完成负载均衡的配置。Nginx (engine x)是一个高性能的 HTTP 和反向代理 web 服务器，同时也提供了 IMAP/POP3/SMTP 服务。Nginx 是由伊戈尔·赛索耶夫为俄罗斯访问量第二的 Rambler.ru 站点开发的，第一个公开版本 0.1.0 发布于 2004 年 10 月 4 日。Nginx 占有内存少，并发能力强，Nginx 的并发能力在同类型的网页服务器中表现较好。目前，国内使用 Nginx 软件的用户有百度、京东、新浪、网易、腾讯、淘宝等。

以下分别对 Nginx 的安装、常用命令和负载均衡基本配置进行介绍。

1. Nginx 的安装

Nginx 的安装分为 Windows 环境的安装和 Linux 环境的安装，以下分别予以简介。

(1) Windows 环境下的安装流程。

在 Windows 环境下，Nginx 的安装较为简单，下载后直接解压即可。

① 访问 nginx 官网下载页http://nginx.org/en/download.html，如图 7.1 所示。

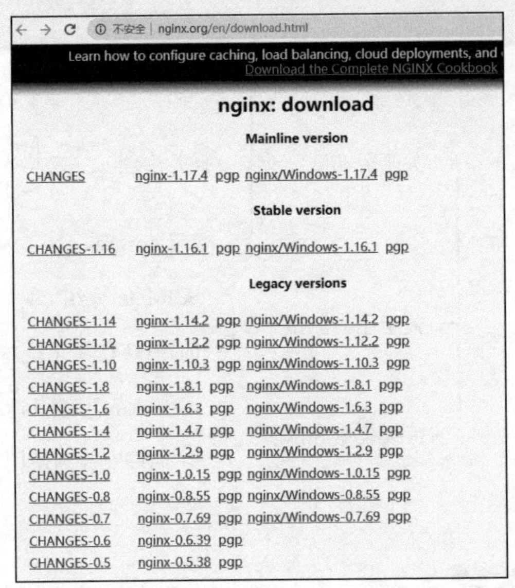

图 7.1 Windows 环境下 Nginx 的安装

② 选择 Windows 版本的 nginx 进行下载，如图 7.2 所示。

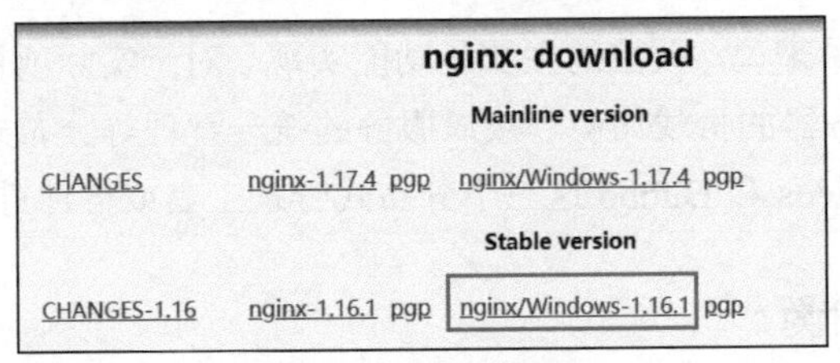

图 7.2 选择软件版本

③ 下载解压文件。解压后的文件结构如图 7.3 所示。

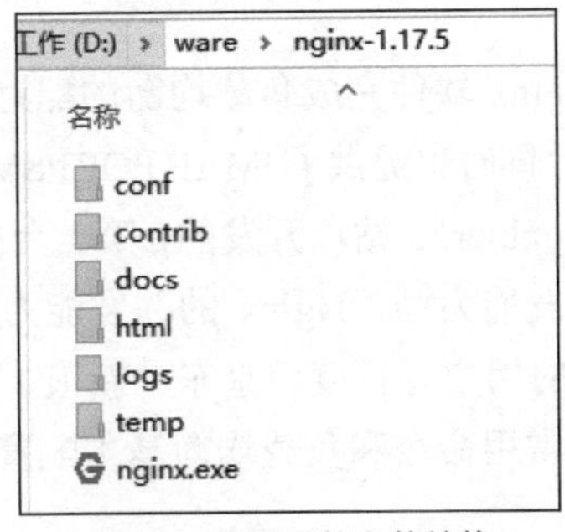

图 7.3 解压后的文件结构

④ 双击 nginx.exe 即可按默认配置启动 Nginx，也可以在命令行中进入当前目录执行 Nginx 命令。

(2) Linux 环境下的安装流程。

在 Linux 环境下，主要使用 Yum 命令进行安装。

① 添加源。默认情况下，Centos7 中无 Nginx 的源。最近 Nginx 官网提供了 Centos 的源地址，因此可以执行如下命令添加源：

```
sudo rpm -Uvh
http://nginx.org/packages/centos/7/noarch/RPMS/nginx-release-centos-7-0.el7.ngx.
noarch.rpm
```

② 安装 Nginx。通过 yum search nginx 命令查看是否已经成功添加源。如果成功则执行下列命令安装 Nginx。

```
sudo yum install -y nginx
```

③ 启动 Nginx 并设置开机自动运行。

```
systemctl start nginx.service
systemctl enable nginx.service
```

④ 浏览查看效果。默认使用 80 端口，在浏览器中输入服务器 ip。如果出现图 7.4 所示界面，则证明安装成功。

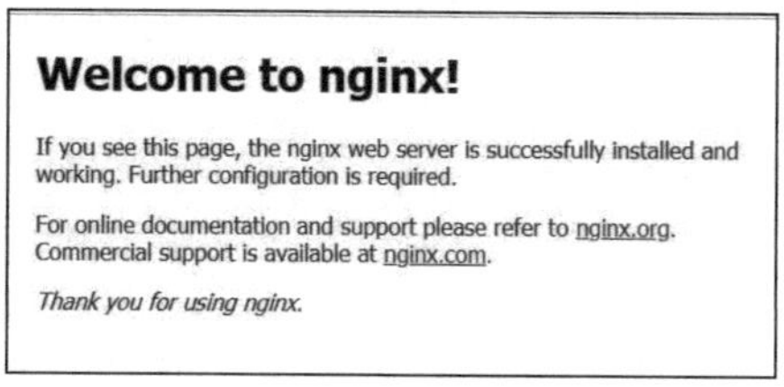

图 7.4　安装成功

2. Nginx 的常用命令

以 Linux 环境为例，直接启动 Nginx，携带-c 参数可以指定所使用的配置文件，代码示例如下：

```
nginx -c /etc/nginx/conf/nginx.conf
```

其他常用的命令还有：

```
nginx -s reload 重启
nginx -s stop   停止
nginx -s quit   退出
```

其中，-s reload 是使用比较多的命令参数，其功能是不用关闭 Nginx 即可切换配置，按修改后的配置文件内容进行映射转发。

3. 负载均衡的基本配置

在实际使用中，Nginx 负载均衡功能通过 upstream 语法配置实现。通过使用负载均衡配置，不仅对于线上部署，而且对于开发环境中的协调配合也能发挥很大作用。程序在重启或升级过程中会有短暂的不可用时间，通过负载均衡方案可以保持系统高可用状态。

使用方式：通过 upstream 定义一个负载均衡规则，然后在 server 的 proxy_pass 中指定引用，示例代码如下：

```
# 测试环境下的负载均衡配置
upstream devIot {
    server 127.0.0.1:8088 down;
    server 127.0.0.1:8892 backup;
    server 172.16.201.206:888;
}
server {
```

```
    listen 889;
    server_name dev.iot.gdatacloud.com;
    location / {
        proxy_set_header X-Real-IP $remote_addr;
        proxy_set_header X-Forwarded-For $proxy_add_x_forwarded_for;
        proxy_set_header Host $http_host;
        proxy_set_header X-NginX-Proxy true;
        proxy_set_header Upgrade $http_upgrade;
        proxy_set_header Connection "upgrade";
        proxy_pass http://devIot;
    }
}
```

在 Nginx 的使用过程中，常用的负载均衡配置方式有以下几种。

(1) 轮询。对于下面配置的多个 ip，Nginx 会依次将请求分发到以下配置中的三个地址，并且当部分服务不可用或者请求无响应时，Nginx 会自动将请求重新交给另一个服务处理响应。

```
upstream devIot {
    server 127.0.0.1:8088;
    server 127.0.0.1:8892;
    server 172.16.201.206:888;
}
```

(2) 后备服务。以下配置中，当请求到达时并且服务 server 127.0.0.1:8088 可用，Nginx 会将所有请求转发到 server 127.0.0.1:8088。只有当此服务不可用时，请求才会到达 server 127.0.0.1:8892 处理。

```
upstream devIot {
    server 127.0.0.1:8088;
    server 127.0.0.1:8892 backup;
}
```

(3) 权重分配。权重分配属于对轮询方案的补充。Nginx 可以通过权重值配置来指定分发给不同服务的数量比例，比如以下配置就是表示每三个请求中由第一个服务处理第一个请求，第二个服务处理后两个请求。

```
upstream devIot {
    server 127.0.0.1:8088 weight=1;
    server 127.0.0.1:8892 weight=2;
}
```

(4) 日常下线。在服务后面添加 down 关键词，表示将当前服务下线，当前服务不再参与负载均衡，配置示例如下：

```
upstream devIot {
    server 127.0.0.1:8088 down;
    server 172.16.201.206:888;
}
```

7.1.2 Nacos 注册中心

注册中心是为了解决服务之间的强耦合问题，将众多服务由一个中心管理起来。如果没有注册中心，那么程序要自己管理服务提供者的地址，当服务众多时管理成本非常大。有了注册中心，当有多个服务提供者时，服务调用者不需要知道是由哪个服务提供的，当单个服务不可用时，不影响系统整体的运行。本节主要对 Nacos 注册中心进行介绍。

1. 基本概念

Nacos 是一个更易于构建云原生应用的动态服务发现、配置管理和服务管理平台。其数据模型包括 Namespace、Group、ServiceId/DataId 等，其结构如图 7.5 所示。Namespace 可以用来区分部署环境，同时可以给用户开辟使用空间。

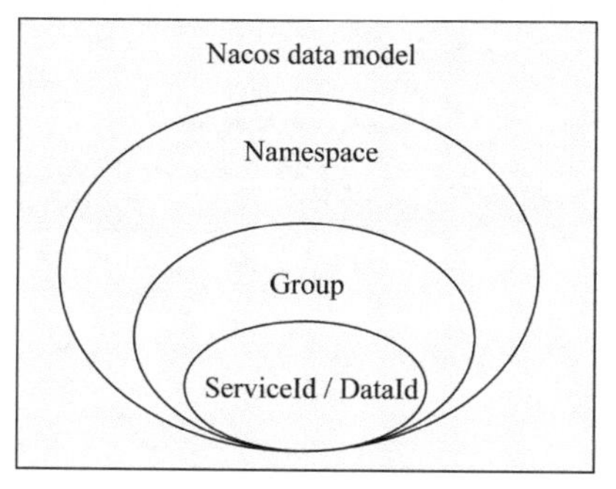

图 7.5　Nacos 结构

2. 安装步骤

Nacos server 的官网地址为https://nacos.io/zh-cn/index.html，其安装流程也非常简单，具体流程如下。

(1) 下载 Nacos server。Nacos server 的发布版放置在 github 以供下载，地址为 https://github.com/alibaba/nacos/releases。开发者可以选择自己需要的版本，如下代码所示：

```
wget
https://github.com/alibaba/nacos/releases/download/1.1.0/nacos-server-1.1.0.zip
已保存 "nacos-server-1.1.0.tar.gz" [27677361/27677361])
```

(2) 解压到当前目录，代码如下：

```
tar -xzvf nacos-server-1.1.0.tar.gz
```

(3) 启动执行(standalone 代表单机模式运行，为非集群模式)，代码如下：

```
bin/startup.sh -m standalone
提示信息：
nacos is starting with standalone
nacos is starting，you can check the /home/linux/server/broker/nacos/logs/start.out
```

(4) 访问 Nacos。访问地址为http://ip 地址:8848/nacos。Nacos 的管理控制台需要登录，所以会先跳转到登录界面，账号密码默认都是 nacos，如图 7.6 所示。

图 7.6　登录界面

输入账号密码后可以登录，如图 7.7 所示。

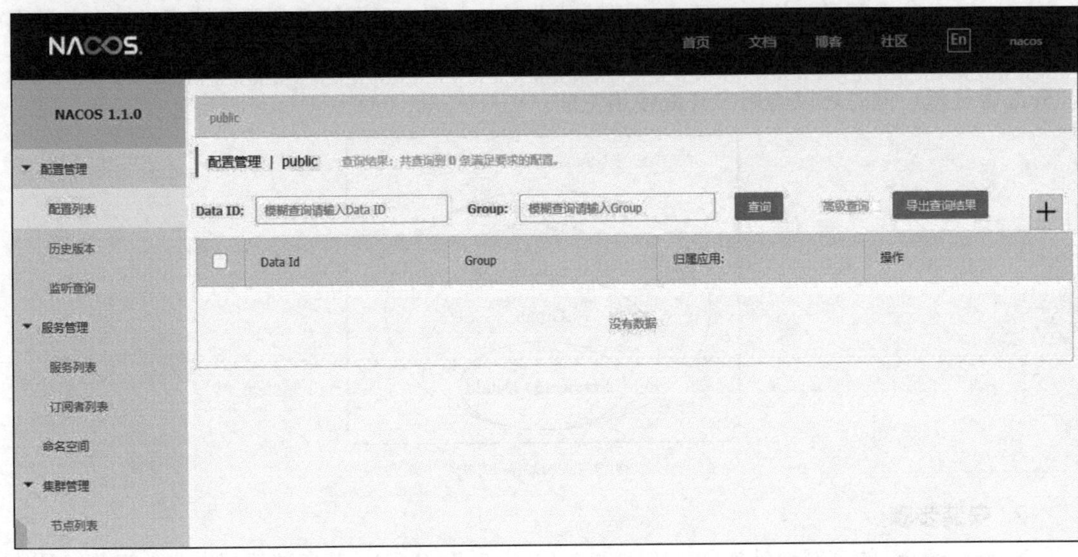

图 7.7　Nacos 界面

7.1.3　Dubbo 框架简介

Dubbo 是一个分布式、高性能的 Java RPC 框架。随着近两年阿里巴巴对 Dubbo 的重新维护，Dubbo 又被重新注入了更强的生命力，在分布式领域的生态也非常活跃。目前，Dubbo 的生态系统如图 7.8 所示。

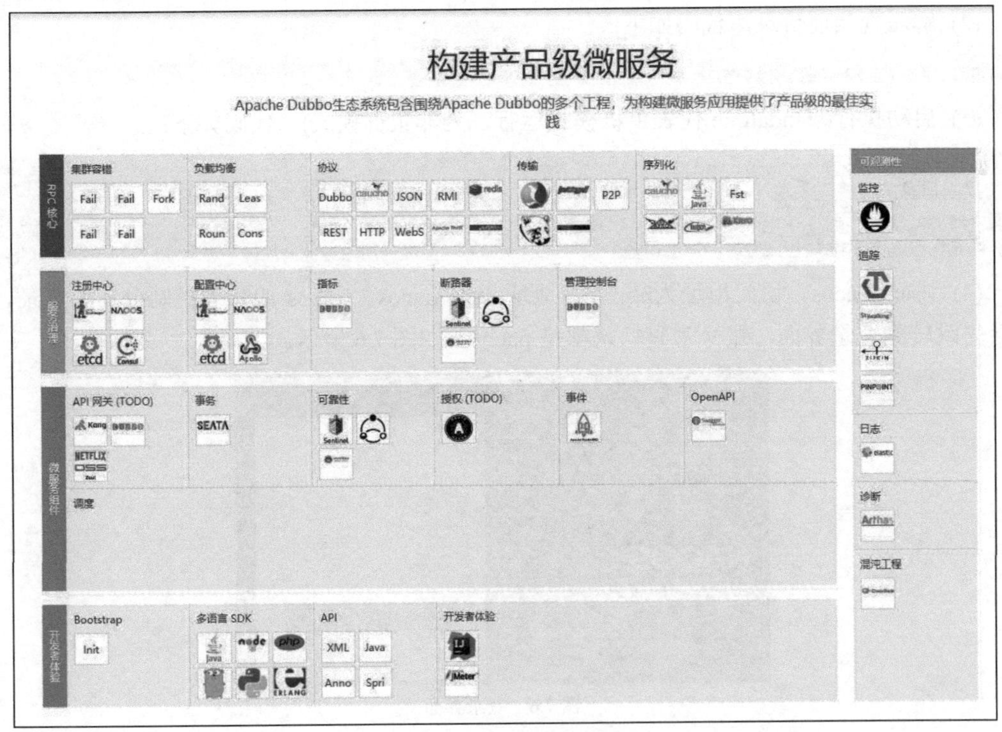

图 7.8　Dubbo 的生态系统

本节将利用上节提供的注册中心演示服务的注册和调用。

(1) 创建公共模块，引入通用依赖，在后面的服务提供者和消费者中依赖当前 maven 坐标即可。

```
<!-- https://mvnrepository.com/artifact/org.apache.dubbo/dubbo-spring-
boot-starter -->
<dependency>
    <groupId>org.apache.dubbo</groupId>
    <artifactId>dubbo-spring-boot-starter</artifactId>
    <version>2.7.3</version>
</dependency>
```

(2) 创建接口，代码如下：

```
public interface DemoService {
    String sayHello(String name);
}
```

在下文创建的服务提供者和消费者项目的 pom 配置文件中，都需要增加如下依赖：

```
<properties>
    <project.build.sourceEncoding>UTF-8</project.build.sourceEncoding>
    <dubbo-spring-boot-starter.version>0.2.1.RELEASE</dubbo-spring-boot-
    starter.version>
    <nacos-discovery-spring-boot-starter.version>0.2.1</nacos-discovery-
    spring-boot-starter.version>
    <dubbo.version>2.6.5</dubbo.version>
    <dubbo-registry-nacos.version>0.0.1</dubbo-registry-nacos.version>
    <dubbo-spring-context-support.version>1.0.2</dubbo-spring
    -context-support.version>
</properties>
<dependencies>
    <dependency>
        <groupId>ssm</groupId>
        <artifactId>demo-common</artifactId>
        <version>0.0.1-SNAPSHOT</version>
    </dependency>

    <dependency>
        <groupId>com.alibaba</groupId>
        <artifactId>dubbo</artifactId>
        <version>${dubbo.version}</version>
    </dependency>
    <dependency>
        <groupId>com.alibaba</groupId>
        <artifactId>dubbo-registry-nacos</artifactId>
        <version>${dubbo-registry-nacos.version}</version>
    </dependency>
    <dependency>
        <groupId>com.alibaba.spring</groupId>
        <artifactId>spring-context-support</artifactId>
        <version>${dubbo-spring-context-support.version}</version>
    </dependency>
    <!-- dubbo + nacos end -->

    <!-- dubbo + spring-boot + nacos start -->
    <dependency>
        <groupId>com.alibaba.boot</groupId>
        <artifactId>dubbo-spring-boot-starter</artifactId>
```

```
        <version>${dubbo-spring-boot-starter.version}</version>
        <exclusions>
            <exclusion>
                <groupId>com.alibaba</groupId>
                <artifactId>dubbo</artifactId>
            </exclusion>
        </exclusions>
    </dependency>
    <dependency>
        <groupId>com.alibaba.boot</groupId>
        <artifactId>nacos-discovery-spring-boot-starter</artifactId>
        <version>${nacos-discovery-spring-boot-starter.version}</version>
    </dependency>
</dependencies>
```

(3) 创建服务提供者。

首先，使用 application.yml 配置文件，内容如下：

```
server:
  port: 8762
spring:
  application:
    name: demo-service-provider
  cloud:
    nacos:
      discovery:
        server-addr: 127.0.0.1:8848
nacos:
  discovery:
    server-addr: 127.0.0.1:8848
dubbo:
  application:
    name: demo-service-provider
  registry:
    address: nacos://127.0.0.1:8848
  scan:
    base-packages: org.demo
  protocol:
    name: dubbo
    port: 20880
```

其次，在启动类上添加注解，代码如下：

```
@NacosPropertySource(dataId = "example", autoRefreshed = true)
```

最后，暴露接口，代码如下：

```
@Service
public class DemoServiceImpl implements DemoService {
    @Override
    public String sayHello (String param) {
        return "hello " + param;
    }
}
```

(4) 服务消费者，配置文件如下：

```
server:
  port: 8763
spring:
  application:
    name: demo-service-consumer
```

```
    cloud:
      nacos:
        discovery:
          server-addr: 127.0.0.1:8848
  nacos:
    discovery:
      server-addr: 127.0.0.1:8848
  dubbo:
    application:
      name: demo-service-consumer
    registry:
      address: nacos://127.0.0.1:8848
    scan:
      base-packages: org.demo
    protocol:
      name: dubbo
      port: 20880
```

另外，还需在启动类上添加如下注解：

@NacosPropertySource(dataId="example", autoRefreshed=true)

(5) 调用服务接口，代码如下：

```
@Controller
@RequestMapping("test")
public class TestNacosConsumer {
   @Reference
   DemoService demoService;

   @RequestMapping(value = "test", method = RequestMethod.GET)
   @ResponseBody
   public String getCounsumerTest() {
      return demoService. sayHello ("段老师");
   }
}
```

先启动 demo-service-provider 的启动类，再启动 demo-service-consumer，在浏览器中访问地址 http://localhost:8763/test/test，可以看到输出的内容“hello，段老师”。

7.1.4 Spring cloud

Spring cloud 是在基于 springboot 之上所提供的面向分布式服务的一套解决方案，它提供了微服务开发所需的服务注册与发现、路由管理、分布式会话、分布式配置管理、负载均衡、断路器、全局锁、分布式消息传递等组件，使开发人员可以快速搭建一套微服务架构体系。它可以在任何分布式环境中运行，包括开发者自己的笔记本电脑、云服务器等。

一个简单的 Spring cloud 架构图如图 7.9 所示。

Spring cloud 基于快速开发框架 Spring Boot 开发，同时也继承了 Spring Boot 的众多优秀特性，致力于为典型用例和扩展机制提供开箱即用的良好开发体验。Spring cloud 1.x 官方已经不再继续维护，因此推荐选用 2.x 以后的版本使用。

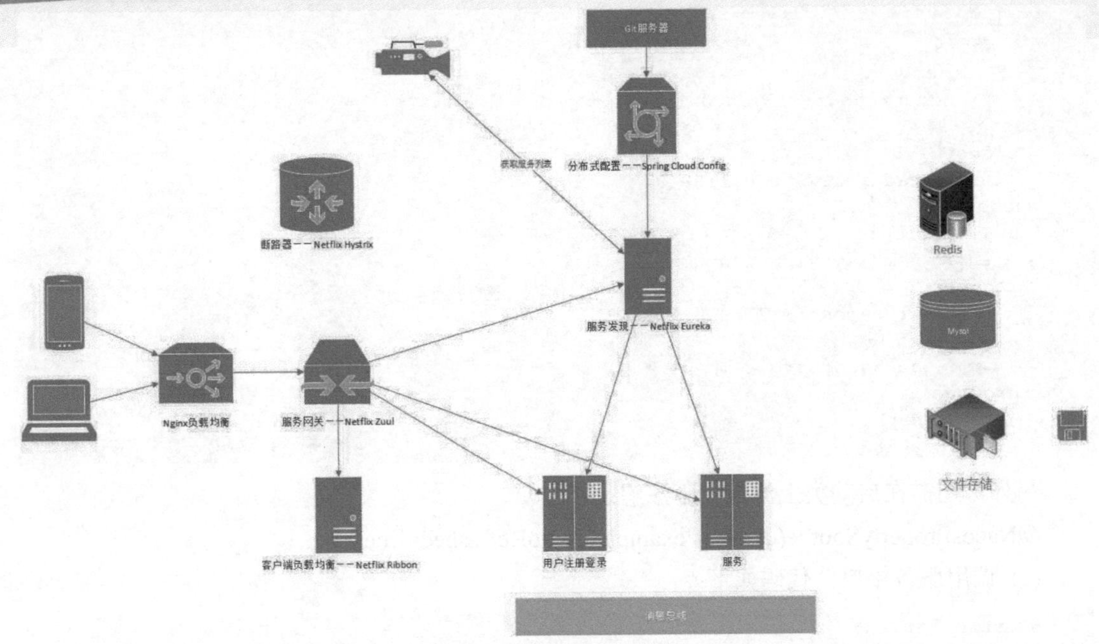

图 7.9 Spring cloud 架构图

Spring cloud 采用了声明式管理方法，甚至只需要改变注解和参数配置就能获得强大的功能。本节演示 Spring cloud 中的服务注册与发现。为了服务的解耦以及方便扩展，首先需要一个注册中心。Spring cloud 支持多个注册中心，本节仍然以上文中的 Nacos 注册中心为例演示使用。

1. 服务注册与发现

(1) 创建 springboot 项目，修改 pom.xml 文件，增加 parent，代码如下：

```
<parent>
    <groupId>org.springframework.boot</groupId>
    <artifactId>spring-boot-starter-parent</artifactId>
    <version>2.1.3.RELEASE</version>
    <!-- 默认值为../pom.xml 查找顺序：relativePath 元素中的地址-本地仓库-远程仓库 设定一个
    空值将始终从仓库中获取，不从本地路径获取 -->
    <relativePath />
</parent>
```

(2) 增加依赖项，代码如下：

```
<!-- 增强插件 -->
        <dependency>
            <groupId>org.projectlombok</groupId>
            <artifactId>lombok</artifactId>
            <scope>provided</scope>
        </dependency>
        <dependency>
            <groupId>org.springframework.boot</groupId>
            <artifactId>spring-boot-starter-web</artifactId>
        </dependency>
        <!-- https://mvnrepository.com/artifact/org.springframework.cloud/spring-
        cloud-starter-alibaba-nacos-discovery -->
        <dependency>
```

```
            <groupId>org.springframework.cloud</groupId>

    <artifactId>spring-cloud-starter-alibaba-nacos-discovery</artifactId>
            <version>0.9.0.RELEASE</version>
        </dependency>
```

(3) 创建 application.yml 配置文件：

```
server:
  port: 8762
spring:
  application:
    name: push-service
  cloud:
    nacos:
      discovery:
        server-addr: nacos 服务所在 ip:8848
```

(4) 在启动类上添加注解@EnableDiscoveryClient，代码如下：

```
import org.springframework.boot.SpringApplication;
import org.springframework.boot.autoconfigure.SpringBootApplication;
import org.springframework.cloud.client.discovery.EnableDiscoveryClient;

@SpringBootApplication
@EnableDiscoveryClient
public class NacosProviderApplication {
    public static void main(String[] args) {
    SpringApplication.run(NacosProviderApplication.class, args);
    }
}
```

(5) 运行启动类，然后可以看到服务已经注册，如图 7.10 所示。

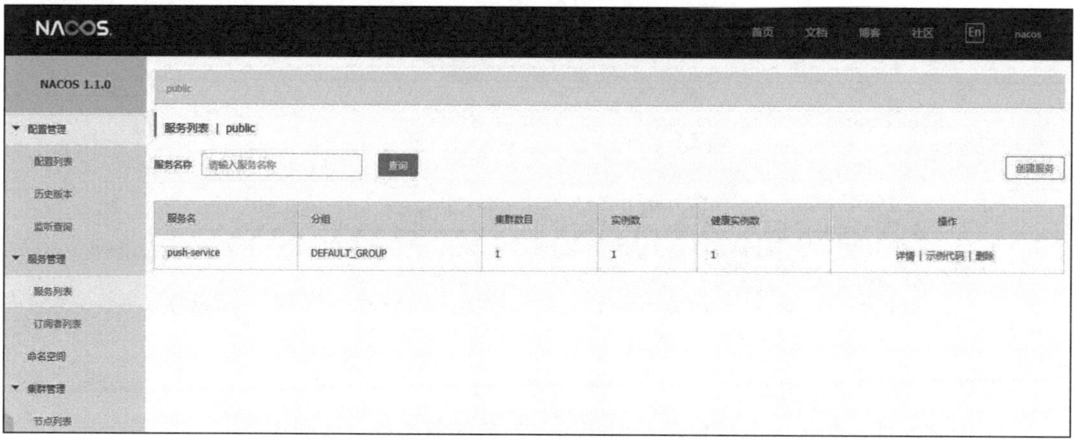

图 7.10　服务已注册

2. 服务提供者

Dubbo 提供的是 rpc(远程过程调用)，而 Spring cloud 提供的是 RESTFUL 形式的 http 协议的调用方式。

(1) 创建服务提供者的项目 springcloud-service-provider，在上面样例代码的基础上增加 http 接口，暴露服务，代码如下：

```
@RestController
public class ProviderDemoController{
    // 读取 application.yml 配置文件中的端口号，以方便查看实际执行来源 yi
    @Value("${server.port}")
    private Integer port;

    @GetMapping("/provider-demo")
    public String providerDemo(String consumerPort) {
        return "provide from port " + port + " to " + consumerPort;
    }
}
```

(2) 配置文件，指定服务提供者使用端口及当前服务名称，代码如下：

```
server:
  port: 8762
spring:
  application:
    name: springcloud-service-provider
  cloud:
    nacos:
      discovery:
        server-addr: nacos 服务所在 ip:8848
```

3. 服务消费者

(1) 创建服务提供者的项目springcloud-service-consumer，在上面样例代码的基础上增加业务处理接口，以调用服务提供者提供的接口服务，代码如下：

```
@RestController
public class ConsumerDemoController {

    @Value("${server.port}")
    private Integer port;

    @Autowired
     LoadBalancerClient loadBalancerClient;
    @GetMapping("/consumer-demo")
    public String consumerDemo() {
        ServiceInstance serviceInstance =
        loadBalancerClient.choose("springcloud-service-provider");
        String url = serviceInstance.getUri() + "/providerDemo?consumerPort=" + port;
        RestTemplate restTemplate = new RestTemplate();
        String result = restTemplate.getForObject(url, String.class);
        return "Invoke : " + url + ", return : " + result;
    }
}
```

(2) 配置文件，指定服务提供者使用端口及当前服务名称，代码如下：

```
server:
  port: 8763
spring:
  application:
    name: springcloud-service-consumer
  cloud:
    nacos:
      discovery:
        server-addr: nacos 服务所在 ip:8848
```

分别启动两个项目，访问 http://localhost:8763，可以看到返回值是从 8762 端口的服务中的返回结果。

另外，还可以使用 Feign 消费服务。Feign 是 Netflix 开发的声明式、模板化的 HTTP 客户端，可以帮助开发者更快捷、优雅地调用 HTTP API。

创建 maven 项目 springcloud-feign-consumer，在上面服务消费者的代码样例基础上添加依赖：

```
<dependency>
    <groupId>org.springframework.cloud</groupId>
    <artifactId>spring-cloud-starter-feign</artifactId>
</dependency>
```

定义一个 feign 接口，指定所要调用的服务：

```
@FeignClient(value = "springcloud-service-provider")
public interface SchedualServiceHi {
  @GetMapping("/provider-demo")
    public String providerDemo(String consumerPort);
}
```

这样就可以像在调用本地服务一样的体验来调用远程服务，调用方式如下：

```
@RestController
public class FeignConsumerDemoController {

    @Value("${server.port}")
    private Integer port;
    @Autowired
    ProviderDemoService providerDemoService;

    @GetMapping("/provider-demo")
    public String hello() {
        return providerDemoService.providerDemo(port);
    }
}
```

7.2 关于压力测试

实际项目可能涉及多用户并发的情况，所以在上线之前必须进行压力测试。一次压力测试活动可通常包括场景配置、压测执行、压测监控分析和报告总结等步骤。本节主要对 JMeter 压力测试工具和压力测试相关配置进行介绍。

7.2.1 JMeter 介绍

Apache JMeter 是 Apache 组织开发的基于 Java 的压力测试工具，用于对软件做压力测试。它最初被设计用于 Web 应用测试，但后来扩展到其他测试领域。它可以用于测试静态和动态资源，例如静态文件、Java 小服务程序、CGI 脚本、Java 对象、数据库、FTP 服务器等。

JMeter 使用之前要先下载。进入 JMeter 官网 https://jmeter.apache.org/download_ jmeter.cgi，

如图 7.11 所示，根据所在平台可以分别选择不同后缀下载使用，下载压缩包解压后，双击打开 ApacheJMeter.jar 文件，如图 7.12 所示。

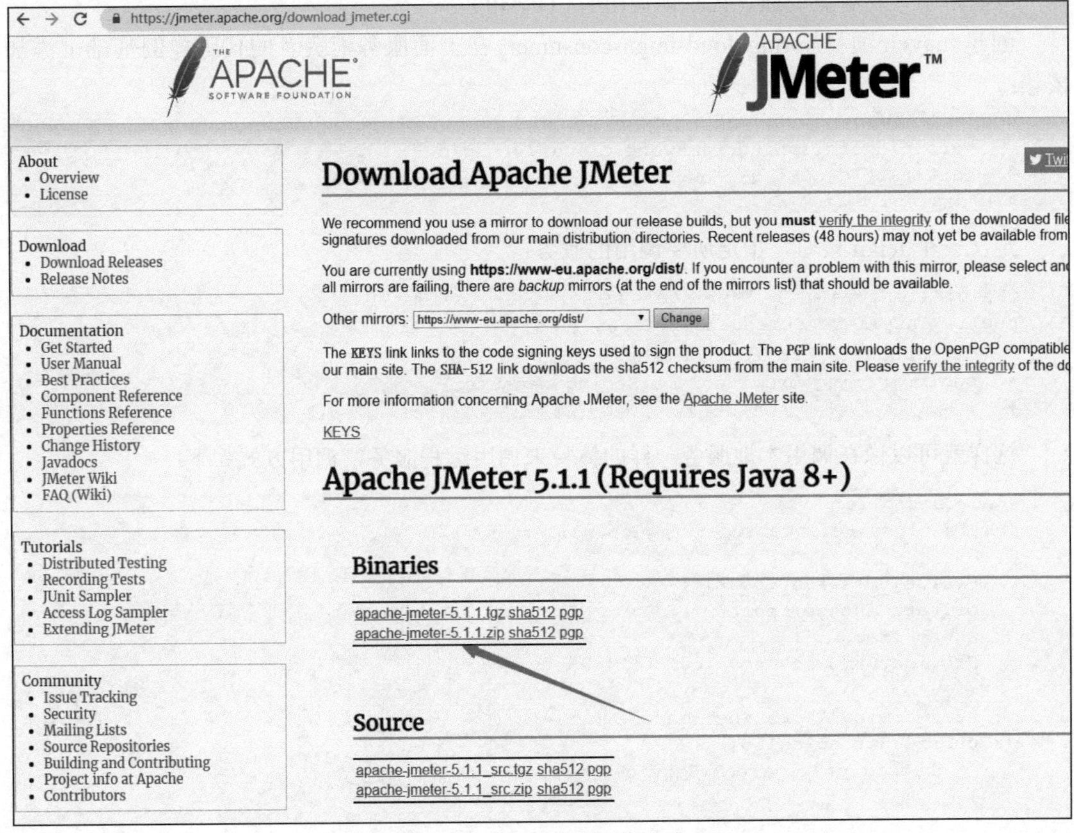

图 7.11　JMeter 官方下载界面

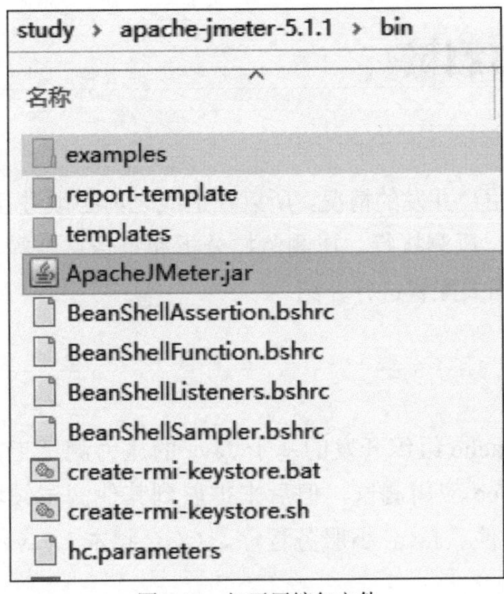

图 7.12　打开压缩包文件

然后进入软件主界面，如图 7.13 所示。

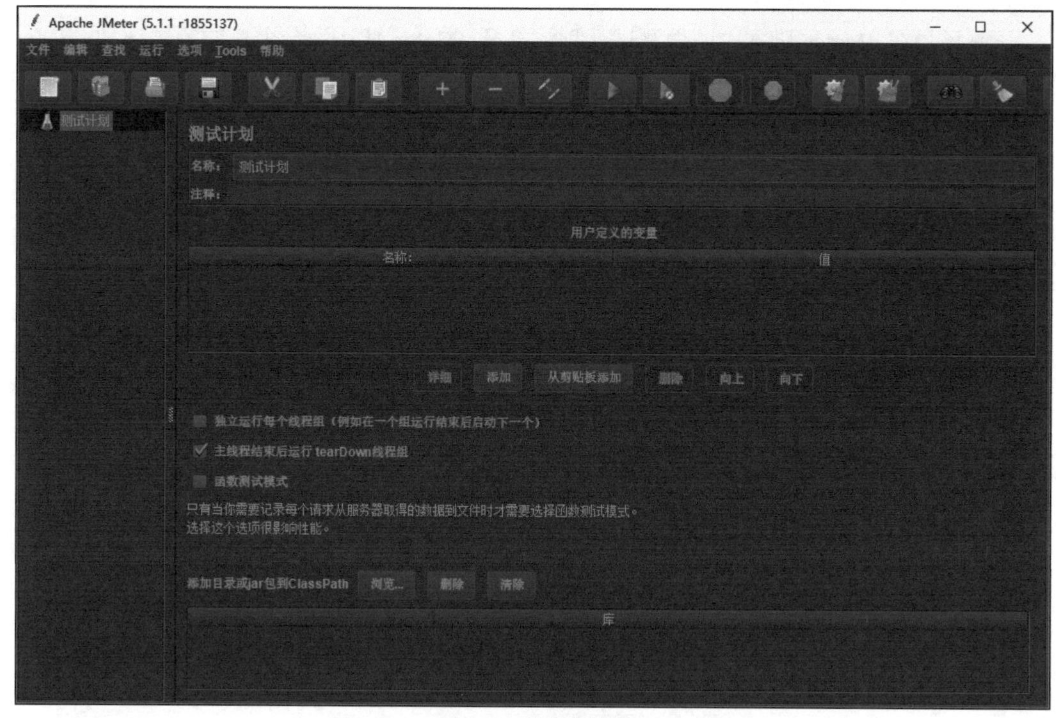

图 7.13　软件主界面

JMeter 软件默认为暗黑主题，可以在“选项→外观”中选择主题，选择之后按提示确定重启即可生效。如果切换为 Metal 主题，则界面如图 7.14 所示。

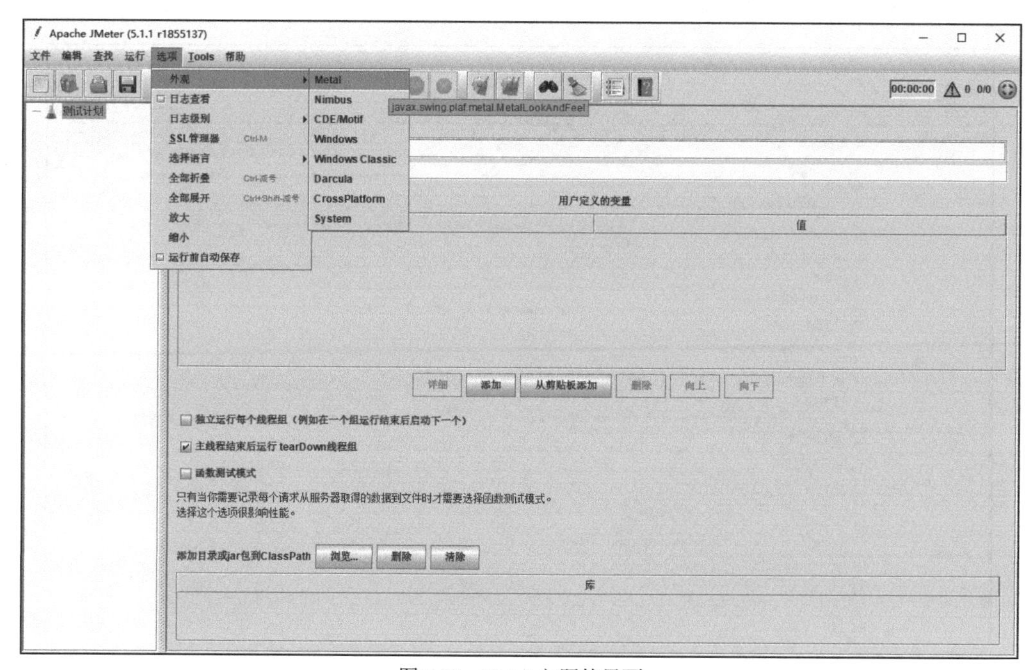

图 7.14　Metal 主题的界面

7.2.2 简单 HTTP 请求配置

压测场景在 JMeter 脚本中叫做测试计划，打开 JMeter 默认为一个空的测试计划。JMeter 使用并发数控制压力大小，一个线程可以看作一个执行请求的虚拟用户。在“测试计划”上右击，选择“添加→线程(用户) →线程组”，如图 7.15 所示。

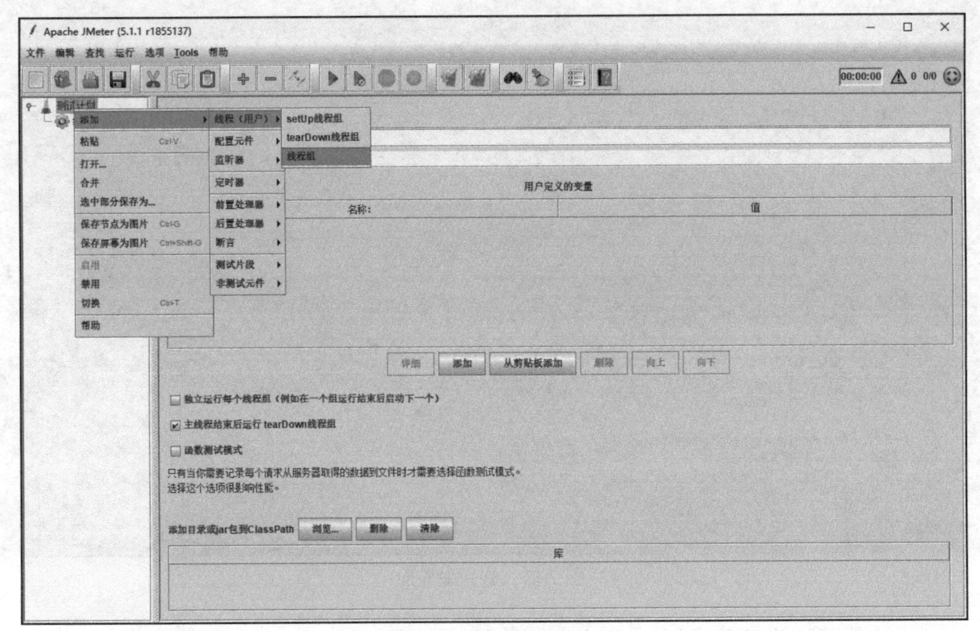

图 7.15　添加线程组

创建线程组如图 7.16 所示。

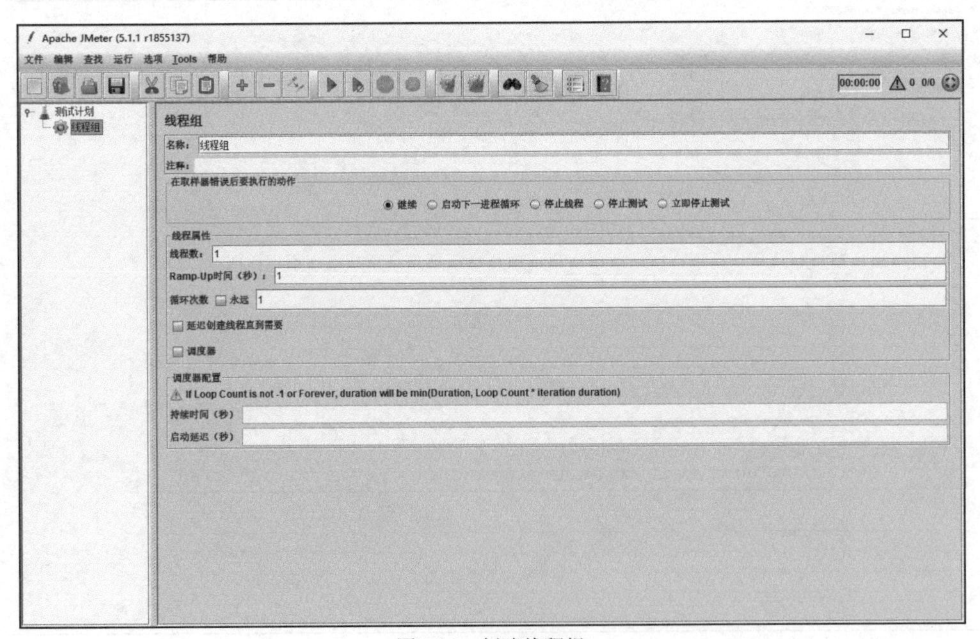

图 7.16　创建线程组

并发压测较高时，会提示如图 7.17 所示信息。

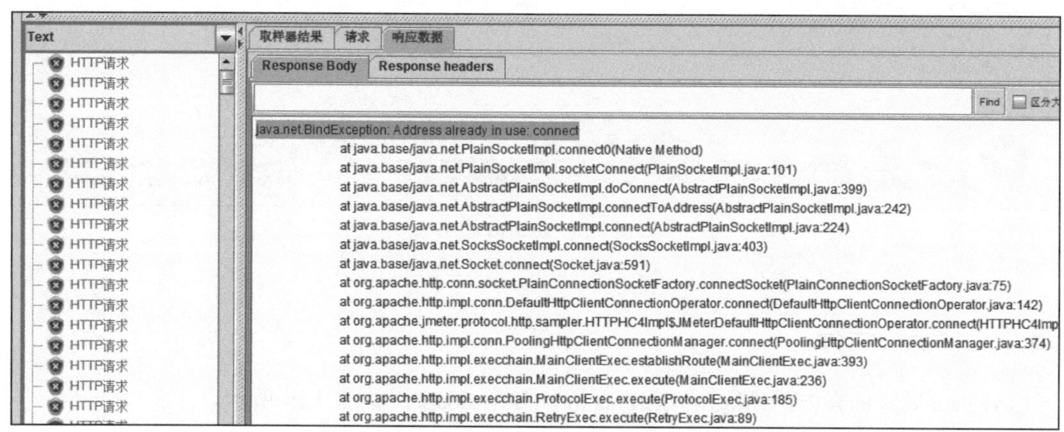

图 7.17　并发压测较高的提示信息

出现这种情况是因为 JMeter 在进行并发测试的时候每创建一个线程就需要占用一个本地端口进行通信，而操作系统给 TCP/IP 连接预留的端口是有限的，并且对于端口资源的回收是有延迟的。这样当开放的端口已用尽，需要回收重复使用的端口还未来得及回收，就会出现这样提示端口已经被占用的问题。

如果需要修改系统的默认并发连接数，可以对注册表进行相应修改，具体操作如下。

(1) 打开注册表：使用 Ctrl+r 快捷键打开注册表，输入 regedit。

(2) 进入“计算机\HKEY_LOCAL_MACHINE\SYSTEM\CurrentControlSet\Services\Tcpip\Parameters”。

(3) 新建 DWORD 值，name:TcpTimedWaitDe,value:30(十进制)设置为 30 秒。

(4) 新建 DWORD 值，name:MaxUserPort,value:65534(十进制)最大连接数 65534。

7.3 自动化部署之 Jenkins

持续集成(Continuous Integration，CI)是一种软件开发实践，让团队能够更快地开发高内聚的软件。团队开发成员经常集成他们的工作，通常每个成员至少集成一次，也就意味着每天可能会发生多次集成。通过持续集成可以使每次集成都通过自动化的构建(包括编译、发布、自动化测试)来验证，从而尽快地发现集成错误。

Jenkins 是一个由众多插件组成的一个持续集成平台，可以进行项目的自动化部署。Jenkins 插件非常丰富，并且支持项目构建和部署自动化，其特性如图 7.18 所示。

图 7.18 Jenkins 特性

7.3.1 下载及运行

访问 Jenkins 的官方网站https://jenkins.io/zh/download/，如图 7.19 所示。

开始使用 Jenkins

Jenkins 项目产生两个发行线, 长期支持版本 (LTS) 和每周更新版本。 根据你的组织需求, 一个可能比另一个更受欢迎。

两个版本都以 .war 文件, 原生包, 安装程序, 和 Docker 容器的形式分发。带有 ⚙ 齿轮的包由第三方维护。

长期支持版本 (LTS)

LTS (长期支持) 版本每12周从常规版本流中选择，作为该时间段的稳定版本。了解更多...

变更日志 | 升级指南 | 以前的发行版

部署 Jenkins 2.176.2

Deploy to Azure

下载 Jenkins 2.176.2 for:

- Docker
- FreeBSD
- Gentoo ⚙
- Mac OS X
- OpenBSD ⚙
- openSUSE
- Red Hat/Fedora/CentOS
- Ubuntu/Debian
- Windows
- Generic Java package (.war)

每周更新版

每周都会发布一个新版本，为用户和插件开发人员提供错误修复和功能。

变更日志 | 以前的发行版

下载 Jenkins 2.187 for:

- Arch Linux ⚙
- Docker
- FreeBSD ⚙
- Gentoo ⚙
- Mac OS X
- OpenBSD ⚙
- openSUSE
- Red Hat/Fedora/CentOS
- Ubuntu/Debian
- OpenIndiana Hipster ⚙
- Windows
- Generic Java package (.war)

下载软件包后, 请前往用户手册的 安装 Jenkins 部分。

图 7.19 Jenkins 官方网站

网站提供了中英文两种语言显示，图 7.19 是显示中文文字的下载页面。这里下载 Generic Java Package 的 war 包，下载到本地后在命令提示符进入 war 包所在目录，如图 7.20 所示，运行以下命令：

```
java -jar jenkins.war
```

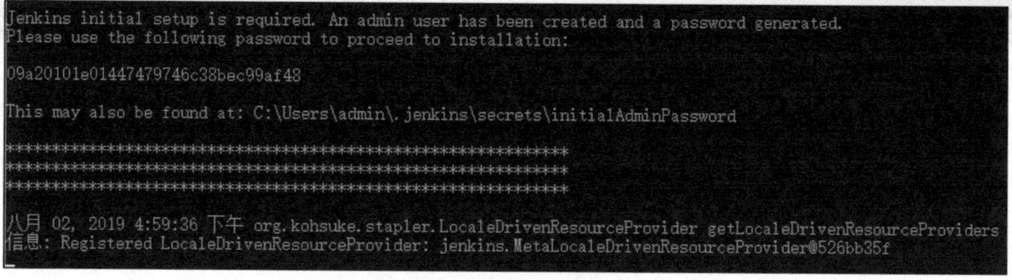

```
Jenkins initial setup is required. An admin user has been created and a password generated.
Please use the following password to proceed to installation:

09a20101e01447479746c38bec99af48

This may also be found at: C:\Users\admin\.jenkins\secrets\initialAdminPassword

*************************************************************
*************************************************************
*************************************************************

八月 02, 2019 4:59:36 下午 org.kohsuke.stapler.LocaleDrivenResourceProvider getLocaleDrivenResourceProviders
信息: Registered LocaleDrivenResourceProvider: jenkins.MetaLocaleDrivenResourceProvider@526bb35f
```

图 7.20　命令提示符窗口

然后访问地址http://localhost:8080/，出现如图 7.21 所示界面。

Please wait while Jenkins is getting ready to work ...

Your browser will reload automatically when Jenkins is ready.

图 7.21　访问界面

7.3.2　插件安装

(1) 如果默认没有 Maven 插件，则需要先搜索 Maven 插件安装，如图 7.22 所示。

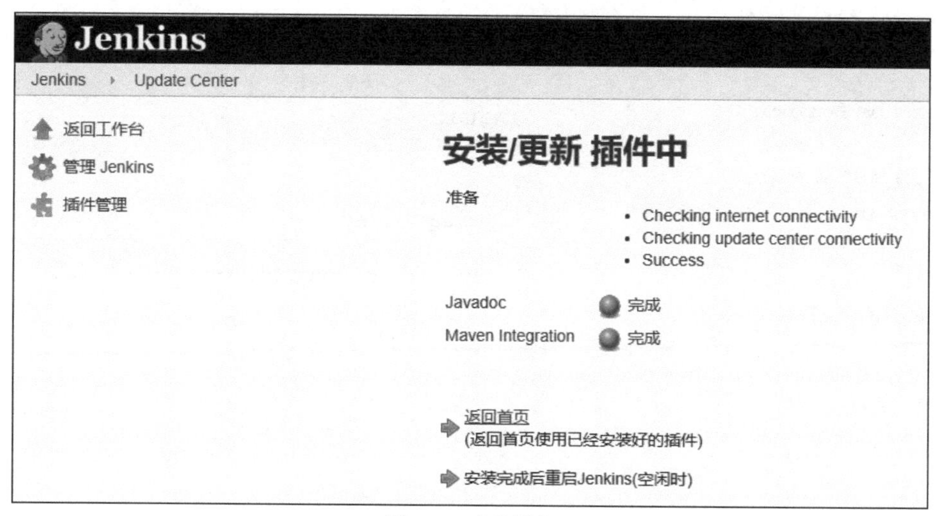

图 7.22　安装插件

(2) 如果要实现远程部署，将本地程序打包部署到远程 Linux 服务器，需要安装 SSH 插件，如图 7.23 所示。

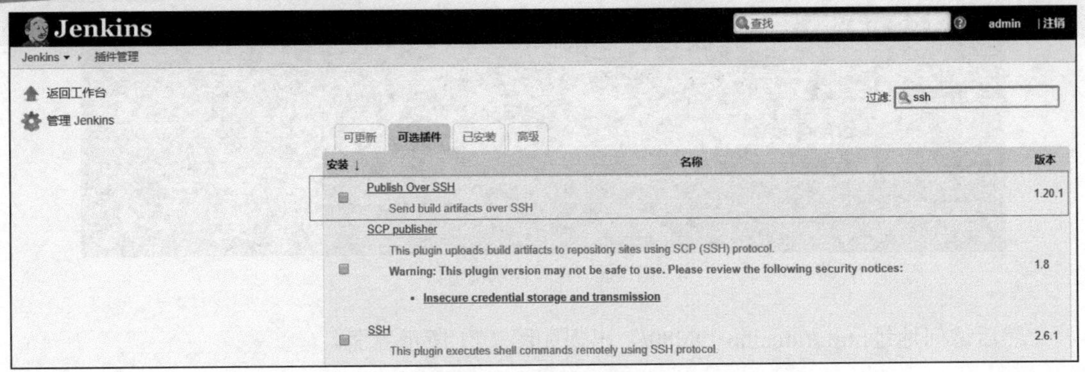

图 7.23　安装 SSH 插件

(3) 单击“系统管理”下的“系统设置”，进行配置，如图 7.24 所示。

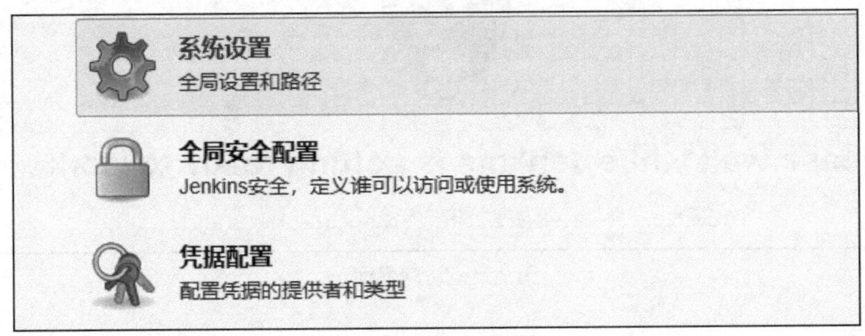

图 7.24　系统设置

(4) “系统设置”中可以配置邮箱发送所使用的账号信息，如图 7.25 所示。

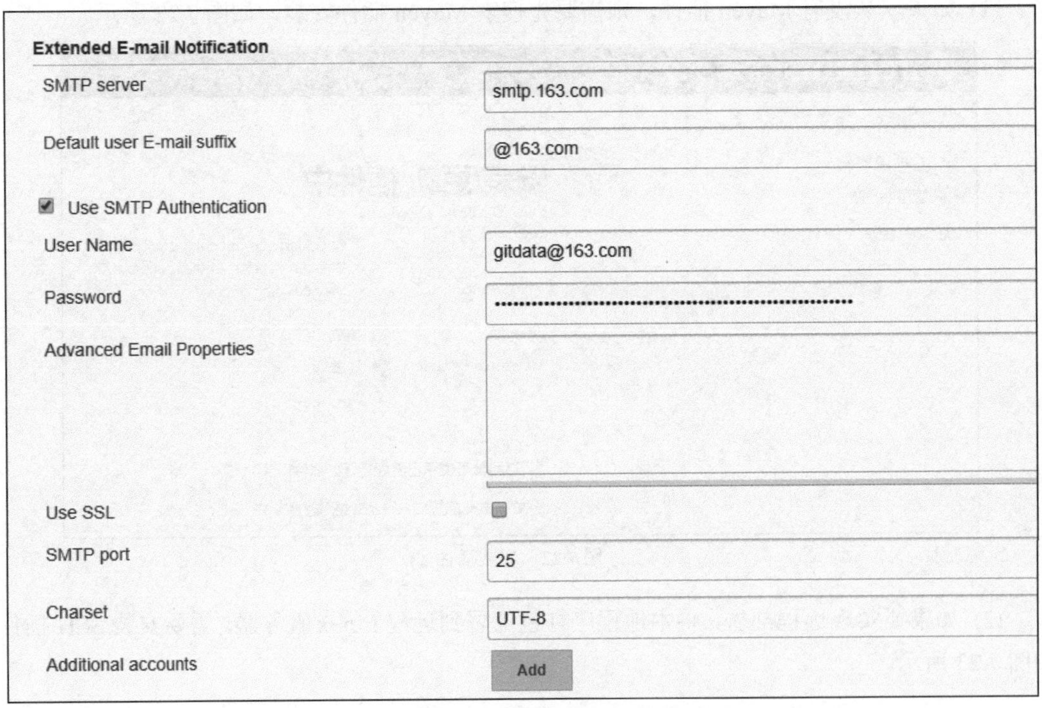

Extended E-mail Notification

SMTP server　smtp.163.com

Default user E-mail suffix　@163.com

Use SMTP Authentication

User Name　gitdata@163.com

Password　••

Advanced Email Properties

Use SSL

SMTP port　25

Charset　UTF-8

Additional accounts　Add

图 7.25　配置账号信息

(5) 配置远程 SSH 主机的访问账号与密钥等信息，如图 7.26 所示。

Publish over SSH

Jenkins SSH Key

Passphrase ••

Path to key E:\data\id_rsa

Key

-----BEGIN RSA PRIVATE KEY-----
Proc-Type: 4,ENCRYPTED
DEK-Info: AES-128-CBC,EEAE17FE4A748A52852B2D63773C7985

O3HDjY/W7ZZ08sDm6/33uOWajkd8oajM9voG1Xt2qD1ABNf01tqB+0wzPXbflE1h
jpVsx5GrUFyz64VdKt40eMTvJpmrlFHNCHLI9jKkJLGt4fY45MBQTi3m5ZW99lll
70YkuakN3Pgz8jHpulrq7WEIO0qdYwxxqiJggfP25u1wUUAApgf+DkJWKEVyeMHj
UH1b/GxgBssOUwKHtYII3Sa1XIFIRg7IDx5+ZUIFrF8pvCdFfJn2QwExbZL5BYws
Ghr1FqaVIAiFaltN7iEaaiSscL5ahRvYYfe4ciUC+Oa9XImk8BrVnxrkw6Peh1zL
N4Gh3A1BoZP3ovJpD60mMmacsIDKhfR6cGfJdxyCXR1+Okr2G+/77nVkfmdan/cR
Si98/xqOcqroccTt51VETqR94c4tm1Fb7NfcQwMiL8/LlI1uhvBYxr/Tkpimc5Om

Disable exec

SSH Servers

SSH Server

Name 179

Hostname 192.161.161.19

Username linux

Remote Directory /home/linux/server/

Advanced...

Test Configuration

Delete

Add

Advanced...

图 7.26　配置远程 SSH 主机的访问账号与密钥

(6) 创建任务，在文本框内输入任务名称，如 mavenTest，单击“构建一个 maven 项目”选项，然后单击“确定”按钮，如图 7.27 所示。在弹出的对话框中设置任务属性，如图 7.28 所示。

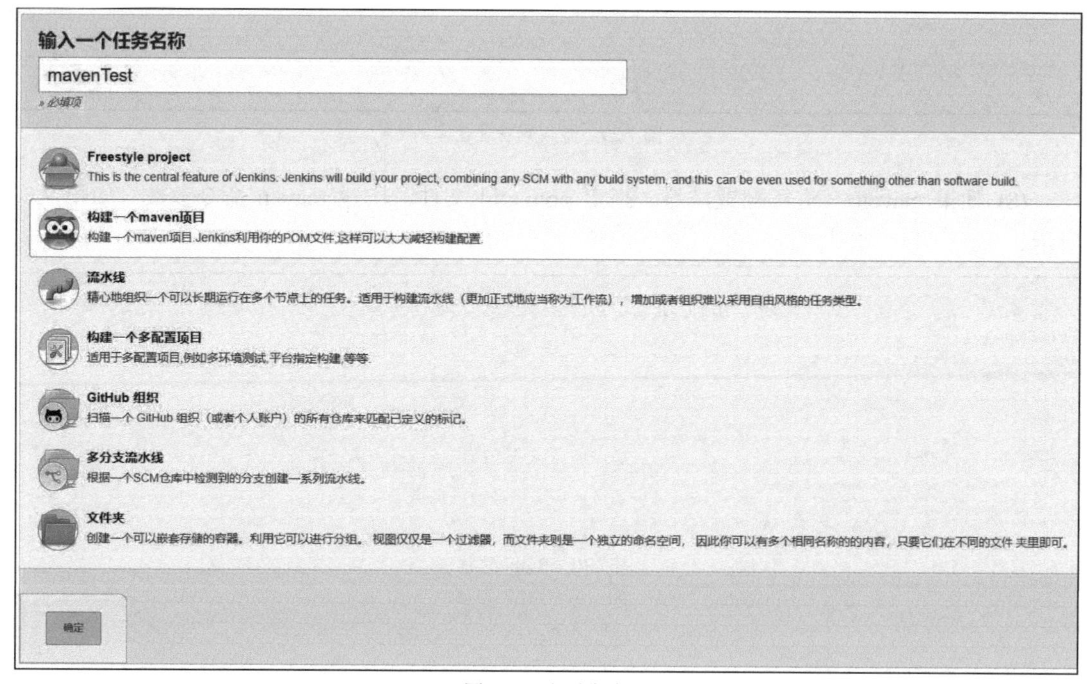

图 7.27　创建任务

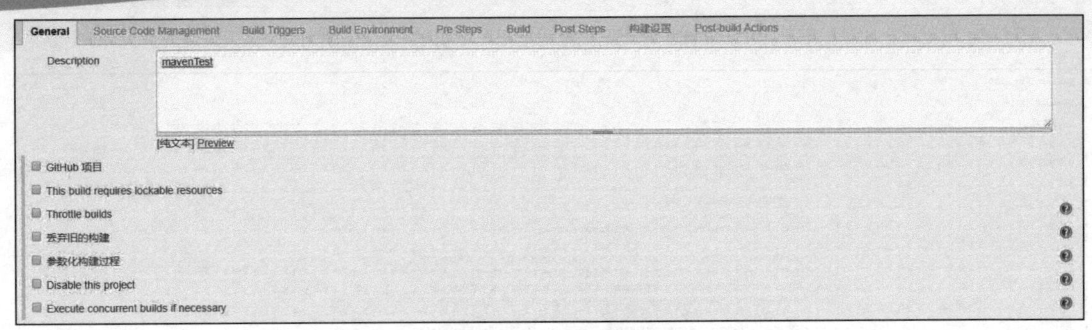

图 7.28　设置任务属性

(7) 源代码管理仓库。安装 git 和 svn 插件后有对应的选项，这里选用的是 git 作为代码来源，需要填写仓库地址信息。为了简单起见，此处没有对版本库设置私有访问。如有需要，可以单击 Credentials 中的 add 按钮添加凭据，如图 7.29 所示。

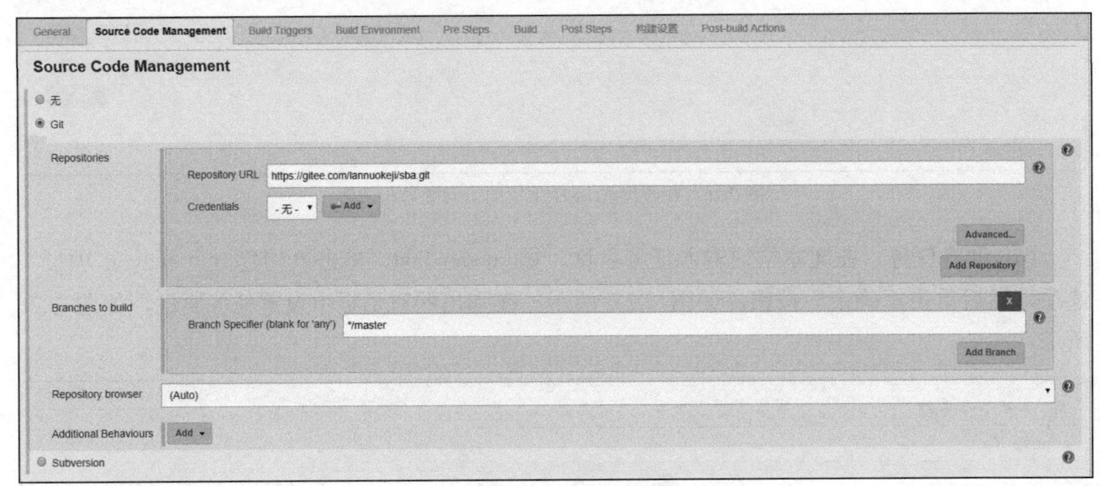

图 7.29　源代码管理仓库

(8) 如果 maven 有进行配置，那么指定 pom.xml 文件，构建 maven 命令参数，如图 7.30 所示。

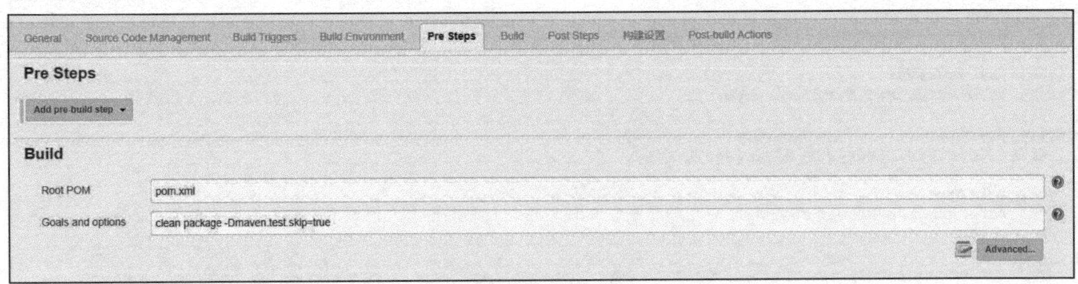

图 7.30　Build 配置

(9) 后置步骤设置，如图 7.31 所示。

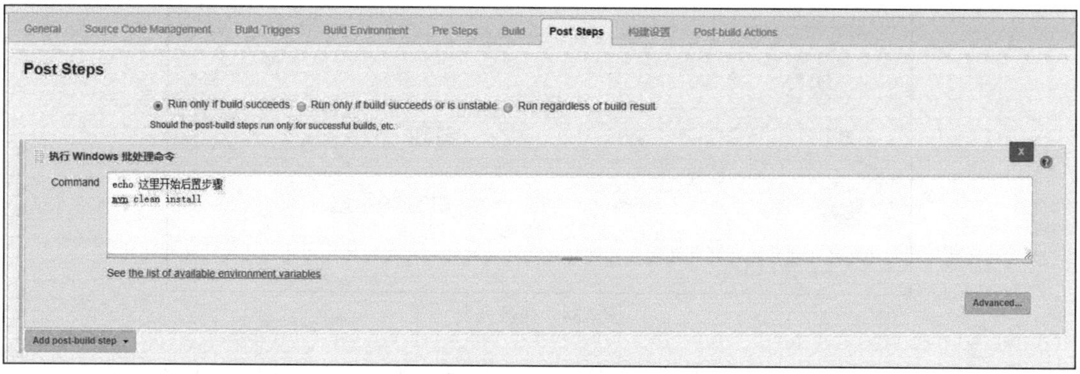

General　Source Code Management　Build Triggers　Build Environment　Pre Steps　Build　Post Steps　构建设置　Post-build Actions

Post Steps

Run only if build succeeds　Run only if build succeeds or is unstable　Run regardless of build result

Should the post-build steps run only for successful builds, etc.

执行 Windows 批处理命令

Command

```
echo 这里开始后置步骤
mvn clean install
```

See the list of available environment variables

Advanced...

Add post-build step

图 7.31　后置步骤

(10) 构建设置，如图 7.32 所示。

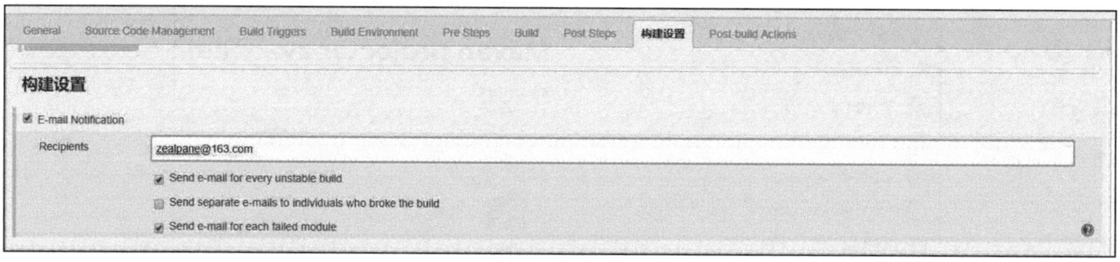

General　Source Code Management　Build Triggers　Build Environment　Pre Steps　Build　Post Steps　构建设置　Post-build Actions

构建设置

E-mail Notification

Recipients　zealpane@163.com

Send e-mail for every unstable build

Send separate e-mails to individuals who broke the build

Send e-mail for each failed module

图 7.32　构建设置

(11) 执行命令。构建设置后将项目中 target 下生成的 jar 包复制到远程服务器指定的 webapps 位置，并执行命令，如图 7.33 所示。

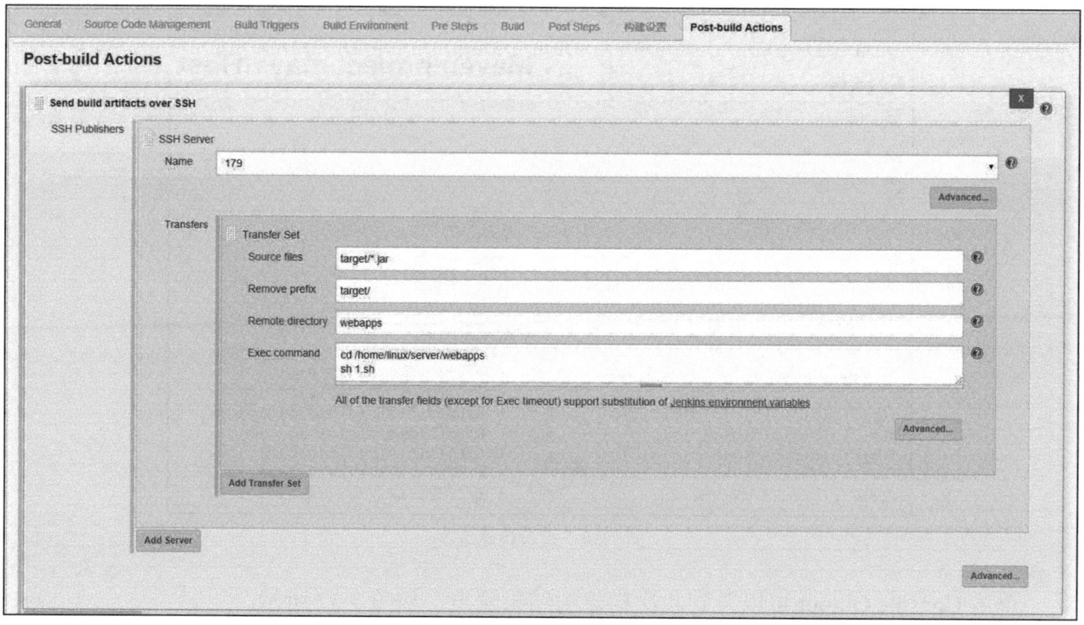

General　Source Code Management　Build Triggers　Build Environment　Pre Steps　Build　Post Steps　构建设置　Post-build Actions

Post-build Actions

Send build artifacts over SSH

SSH Publishers

SSH Server

Name　179

Advanced...

Transfers

Transfer Set

Source files　target/*.jar

Remove prefix　target/

Remote directory　webapps

Exec command

```
cd /home/linux/server/webapps
sh 1.sh
```

All of the transfer fields (except for Exec timeout) support substitution of Jenkins environment variables

Advanced...

Add Transfer Set

Add Server

Advanced...

图 7.33　执行命令

保存后在任务列表可以看到如图 7.34 所示任务。

图 7.34　任务列表

(12) 立即构建。单击“立即构建”超链接进入详情，然后立即构建，如图 7.35 所示。

图 7.35　立即构建

(13) 构建结果。可以在 Build History 中查看构建进度，如图 7.36 所示。

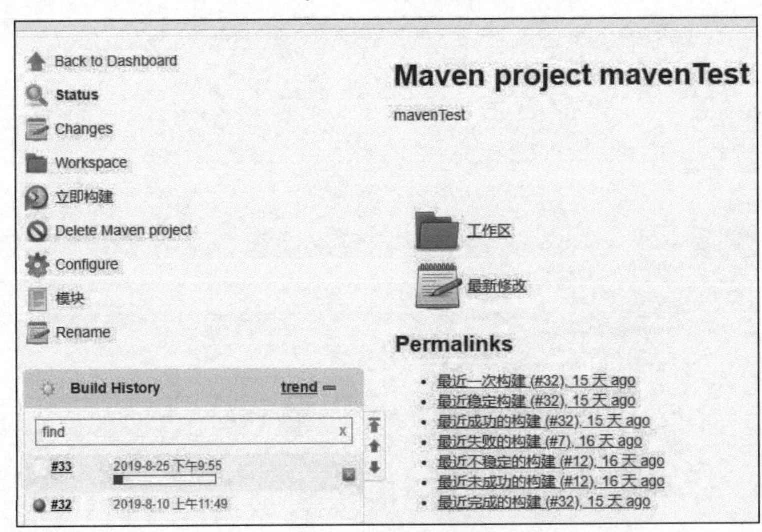

图 7.36　查看构建进步

单击 Console Output 可以看到此次构建的结果输出，如图 7.37 所示。

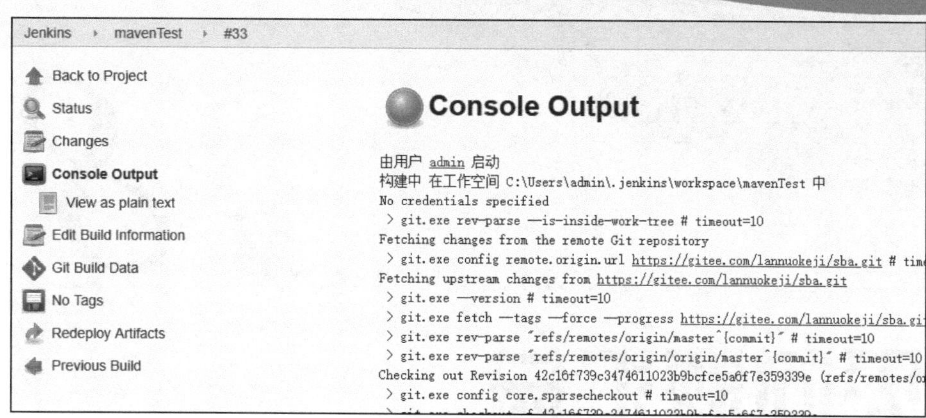

图 7.37　查看构建结果

7.4 本章小结

本章对工程实践项目中的一些经验进行简要介绍，主要包括分布式配置和部署、压力测试和自动化部署工具等内容。通过对这些知识或工具的介绍，使开发者对工程项目中所用的技术和配置有初步的了解，并能认识到实际工程项目开发的复杂性。

第8章

常见问题汇总

在实际开发中，我们会遇到各种各样的问题。甚至有些问题并不完全是技术问题，而是工程经验问题，但需要开发者花大量的时间和精力去解决。对于实际项目开发来说，不仅需要开发技术的支撑，也需要实际经验的积累。根据编者多年的项目开发经验，本章列举了一些实际开发中常见的问题，希望对开发者能有所帮助。开发者遇到类似的问题时，可以参考相应问题的解决方案。

本章学习目标

- 了解实际开发中的常见问题
- 能准确定位实际开发中存在的问题
- 积累解决问题的实际经验

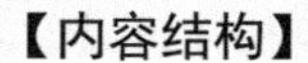

★为重点掌握

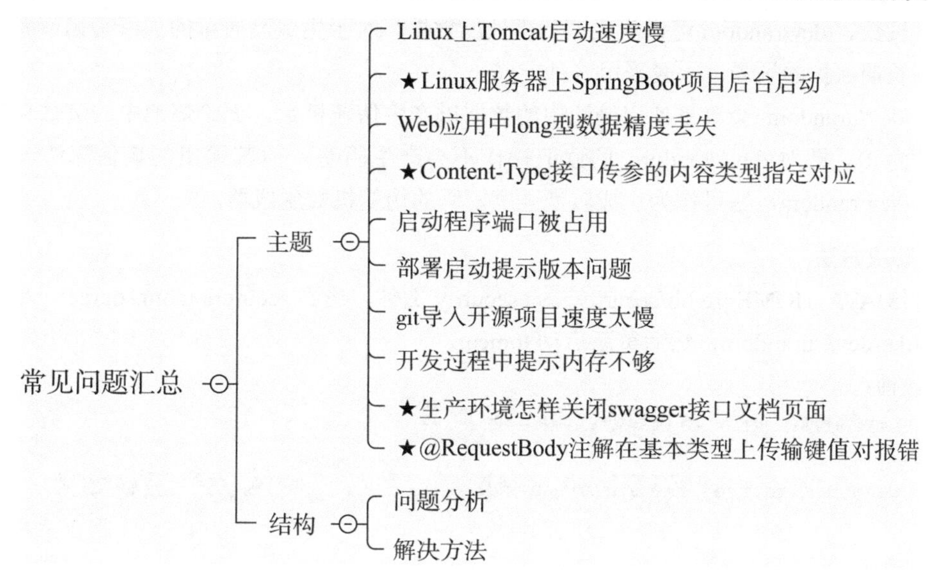

8.1 Linux 上 Tomcat 启动速度慢

Tomcat 的运行机制是先启动容器，然后部署项目。首先部署的项目是 manager，有些情况下会出现卡在这一步数十秒的情况。

```
[localhost-startStop-1] org.apache.catalina.startup.HostConfig.deployDirecto
```

1. 问题分析

出现上述情况是由于 Linux 内核采用熵来描述数据的随机性。熵是描述系统混乱无序程度的物理名词。一个系统的熵越大，说明有序性越差，即不确定性越大。计算机本身是可预测的一套系统，产生的随机数也不是真正的随机数。但是在计算机运行的过程中充满了各种各样的噪声，如用户点击鼠标、应用程序运行逻辑处理等无法预测的事件，对计算机本身的运行来说对这些事件无法事先预测。Linux 内核实现的随机数正是利用系统中的这些随机噪声生成高质量的随机数序列。

系统内核维护了一个熵池，用来收集各种环境噪声。为跟踪熵池中数据的随机性，内核在数据加入池的过程中将估算数据的随机性。熵估算值表示池中包含的随机位数，其值越大表示池中数据的随机性越好。

在 Apache Tomcat 官方文档中提到一些启动时的优化项，有关于随机数生成时采用熵源的策略选择问题。在 Tomcat7 的 session id 生成主要通过 java.security.SecureRandom 生成随机数来实现，随机数算法使用的是 SHA1PRNG。在 JDK 中，这个算法依赖底层操作系统所提供的随机数据。在 Linux 上与之相关的文件是/dev/random 和/dev/urandom。

- /dev/random 依赖于系统中断，因此在系统的中断数量不足时，/dev/random 设备会一直锁定，对/dev/random 的读操作将会阻塞，直到熵的值增大到预定的阈值才可以返回随机数。/dev/random 可以生成高随机性的数据，对于生成高质量的加密密钥或者是需要长期保护的场景，一般采用这种方式。

➢ /dev/urandom 会重复使用熵池中的数据以产生伪随机数，无论熵池中的熵估算值是否为 0。即对/dev/urandom 的读取操作不会产生阻塞，但其输出的熵估算值一般小于/dev/random，它可作为生成较低强度密码的伪随机数生成器。

2. 解决方法

编辑$JAVA_HOME/jre/lib/security/java.security 文件，找到 securerandom.source 一项，将其值改为 file:/dev/./urandom，然后重新启动 tomcat。

修改前：

```
securerandom.source=file:/dev/random
```

修改后：

```
securerandom.source=file:/dev/./urandom
```

8.2 Linux 上设置 Spring Boot 项目后台启动

1. 问题分析

如果直接通过 java -jar xxx.jar 的方式启动，当前命令行的生命周期结束后，由此方式启动的 java 程序也将跟着停止。

2. 解决办法

当在生产环境中使用需要独立部署时，需要使用如下语法：

```
nohup java -jar nb-service.jar --server.port=8088 &
```

运行后会提示：

```
忽略输入并把输出追加到"nohup.out"
```

然后可以用命令查看 nohup.out 文件的更新：

```
tail -f nohup.out
```

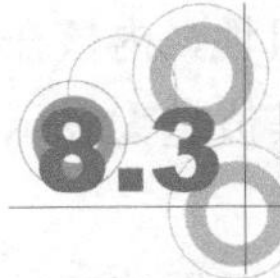

8.3 Web 应用中 long 型数据精度丢失

1. 问题分析

在 JavaScript 中，对 long 类型的长度支持比较短，所以当后台查询出来的 long 型数据(在 MySQL 中对应的数据类型为 bigint)返回到前端时会造成精度丢失的情况，将数字后面的几位截掉而在后面对应位置补 0。

2. 解决办法

项目中增加配置类，继承 WebMvcConfigurerAdapter，实现将 long 转换为 string 的类型转换，重写函数 configureMessageConverters(List<HttpMessageConverter<?>> converters)，如下所示：

```
public void configureMessageConverters(List<HttpMessageConverter<?>> converters) {
    MappingJackson2HttpMessageConverter messageConverter = new
   MappingJackson2HttpMessageConverter();
    ObjectMapper objectMapper = new ObjectMapper();
    SimpleModule simpleModule = new SimpleModule();
    /**
        * 将Long,BigInteger序列化的时候,转化为String
        */
    simpleModule.addSerializer(Long.class, ToStringSerializer.instance);
    simpleModule.addSerializer(Long.TYPE, ToStringSerializer.instance);
    simpleModule.addSerializer(BigInteger.class, ToStringSerializer.instance);
    objectMapper.registerModule(simpleModule);
    messageConverter.setObjectMapper(objectMapper);
    converters.add(messageConverter);
}
```

8.4 Content-Type 接口传参的内容类型指定对应

1. 问题分析

当 Spring Boot 控制器中的参数注解为@RequestBody 时，客户端传输数据需要设置的 Content-Type 的值需要设置为 application/json，而使用 jQuery 库的 ajax 工具时，默认的 Content-Type 的值为 application/x-www-form-urlencoded，当使用默认方式的情况下会抛出异常：

```
    Content type 'application/x-www-form-urlencoded;charset=UTF-8' not supported
    org.springframework.web.HttpMediaTypeNotSupportedException: Content type
'application/x-www-form-urlencoded;charset=UTF-8' not supported
```

2. 解决办法

当需要用@RequestBody 请求体的方式接收参数时，客户端 ajax 工具需要显式的将 Content-Type 的值改为 application/json。

8.5 启动程序端口被占用

1. 问题分析

在开发和部署过程中，有时会遇到提示端口被占用的情况，一般提示如下：

```
Caused by: java.net.BindException: Address already in use: bind
```

需要查看占用当前端口的程序，然后选择是否将其关闭。

2. 解决办法

查看当前项目所需端口是被哪个程序占用，关闭响应端口的程序，然后重新启动当前项目。

8.6 部署启动提示版本问题

该问题提示信息如下：

```
Exception in thread "main" java.lang.UnsupportedClassVersionError:
org/springframework/boot/loader/PropertiesLauncher : Unsupported major.minor
version 52.0
        at java.lang.ClassLoader.defineClass1(Native Method)
        at java.lang.ClassLoader.defineClass(ClassLoader.java:643)
        at java.security.SecureClassLoader.defineClass(SecureClassLoader.java:142)
        at java.net.URLClassLoader.defineClass(URLClassLoader.java:277)
```

1. 问题分析

从提示可知，此问题是因为版本。Spring Boot2.x 对 jdk 版本的要求是在 1.8+，所以当系统中或当前登录用户用来编译的 JRE 版本较低的时候就会出现这样的提示。

2. 解决办法

升级 jdk 版本到 1.8+，主要是在环境变量中配置 java 命令执行的 bin 目录需要是 1.8+的环境。

8.7 git 导入开源项目速度太慢

1. 问题分析

对于一些成熟的开源项目，往往有很多次 commit 记录，而 git 作为一个分布式仓库管理工具，默认的参数指定会将所有 commit 的提交记录也同步到本地。

2. 解决办法

git clone 时的 depth 参数指定拉取 commit 的深度，表示只拉取最近几次的提交。比如当 --depth=1 的时候，表示只拉取最后一次提交记录。

```
git clone --depth=1 https://github.com/zealpane/ssm-code.git
```

说明

这种方式克隆的代码也是完整的，只是对于 commit 记录的拉取进行限制。

8.8 开发过程中提示内存不够

1. 问题分析

在开发过程中计算机内存有限，当打开其他软件较多后，再启动当前程序，可能会提示以下信息：

```
# There is insufficient memory for the Java Runtime Environment to continue.
# Native memory allocation (malloc) failed to allocate 2800688 bytes for Chunk::new
# An error report file with more information is saved as:
# C:\Users\admin\eclipse-workspace\iot\nb-service\hs_err_pid269280.log
## Compiler replay data is saved as:
# C:\Users\admin\eclipse-workspace\iot\nb-service\replay_pid269280.log
```

2. 解决办法

由于现有空闲内存不够启动 JRE，可以关闭一些程序，减少内存占用；或者调整电脑虚拟内存。

8.9 生产环境如何关闭 swagger 接口文档页面

1. 问题分析

在开发和测试环境中，需要及时暴露接口给前端开发人员查看接口最新规范，但是部署到线上之后如果不关闭，则会将接口情况一览无余地暴露给其他人。

2. 解决办法

将@EnableSwagger2 的注解放在 swagger 的配置类中，然后加上@Profile 注解，Spring Boot 会将@Profile 注解中的值和 application 配置文件中的 spring.profiles.active 的值进行比对判断。如果一致，则启用 swagger2，否则不启用。配置文件详细内容如下：

```
@Configuration
@EnableSwagger2
@Profile("biz")
public class Swagger2Config {
    @Bean
    public Docket ProductApi() {
    return new Docket(DocumentationType.SWAGGER_2)
    .genericModelSubstitutes(DeferredResult.class)
```

```
                .useDefaultResponseMessages(false)
                .forCodeGeneration(false)
                .pathMapping("/")
                .select()
                .build()
                .apiInfo(productApiInfo());
    }
    private ApiInfo productApiInfo() {
        return new ApiInfoBuilder()
        .title("springboot 利用 swagger 构建 API document")
        .description("简单优雅的 restfun 风格")
        .termsOfServiceUrl("https://github.com")
        .version("1.1")
        .build();
    }
}
```

图 8.1 所示即接口文档成功关闭页面，也表示当前的 swagger 接口文档页面已经不开放访问了。

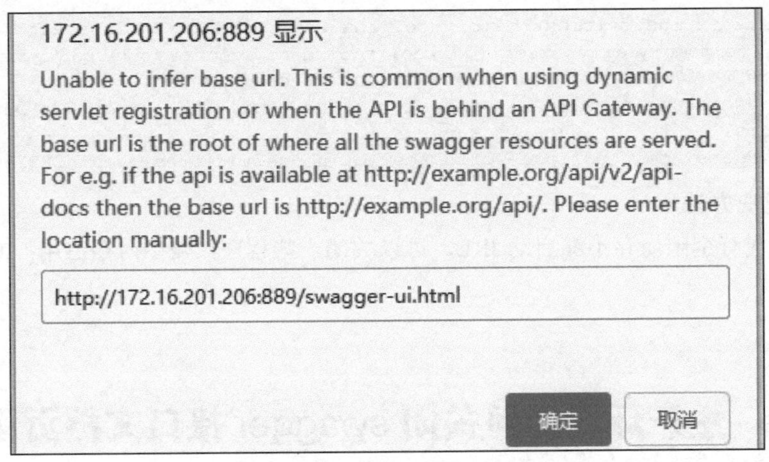

图 8.1　接口文档成功关闭页面

8.10 @RequestBody注解在基本类型上传输键值对报错

1. 问题分析

@RequestBody 注解表示将请求体类型为 payload 的数据进行接收转换，在转换过程中对于基本类型参数和引用参数所接收的数据格式不一样。

2. 解决办法

如果在类对象参数上使用此注解时，表示是需要以 json 对象或者数组的方式进行传递。如果是在基本类型或 String 参数前加此注解，则接收参数的格式只有值即可，不需要组装成对象格式。

8.11 MyBatis 的 xml 文件无法映射

1. 问题分析

出现下面的问题，可能是 xml 文件路径确实不正确，也可能是 maven 编译打包执行时未将其在路径中加入。当 xml 文件夹紧邻 mapper 文件，即放置在 classes 路径下时，需要主动将其配置并加载进来。

```
[Request processing failed; nested exception is org.apache.ibatis.binding.BindingException:
Invalid bound statement (not found): biz.demo.ac.mapper.AcUserMapper.selectByAuth] with
root cause
```

2. 解决办法

检查 xml 文件路径配置，同时在 pom 文件的 build 标签内增加 resources 配置，表示将其置于类路径下。配置代码如下：

```
<build>
    <!-- <defaultGoal>compile</defaultGoal> -->
    <finalName>service</finalName>

    <resources>
        <resource>
            <directory>src/main/java</directory>
            <includes>
                <include>**/*.xml</include>
            </includes>
        </resource>
        <resource>
            <directory>src/main/resources</directory>
        </resource>
    </resources>
</build>
```

参考文献

1. 段鹏松，等. 轻量级 Java Web 整合开发入门——Struts 2+Hibernate 4+Spring 3[M]. 北京：清华大学出版社，2005.

2. 李刚. 轻量级 Java EE 企业应用实战[M]. 北京：电子工业出版社，2011.

3. 明日科技. Java Web 从入门到精通[M]. 3 版. 北京：清华大学出版社，2019.

4. 许令波，等. 深入分析 Java Web 技术内幕：修订版[M]. 北京：电子工业出版社，2014.

5. 李宁，等. Java Web 编程实战宝典——JSP+Servlet+Struts 2+Hibernate+Spring+Ajax[M]. 北京：清华大学出版社，2014.

6. 聚慕课教育研发中心. Java Web 从入门到项目实践：超值版[M]. 北京：电子工业出版社，2019.

7. Spring 官网 https://spring.io/.

8. Spring Boot 官网 https://spring.io/projects/spring-boot/.

9. Mybatis 官网 https://blog.mybatis.org/.

10. Maven 官网 https://maven.apache.org/.

11. MySQL 官网 https://www.mysql.com/.

12. Nginx 官网 http://nginx.org/.

13. nacos 官网 https://nacos.io/zh-cn/.

14. Dubbo 官网 http://dubbo.apache.org/.

15. JMeter 官网 https://jmeter.apache.org/.

16. Jenkins 官网 https://jenkins.io/zh/.

17. Spring cloud 官网 https://spring.io/projects/spring-cloud.